JN220404

土と内臓

微生物がつくる世界

The Hidden Half of Nature:
The Microbial Roots of Life and Health
by David R. Montgomery, Anne Biklé

デイビッド・モントゴメリー＋アン・ビクレー 著
片岡夏実 訳

築地書館

E pluribus unum

多くから成る一つ

THE HIDDEN HALF OF NATURE
THE MICROBIAL ROOTS OF LIFE AND HEALTH

COPYRIGHT © 2016 BY DAVID R. MONTGOMERY AND ANNE BIKLÉ
JAPANESE TRANSLATION RIGHTS ARRANGED WITH
W.W. NORTON & COMPANY, INC.
THROUGH JAPAN UNI AGENCY, INC., TOKYO

JAPANESE TRANSLATION BY NATSUMI KATAOKA
PUBLISHED IN JAPAN BY TSUKIJI-SHOKAN PUBLISHING CO., LTD. TOKYO

はじめに——農地と土壌と私たちのからだに棲む微生物への無差別攻撃の正当性が疑われている

地球が太陽のまわりを回っていることを発見したときと同じくらい輝かしい科学革命の時代を、私たちは生きている。けれども現在進行中の革命は、巨大な天体ではなく、小さすぎて肉眼では見えない生物が中心だ。相次ぐ新たな発見によって、地下の、私たちの体内の、そして文字通り地球上至るところの生命について、急速に明らかになっている。科学者たちが見つけているのは、私たちの知る世界が、これまでほとんど見過ごされてきた世界の上に築かれているということだ。

歴史を通じて、ナチュラリストは自然の秘密を解き明かすために、生身の目と耳と手に頼っていた。だが自然の隠れた半分に関しては、私たちの感覚が足かせとなって、極微の世界は秘密のベールに包まれていた。最近になってようやく、新しい遺伝子配列解析《シークエンシング》技術と、より高倍率の顕微鏡が、この世界への窓を開いた。現在科学者たちは、土壌の生産力から免疫系まで私たちが頼っているさまざまなものを、複雑な微生物の群集が動かしていることを認識しつつあるところだ。

微生物の生態の根本的重要性に対する私たちの興味は、まったく思いがけないところから起きた——家にいながらにしての旅から。妻のアンも私も、自然を観察し見きわめるための訓練を受けていた。私は、地球の地形を遠大な年月のうちに形作った地質学的作用の研究を通じて、アンは公衆衛生分野で生物学者と環境プランナーとして働くうちに。

だから家を買い、新居の裏庭を掘り起こして土壌改良の必要があることを知ったとき、私たちの専門知識がフル回転を始めた。まず考えたのが、この最悪の土で庭づくりができるようにするためにはどうすればいいかだ。最初にアンが動き、直感に従って死んだ土に有機物を与えた。たっぷりと。大量のコーヒーかす、木くず、自家製の堆肥茶《コンポストティー》が次々と地中に姿を消した。するとどうだ、たちまち新しい庭に植物が茂り、すさまじい勢いで成長しだした。

アンが土に入れた、つまらない出しがらのような有機物が、どのようにしてこんなにも早く生命を花開かせることができたのか、私にはわからなかった。この単純な謎こそが、私たち二人を探究の任務へと後押ししたのだ。ほどなくしてわかったのは、微小な土壌生物が有機物をかみ砕いて、新しく成長する植物のためのさまざまな栄養へと変えていたということだ。小さな、目に見えない、ほとんど未知の生物が動かすもう一つの世界があるという考えに、私たちは引き込まれた。しかもその否定しようのない効果は、われわれの足元から上へと拡がってきた。一〇年も経たないうちに我が家の裏庭は、不毛の荒れ地から生命あふれる庭園へと変わった。

よみがえった土壌の目覚ましい効果を観察していると、人類を悩ませているもっとも古い問題の一つ、つまり土壌の枯渇や破壊を防ぎながらどのように食料を生産するかへの解決策が見えてくる。我が家の裏庭で展開された実験は、初期の有機農家や園芸家の先駆的な洞察を裏付けた。地下の微生物を育てることで、古代の耕作慣行や現代の農薬と化学肥料の使いすぎが引き起こした問題は、多くが解消されるのだ。しかし私たちの旅はそこで終わらなかった。土壌生物は隠された自然の半分の、ごく一部にすぎないことを私たちは知ったのだ。

アンががんと診断されたとき、私たちは健康それ自体への認識に疑問を抱くようになった。それは何に由来するのか？　まさにこのときから、人間の体内の微生物を見る私たちの目が変わり始めた。初め私たちは共に、微生物を主に病原体として見る旧来の医学的観点を持っていた。私たちは二人とも、感染症と闘う現代医学の力を経験し、抗生物質によって命を救われたことをありがたく思っている。しかし人間の健康に影響を及ぼしているのは、微生物界の悪者ばかりではない。

微生物に関する最新の発見は、私たちが自分で思っているようなものとは違うことを教えている。このことは数年前、『サイエンス』誌や『ネイチャー』誌で大規模な科学者集団が報告した研究結果により、はっきりと浮き彫りになった。数え切れないほど多種多様な目に見えない生物——細菌、原生生物、古細菌、菌類——が、人間の表面と体内で繁栄しているのだ。そして無数のウイルス（これは生物だとは考えられていない）も。これらの細胞の数は、私たち自身の細胞の数を少なくとも三対一（一〇対一だと言う者も多いが）で上回り、こうした生物が私たちに何をしているのかは、わかり始めたばかりだ。そして地球は——植物、動物、人間の身体と同様——外側も内側も微生物に文字通り覆われている。数が多いだけでなく、微生物はたくましく、地球上でもっとも過酷な条件にも耐えられる。読者が微生物の刺激的な世界を旅する助けになるように、本書には用語集と註釈、またさらに深く掘り下げようとする読者のために網羅的な文献リストを付録した。

近年の発見を見れば見るほど、微生物が植物と人間の健康維持に果たす共通した役割に、私たちは興味をそそられた。そして私たちは、人間の体表面と体内に住む微生物を指す新しい呼び名——ヒトマイクロバイオーム——を知った。地力を回復させ慢性的な現代病の流行に対抗するのに微生物が役立つことを、私たちは知り始めた。自然のまったく新しい見方を、私たちは偶然発見したのだ。

本書で私たちが話すのは、自然の隠れた半分をめぐって起こりつつある革命についての知識と洞察を明らかにし、両者を結びつけていく過程だ。私たちは多くの科学者、農家、園芸家、医師、ジャーナリスト、作家の仕事に依拠し、そこから引用し、それらを支持している。それは人類と微生物との関係を探究するものがたりだ。目に見えない厄介物と長い間考えられていた微生物が、人間が現在直面するもっとも差し迫った問題のいくつかに取り組む手助けをしてくれることを、今私たちは認識している。

この微生物に対する新しい見方は衝撃的だ——微生物は人間と植物の欠くことのできない一部分であり、そうあり続けていたのだ。こうした見方をすると、農業と医学の新しいやり方を約束する驚くべき可能性が生まれる。顕微鏡規模での畜産や造園を考えてみよう。有益な土壌微生物を農場や庭で培養すれば、病害虫を防除して収穫を高めることができる。医学分野では、人体の微生物生態の研究が、新しい治療法を推し進めている。二、三〇年前であれば、このような考えは荒唐無稽なものに思われただろう。目に見えない生命自体が何世紀か前にはそうであったように。微生物が健康の基礎であるという科学的知識が明らかになってきたことで、農地の土壌と私たち自身の身体に棲む微生物への、無差別攻撃の正当性が疑われている。土やからだの中には私たちの密かな物言わぬ仲間がいるのだ。

問題をきっちり区分して自然界を研究することで、そうでもしなければ理解できない複雑な全体像を把握できるのは間違いない。専門化することで科学者は、目覚ましい成功と発見を達成できるようになった。これが作物と人間の病の治療法を探す、普通のやり方だ。しかしここからの見通しは限られており、微生物界と私たちの世界の基礎となる幅広いつながりを隠してしまう。

科学者による科学的発見の書き方や伝え方が根本的に変わったのは、困ったものだ。一世紀前の『サイエンス』なり『ネイチャー』なりを手にした一般読者は、ほとんどの著者が言っていることを理解できる。今日ではそうはいかない。現代の科学業界用語は、大部分があきれるほど退屈きわまりない。特定の研究グループや雑誌をやり玉に挙げるわけではないが、本書執筆のあいだ、私たちはしょっちゅうこんな文章と格闘することになった。

IECにおけるNOD1によるペプチドグリカンの認識は、CCL20およびβ−ディフェンシン3の生産を誘発し、それによりB細胞の漸増がクリプトパッチ中のLTｉ樹状細胞クラスターに導かれて、sIgAの発現が誘導される。(1)

ほとんどの読者にはわけがわからないだろう。これは実際の簡潔な科学論文のお手本、指導教授や編集者が推奨し、ときには要求さえするものだ。この一文には一ページ分くらいの情報量がある。しかし、その分野の専門家を除いて、誰がその意味を理解できるだろう？　もっと簡単な言葉にすれば、この文が言っているのは、ある種の腸の細胞は特定のタイプの細菌を認識し、この細菌を認識したことで免疫細胞が健康に欠かせない物質を放出するということだ。もちろんそれは、もっと細かいこと、例えば特定の分子や関係する免疫細胞の名前といったものも伝えている。しかしときに、細部を明確にすることで、全体として言いたいことがぼやけることもある。そしてマイクロバイオームを深く探究するほど、微生物の生態が人類の繁栄と環境にどれほど関わっているかを、私たちはみな、もっと知る必要があるということがわかってくる。

微生物学や医学の研究者は、人間と人体の内外に棲む微生物とのあいだに存在する複雑な共生関係を明らかにしつつある。細菌の細胞は、私たちの腸の内側を覆う細胞に沿って棲んでいる。そしてそこ、腸の奥深くで、免疫細胞が敵と味方を見分けられるように訓練しているのだ。同じように、土壌生態学者は、土壌生物が地球の健康におよぼす影響について驚くほどよく似た発見をしている。植物の根の内部や周囲にいる細菌群集は、病原体が植物の城門を襲ったとき、警報を発して守備を固めるのを助ける。

結論から言えば、土壌や人間の体内に棲む細菌の大多数は、私たちに有益である。そして陸上生物の歴史を通じて、微生物は木の葉、枝、骨など地球上のありとあらゆる有機物をくり返し分解し、死せるものから新しい生命を創りだしてきた。それでも隠された自然の半分との私たちの関わり方は、その有益な面を理解して伸ばすのではなく、殺すことを基準としたままだ。過去一世紀にわたる微生物との戦いの中で、私たちは知らず知らずのうちに自分たちの足元を大きく掘り崩してしまった。

そして、すばらしく革新的な新製品や微生物療法が、農業と医学の両分野に姿を現わそうとしていること以外にも、隠された自然の半分に関心を持つべき実に単純な理由がある。それは私たちの一部であって、別のものではないのだ。微生物は人体の内側から健康を引き出す。その代謝の副産物は私たちの生命現象に欠かせない歯車となる。地球上でもっとも小さな生物たちは、地質学的時間の進化の試練を経て、すべての多細胞生物と長期的な協力関係を築いた。微生物は植物に必要な栄養素を岩から引き出し、炭素と窒素が地球を循環して、生命の車輪を回す触媒となり、まわりじゅう至るところで文字通り世界を動かしている。

今こそ微生物が私たちの生命にとって欠かせない役割を果たしていることを、認識するときだ。微生物は人類の過去を形作った。そして微生物をどう扱うかで未来が決まり、それがどのような未来か私たちはわかり始めたばかりだ。なぜなら私たちは微生物というゆりかごから抜け出すことはないからだ。私たちは隠された自然の半分に深く埋め込まれており、同じくらい深くそれは私たちに埋め込まれている。

目次

第3章 生命の探究——生物のほとんどは微生物

第4章 協力しあう微生物——なぜ「種」という概念が疑わしくなるのか

第5章 土との戦争

第6章　地下の協力者の複雑なはたらき

第7章　ヒトの大腸――微生物と免疫系の中心地

第8章　体内の自然

第9章　見えない敵――細菌、ウイルス、原生生物と伝染病

第10章　反目する救世主――コッホとパスツール

第11章　大腸の微生物相を変える実験

第12章　体内の庭

第13章　ヒトの消化管をひっくり返すと植物の根と同じ働き

第1章　庭から見えた、生命の車輪を回す小宇宙

死んだ土

何かを学ぶつもりだったわけではない。アンは庭を欲しがり、私に異存はなかった。シアトル北部の荒れ果てた敷地に立つ古家を買ったことで、自分自身と世界の見方が変わるなどとは、二人とも思ってもみなかった。いずれにしても、庭は何の変哲もなかった。古ぼけた百年ものの芝生で、風で飛んできた植物が何種類か居着いている。たいていの住宅購入者がそうであるように、私たちはわざわざ地下の土壌を調べたりはしなかった。わずか一世紀前、私たちの土地は原生林に覆われていた。それがきっと庭を支えてくれるだろうと、私たちは思った。私たちは住宅診断士に依頼して家を検査してもらったが、土壌については考えてもみなかった。

数年後、あれこれと計画した末に、待ちに待った日がとうとうやってきた。焼けつくような太陽の下、芝をきれいにはぎ取ったばかりのむき出しの敷地に私たちは立っていた。まわりを苗木店から届いた何十鉢もの灌木や樹木が取り囲んでいる。しつけのいい犬が食事を辛抱強く待っている姿のようだ。私たちは有頂天な反面、不安でもあった。八月初めは植物を地面に植えるにはリスクの大きい時期だ。造成のミスと遅れでその春はつぶれてしまい、こういうはめになってしまったのだ。

アンは両手でシャベルの柄を摑むと、刃のふちに飛び乗った。それはゆっくりとスムーズに地面に滑

り込んだ。アンは晴れ晴れした顔で私を見た。夢の庭が現実になろうとしているのだ。彼女は土を穴の脇に積み上げた。中くらいの濃さの茶色で、六月の雨の湿り気がまだ残っていた。三度目に飛び乗ったとき、鈍いガチンという音が穴から響き、足がシャベルから跳ね上がった。もう一度試してみる。ガッチーン！　アンはシャベルを投げ槍のように穴の中へと投げつけた。それは穴の底に当たり、ドスンと横に倒れた。

　私たち二人は深さ一五センチの穴をのぞき込んだ。ミルクチョコレート色の薄い表層は、カーキ色と焦げ茶色の渦巻模様に変わっていた。その下で、土はぬめぬめとつやを帯び、色はベージュの縞が入ったネズミ色になる。問題は穴の底のありふれたものだった。おはじき大からゴルフボール大の石が、硬い粘土の中にぎっしりと固まっている。氷礫土《ひょうれきど》だ。見上げるとアンは、目に動揺を浮かべながら、土がむき出しになった敷地一面に並ぶ植木が、黒いプラスチックの鉢の中でゆっくり煮えていくさまを見渡していた。この日のために何年もかけて計画してきたというのに、土が最悪で思いどおりにならないのだ。

　何でこんなことになったんだろう。正直なところ、私たちは少々ばつが悪かった。地質学者の私にとって、土と岩は専門だ。そして、生物学者から転向した園芸家として、植物はアンの領分だ。私たち二人以上に誰が土壌の質に注目し、判定できる立場にあるだろう。土は二人の世界にまたがっている。なのに二人とも物語の半分しか見ていなかった。

　そのとき私は、家を買う前に庭に試掘坑を掘ろうと思わなかったことを後悔した。私は世界中で野外調査を行ない、足元に何が埋まっているかを調べるために無数の穴を掘ってきた。だがどうしたわけか市街地、それも自分の宅地の地下を調べようという発想はなかった。そして私たち二人は、岩のように硬い氷礫土をどうすれば夢の庭にできるのだろうと思いながら立ちつくしている。その答えはともかく、植木は鉢のままではこれ以上持たないと、アンが強く言った。私たちは植物を地面に植えた。

自然の地質学的衝突によって私たちの苦労の種が生まれたのは一万七〇〇〇年前、氷河がカナダから南へと押し寄せ、シアトルとワシントン州西部の大半を覆いつくしたときのことだ。この太古の氷の山がわが家の敷地をごりごりと通り過ぎたために、私たちは今、二重の問題——風化した粘土の上に有機物がごくわずかしかないことと、コンクリートのような氷礫土——に見舞われているのだ。土地全体を掘り起こして新たに土を運び込む以外、硬い礫土は変えようがなかった。そのままにしておくしかない。だが地表に近いところのものは何とかなるかもしれない。

肥沃な土壌は地質学と生物学の境界、風化していく岩の破片と腐植した有機物が混ざり合ったものだ。レシピのうち、岩のほうがあったが、もう片方がなかった。私たちには有機物が必要だった。それも大量に。

堆肥を集める

市販の堆肥をダンプカー何台分も入れたら、すでに底をついている庭づくりの予算がさらに吹っ飛ぶことは二人ともわかっていた。それに私は、コストだけでなく臭いも少ないプランを要求していた。以前、アンが私のピックアップ・トラックに鶏糞を満載して、当時の借家の前庭にまき散らしたのを私は忘れていなかった。何週間も臭った。その実験を繰り返す気はなかった。私たちの土に足りない有機物を増やしてやるのがうまい手であることはわかっていたが、アンに新居の庭を堆肥置き場にされたくはなかった。

そこで、アンは私が反対できないアイディアを考えついた。臭いもなく、私には手間がかからず、費用もかからない――ゼロ、無、何もなし。アンは木くずや落ち葉を探して、花壇になる場所に積み上げようとしていた。私はかまわないが、このマルチ・フェスト（訳註：クリスマスのあとでツリーを粉砕して木材チップにし、堆肥用に市民に配る行事）が大したアイディアには思えなかった。木ぎれやら落ち葉やらにどれほどの効果があるのだろう？　木はいつまでも分解されず、落ち葉は腐って土と混ざる前に吹き飛ばされてしまうだろうと私は思った。

それでも、アンのマルチ（訳註：落ち葉、わら、ビニールなどで植物の根元の地面を覆うこと、およびそのための資材）計画には明らかに当面の利点があることがわかった。アンは八月と九月の大半を、時には一日に二回、じょうろ、スプリンクラー、ホースを持って走り回り、何度もスケジュールが遅れる造園業者への悪態を次から次へと並べたてて過ごした。土を木くずで覆えば、地面の水分を保って、跳ね上がる水道料金を抑えるのに役に立つだろう。

アンはがんばってもう一つの問題、彼女の内なる庭師が恐れているものを食い止めていた。町じゅうの他人の敷地や庭で、アンはそれを見た。庭師を大勢雇っている上流家庭だけがそれをまぬがれていたようだ。仕事上でもアンは、シーダー川沿いの至るところで外来植物がはびこり、回復された氾濫原に新しく植えた在来種を脅かすところを見ていた。気候が温暖湿潤なシアトルでは、招かれざる植物が庭や自然地域に割り込んでくる。わが家には、この嫌われ者クラブの創設メンバーがついてきた――イタドリだ。これは太平洋岸北西部ではクズ（訳註：日本原産。北米南東部で外来種として猛威をふるっている）に相当するもので、山火事のように広まり、同時に駆除が難しい。この家を買ったとき、ドライブウェイの入り口に大きな草むらが門番のように立っていた。庭の造成工事をしているブルドーザーの運転手が、それを手際よく一発で引き抜き、ダンプカーに放り込むと、アンは快哉を叫んだ。招かれざる客がわれわれの新しい庭に侵入するのを念入りなマルチングで防げることを、アンは知っていた。

アンが最初に投入した有機物は、近所で手に入れたものだった。樹木医が、処理費用を浮かすために、ウッドチップをただでくれることをアンは聞きつけた。そこで電話帳を開いて電話をかけ始めた。バラード・ツリー・サービス、シアトル・ツリー・プリザベーションなどなど――そうして、彼女の名前を立ち寄りリストに載せてもらった。しばらくすると、作業員が近所で仕事をしてトラックがいっぱいになったとき、わが家に寄って木材チップをドライブウェイに五メートルから一〇メートルにわたって投げ落としていくようになった。それからアンは、植樹帯に十数本のオークが生えた角地の住人と仲良くなった。秋が近づくと、その住人は心から喜んで落ち葉をどっさり持たせてくれた。アンは不要な有機物をかぎつける要領を身につけた――例えば近所のコーヒーショップや町のまわりに林立しているスターバックスの裏手から持ってくるコーヒーかすの入った袋のような。

私たちの敷地の惨めな状況は、以前に住んでいた二家族が何を優先していたかを表わしていた。ノルウェー人のオスターバーグ一家が一九一八年にこの家を建てた。一九三〇年代の課税額査定官の写真から判断すると、彼らは庭に興味がなかった。歩道から撮ったぼやけた白黒写真は、家の東側に沿って敷地の裏手の車庫まで続くドライブウェイ（敷地内車道）を見上げる角度で収めている。荒れたまだらの芝生が家を取りまき、大量の廃材が車庫に立てかけられ、低く貧弱な金網のフェンスが前庭を囲っている。一九八八年にオスターバーグ家の最後の一人が死去し、地元育ちの男がこの家を買った。彼もやはり庭にほとんど関心を持たなかった。私たちがこの家を買ったとき、金網のフェンスはないものの、敷地は驚くほど一九三〇年代の写真のままだった。

それでも私は、そんなに悪くないと思っていた。雑草だらけの八〇年前の芝生は見かけは青々としていて、ゼナ（市の収容所から引き取ったラブラドール・レトリーバーとチャウチャウのミックス犬）にテニスボールを投げてやるにはちょうどよかった。草は世話いらずで、秋の最初の雨で息を吹き返した。しかしアンは、最初からこの庭は大きな問題だと考え、私は喜んで彼女に庭づくりを任せた。というより、止めようがないことを知っていた。アンは庭を欲しがっていた。何としても。それにわれわれのどちらも、私に任せたくはなかった。私が世話を任された植物は二、三ヵ月以上持ったためしがなかったのだ。

アンの念頭にあったのは、家の東側にある長さ三〇メートルの側庭を覆う草の海とタンポポの茂みを、どうやって花園に変えるかだった。家の正面と裏手にも同じ状態の小さな土地があり、手を加える場所はU字形に伸びている。南向きの裏庭にはベイマツとモチノキが奇怪な形にからみ合い、キングコングのようなセイヨウトチノキが家の角を圧迫している。西の敷地境界線に沿って生えるとげのある落葉低木が、光と空間を争って互いに押さえつけあっている。

心の中に、アンは道にあふれ出るほどの緑に満ちた庭を思い描いていた。どの季節にも葉と花びらが開くようにしたいと思った。庭は、アンの考えでは、私たちをうっとりとさせ、毎日振り向かせる場所でなければならない。そんな場所を作るには、私はまもなく知ることになるのだが、見ほれるような植物の世話をすることと同じくらい、目に見えない土壌生物を育てる技術が重要なのだ。

夢にみた庭づくり

アンが育ったデンバーの南の郊外、コロラド州リトルトンは、植物への興味をはぐくむような場所ではまったくない。当時デンバー地域は田園風の庭よりも、臭い家畜置き場と冬の大気の逆転現象による茶色いもやで知られていた。デルフィニウムを熱狂的に愛好するおばか祖母がいて、ガーデニングのこつを手ほどきしてくれるということもなかったのに、アンはどういうわけか庭いじりの才能を芽生えさせた。

アンはコロラドの季節の急な移り変わりを見るのが大好きだった。七歳のころ、アンは初めて、ドライブウェイわきの小さな庭で、三月の雪の下から突然に現れる宝石のような球体に気づいた。凍りついた白銀の世界に顔を出す鮮紅色のチューリップの力強さは、アンに感銘を与えた。そして毎年六月、ひと気のない小さな岩石庭園に姿を見せ、やがて生い茂るアイリスも。その花は、岩と他の大きな植物のあいだにむき出しになった、ごつごつと死んだような外見の根茎から魔法のように現れるのだ。背伸びして、アンは紫の花の奥の奥まで鼻を埋め、ベルベットのような花びらが小さな顔を撫でるのを感じた。深く息を吸い込むと、その香りはグレープソーダのようだ。今でもアンは大きく派手やかなアイリスの誘惑に逆らえない。

十代のころ、アンは、南向きのリビングルームの窓辺に置いた古い枝編みの丸テーブルを、花でいっぱいにした。フィロデンドロンが植木鉢と、小さなサボテンの上に高くそびえる斑入りベゴニアのあいだを縫うように這っていた。アンは神のごとく振る舞い、植物を窓に近づけたり遠ざけたりしてどう反応するかを観察した。屈光性にアンは興味を持った。彼女はものの数日で、植物を曲げたりひねったりまっすぐに戻したりできるようになった。長年かけて彼女は、植物を死の瀬戸際から救うコツを会得した。植物は彼女の気分を高め、畏敬させ、元気づけた——植物は力を持っていたのだ。

私たちは違う土地で育ったが、二人とも似たようなことをしていた。一九六〇年代から七〇年代の郊外で育った子どもは大体そうだが、私たちは庭や空き地や、急速に開発が進む近隣の野原で外遊びをした。夏には近くの野原や小川に探検に行き、捕まえられるものを手当たり次第に捕まえては、缶や瓶に入れて家に持ち帰り、しばらくじっと眺めていた。こうした場所には、私たちの生きる方向を決め、たやすく触れたり見たり嗅いだりできる自然がわずかに残っていた。

カリフォルニアで育った私は、アウトドアを愛した。地質学への興味はボーイスカウトでシエラ・ネバダへハイキングに行ったときから始まる。花崗岩でできたカリフォルニア州の脊梁を越えたことで、私は陸地を生きた系統として感じるようになり、地図を読む技術も磨かれた。地形の形態についてじっくり考えた少年時代のこのような経験は、やがて私を地形学の世界の、つまり地表面の活動についての研究に向かわせた。

十代のころ、私の寝室からは「カウ・ヒル」、スタンフォード大学構内で農地として使われている最後の区画が見えた。弟や友人たちと一緒に、私は野原や谷間をうろつきまわり、背の高い草の中に隠れ、節くれだったオークの木に登った。大学の途中で休学して、オーストラリアの鉱山で働き、南太平洋を旅行した。あらゆる街から遠く離れた場所で、私は本当の自然を見つけた。オーストラリア奥地でカンガルーとイリエワニに囲まれて暮らし、グレートバリアリーフでダイビングを覚え、ニュージーランドのサザンアルプスに遠征した。こうした経験は自然とは何で、どこにあるかという観念を固めた。

アンの自然への関心は、ロッキー山脈の山深く家族で行ったキャンプ旅行で育まれ、生物学への情熱となって花開いた。大学入学のためにサンタクルスへ移ったとき、アンは衝撃を受けた。ここカリフォルニア州のセントラルコーストでは、常春のように植物が生い茂る。これはアンの植物欲に水を与え、大学院で開花させた。そしてそこで私たちは出会った。

アンと五人の同居人は、ノースバークレーの猫の額のような庭から芝をはぎ取り、南向きの前庭に歩道に沿って小さな垣根を築いた。彼女たちは木を一本、十数本の花の咲く多年生植物、数本の低木を植え、アンが中心になって世話をした。どの植物が一番水を必要としているか、滅多にはないが、落ち葉と剪定《せんてい》くずを使って冬の凍結から守ってやる必要があるのはどれか、アンは絶えず目を光らせていた。私は彼女たちの庭と、正面玄関まで続くレンガ敷きの小道が気に入っていた。アンの感性はそれを、魅力的で野生的なものにしていた。

夏の日照りと冬の大雨

私が博士課程を修了してワシントン大学に職を得ると、私たちはシアトルに引っ越した。アンは新しい家主に話をつけて、借家の前庭に野菜畑を二面作らせてもらえることになった。このとき私は鶏糞の臭いを知り、アンは植物の生長を促すその力を知った。鶏糞を混ぜ込んだ二面の小さな野菜畑では、トマト、ビート、レタス、バジルが豊作だった。夏じゅう私たちは、ほとんど野菜を買わずにすんだのだ。ついに自分の家を買ったとき、アンは本格的な庭を作る計画を立て始めた。日々の生活にもっと自然を取り入れるという考えには、二人とも賛成だった。しかし、アンにガーデニング経験があるからといって、新居の庭の設計が少しでも楽になるわけではなかった。アンはこんな広いスペースを扱ったことがなかったのだ。それに加えて、私たちの庭にはとっかかりがなかった。土台になる見事な庭園の名残もなければ、崩れた石垣や、花盛りのつる草がからむ忘れ去られた門もなく、雑草だらけの花壇にしおれた多年生植物が隠れていることもない。

そこでアンは、パティオ、フェンス、植物などの情報と写真を満載した本や雑誌に当たり、参考のためにシアトル近隣の庭(このあたりでは一日で十数カ所の庭を訪れることができる)を見て回った。特徴のある庭を探しまわり、持ち主を質問攻めにし、写真を撮りまくった。家に帰ると写真を切り抜いてコラージュを作った。それは、頭のおかしな植物学者から送られてきた異様に大きな脅迫状のようだと、私は思った。しかし、庭がどのように見えるか、庭をどのように使うかを想像するのに、それは役に立った。

アンは樹木や灌木の大きさと形、それがシアトルの栽培条件――冬の激しい風と水浸しの土、夏の日照り――に耐えられるかどうかを調べた。日なたを好むか日陰を好むか、手がかからないが生長は遅いか、手はかかるが生長は速いか。一番美しい、あるいは面白いものは何か。二〇年後にはどうなっているか。

木や灌木が、通りや隣家から庭をどのように覆い隠すかを、私たちは想像するようになった。イメージははっきりした。見えぬものは忘れられる。庭の東側の花壇には木を植え、南側と西側は木を減らしてその分多年草を植えることになった。

私たちは車を通りに追いだして、敷地裏手の独立した小さなガレージに通じるドライブウェイを、庭の遊歩道に作りかえることにした。どうせいつも裏口から出入りしているのだ。ガレージ自体は、車の家から庭づくりのための納屋に格上げされる。ドライブウェイ改め遊歩道の終点にパティオ、その向こう側に野菜畑を作る。これで、もうすぐ車がいなくなるガレージに隣接して、バーベキューにもってこいの屋外リビングルームが完成する。どれも裏口から数歩の距離だ。

初め、庭全体を改装するという考えに無関心だった私だが、敷地の屋外部分を、私たちの家屋を人間の住まいとするためになくてはならない要素として見るようになった。イメージができあがったので、次は計画だ。私たちは造園業者に依頼して、アイディアへの肉付けと、出発点になる設計図の作成を手伝ってもらった。私たちは白紙の状態から始めることにした。完全に解体してしまえば、ある程度明快になる。すべてなくなってしまえば、何を残すかを議論することもない。さらば、タンポポの生えたこぶにつまずく芝生、ドライブウェイ脇のイタドリの草むら、日光とスペースを奪う裏のフェンス沿いのベイマツ。

氷礫土に加えて、別の問題が私たちの前に立ちはだかった。軟弱すぎて基礎を支えられない表土をはぎ取って運び去るのは、標準的な建築の手法だ。一世紀前、私たちの敷地はこの憂き目を見、あとに残ったのが二三〇平方メートルの白くて石ころが詰まったほこりっぽい土――耕作しやすく肥沃な土とはほど遠い代物だ。庭の土をはいで丸裸にしたことで、解けた氷河が礫土をむき出しにしたときまで地質年代を巻き戻してしまったことを、オスターバーグ一家はさほど気にしてはいなかっただろう。しかし私たちは、使い物にならない土の上に庭を作ろうとして動き回りながら、大いに気にしだしていた。常緑樹林を植え直し、それが育って、再び自然が落ち葉を豊かで肥沃な土壌に変えるまで、何世紀も待っていられないのだ。

表土製造業が、自然が土壌を作る速度に辛抱できないせっかちな園芸家を相手にした商売で繁盛している。河川管理者として働いていたアンは、表土混合事業に出くわしたことがある。勤務していた流域のある場所で、アンは家ほどの大きさに積み上げられた木の切り株や伐採くずを見た。傍らには古いドア、乾式壁の破片、合板の切れ端が、もっと小さな山を作っていた。錆びたベルトコンベアーが何本か、山を越えて大きなトラックへと延びていた。

「表土」と表記された袋の大半に実は本当の土が入っていないことを知る人は少ない。ピートモス、樹皮の破片、軽石の小さなかけら、さまざまな肥料、その他ろくでもないものたちが袋の中には入っている。そして、もしトラック何台分もの表土が必要なら、アンが訪れたような場所へ行くことだ。もっとも彼女があれを見てしまってからは、私たちは手持ちのもので間に合わせることにしたが。

スターバックスのコーヒーかすと動物園の糞

このときからアンの聖戦が始まった。わが家の庭に有機物が足りないのなら、足してやるのだ。アンが我らの土を救うのだ。

庭に木を植えてから二度目の秋、私が旅行から帰ってくると、新しいパティオが暗褐色の山に埋もれていた。それは昔アンが乗っていた古いフォルクスワーゲン・ビートルくらいの大きさがあった。私はスーツケースを降ろすと、山を足でつついてみた。細かい粒子が斜面を転げ落ちた。動物性のものではないことに私はほっとした——あとは鉱物か植物かだ。湯気の立つ山から馴染みの香りが立ち上っていた。私の足元にあるのは、これまで見たこともない大きなコーヒーかすの山だった。

これは始まりにすぎなかった。一種類の有機物を花壇にまき終わらないうちに、アンは次を探し始め、見つけたものは手当たり次第に拾ってきた。もちろん、例の角地住人にもらったぱりぱりのオークの落ち葉も、樹木医が配達を続けている木材チップも混ぜ込まれた。あり合わせの材料で新しい献立を作るアンの料理のように、有機物の混合と調理の腕前は進歩した。

アンが有機物に取りつかれるようになったことで、私は少しばかり心配だった。特に戦利品をやたらと欲しがり、それを夢に見ると打ち明けたことで。しかしアンは、自分は他の園芸愛好家に比べれば全然変じゃないと言い張った。アンがコーヒーカップを片手にうっとりと庭をそぞろ歩き、貯えた有機物をどこにどう使おうかと考えながら、静かな秋の日々の柔らかな光やそぼ降る雨を満喫するさまを、私は見守っていた。

だからアンの有機物愛がもっと過激なものに走っても、私は驚かなかった。アンはフィーカル・フェスト（フン祭り）に特に心を奪われた。このイベントは、シアトルのウッドランド・パーク動物園が提供する草食動物の糞を堆肥化した「ズー・ドゥー」の発売を告知するために開かれた（訳註：zoo［動物園］と doo［うんち］で韻をふんでいる言葉あそび）。ズー・ドゥーは色がほぼ真っ黒で、雨がたくさん降ればぐにゃぐにゃになる。無料ではないが、臭いはしない。市が動物園を経営していた当時、公有財産を無料で譲渡することは法律で禁止されていた。そして市が動物を所有しているので、出てきたものも市が所有した。ズー・ドゥーを積み込むためには形ばかりの料金がかかったので、シアトルのつましい園芸家たちが動物園に殺到することはなかったが、それでもものは出ていった。動物園が民間非営利団体の経営に切り替わるころには、ズー・ドゥーはガーデニングをするシアトル市民のあいだで大人気の肥料になっていた。

土は半ば鉱物で半ば有機物、砕けた岩と死んだ生物からなる風化した層という奇妙なものだ。この脆弱な生きている皮膚、地表から地球の核までの、長さ六四〇〇キロのごくわずかを占めるにすぎない部分に、土壌生物は織り込まれている。一般的には厚さは一メートルに満たないが、土壌は基岩、気候、地形、植生などに左右される。この薄い層が陸地を肥沃に保つ。土壌は地球を陸上生物が棲める場所にし、生命をなんと死と融合して、より多くの生命を生み出す。死んだ動植物は土に引きわたされ、やがてさらに多くの動植物に作り直される。土は自然に備わったリサイクル業者と考えられる。私たちがガラスと金属と紙とプラスチックの分別を始めるずっと前から、有機廃棄物を再利用していたのだ。

アンは自分なりのリサイクルをしていた。パティオを使うのはやめてくれと私が言ってから、貴重な有機物の山をガレージの脇、幹が絡み合ったミズキの生け垣の裏に片づけた。ここを園芸研究所として、アンはさまざまなマルチを作る実験を行なった。彼女は湿ったコーヒーかすを手押し車に積み上げ、オークの落ち葉を加えて余分な水分を吸い取り、大きめの木材チップを投入した。そして鎌のような形の片手鍬の刃で全部一緒にし、サラダのように混ぜた。季節ごとに、アンは植床を自家製のマルチで覆い、成り行きを観察した。結果に満足すると、同じことをもう一度試した。気に入らなければ実験を続けた。一年じゅうアンは手に入れた有機物を花壇に積み重ねていた。春の早いうちに積んでやると、六月まで水をやらなくていい。秋の早いうちに積めば、植物は霜から守られる。

アンのマルチの配合は、堆肥造りの経験則におおざっぱに従った、場当たり的なものだった。炭素が豊富なもの（木材チップや落ち葉）約三〇に対して窒素を多く含むもの（コーヒーかすや刈り取った草）一の割合で調合するのだ。正確な割合はさほど重要ではなく、炭素を多く含むものと窒素を多く含むものを覚えて、前者を後者より多く使うことが肝心だ。

しばらくすると、有機物を庭に与えることがゴールデン・ゲート・ブリッジの塗装のように感じられてきた。最後まで来たと思っても、振り返って始まりを見ると、まだ足りないことに気づくのだ。私たちは二人とも、それがどこへ行ってしまうのかと途方に暮れた。アンは冗談めかして、よそのガーデニング愛好家がうちのお宝を持ち去っているんだと言った。それから二度目の夏近くなるとアンは、土の上に一二、三センチほど重ねた木材チップとオークの葉のマルチがすぐに消えてしまうとこぼした。マルチは土の上にしばらく積み上がっているが、そのうち落としたスフレのようにしぼんでしまう。これだけの有機物がどうしてこんなに速く分解されてしまうのだろう？　もっと肝心なことは、何ものが分解しているのだろう？　またその何ものかはなぜそんなに貪欲なのか？　何トンもの有機物が足元の沈黙の世界に消えたとき、アンは宣言した。土が飢えているかぎり、養分を与えると。

手品のように消える有機物

ずっと前に私たちは、庭と結婚生活のために、アンが庭師で私は熱心な傍観者ということで合意していた。しかしときどきアンは私に、やってみるように誘った。有機物が消えていくとアンがこぼしたとき、私は彼女が植床に重ねたマルチの下を全部かき回してみた。元の素材はわずかにあったが、残りは手品のように消えていた。それでも私たちの植物は生い茂り、不毛の敷地をみずみずしい青葉で覆いはじめていた。土壌の表面の色が、ミルクチョコレートとブラックチョコレートの中間の茶色っぽい色に変わっているのにも、私は気づいた。土の色が濃くなったのは、有機物が分解されてフミン酸になったからだと、私は推測した。平均して、腐りかけた有機物中の炭素のおよそ半分が、養分豊富だが腐りにくい混合物となって土壌の中にとどまり、自然界にある何よりも肥沃度を高める。もう半分は腐植過程で大気中に失われる。

最初は岩だらけだった硬い土が、濃いチョコレート色の土壌へと変わっていた。なるほど、まだ岩はごろごろしているが、それほど硬くはない。有機物を加えたことで、土壌を肥やすだけでなく、新しい住人を呼び寄せた――キノコ、土壌動物、甲虫、そしてあとでわかったことだが、目に見えない小さな生物の世界を。

有機物に加えて、アンは硬い粘土質の土と新しく植えた植物に、自家製カクテルを与えた。土スープは好気的に醸造されたコンポスト・ティー（堆肥茶）で、アンはこれをノースウェスト・フラワー＆ガ

―デン・ショーで覚えてきた。堆肥中の有益な微生物を培養して土壌に加えてやることを、生物学者であり園芸家であるアンは、理にかなったものと思った。しかしいい加減にやってはならない。大量に、何兆も微生物を培養するのだ。アンの自家培養セットは二五リットル入りのバケツ、内側につり下げて水に空気を送る渦巻き形のものだ。

渦巻き形のものは、八時間～一二時間の醸造期間、水に酸素を供給し、培養液中の炭水化物が微生物の増殖を促す。アンはすぐに海藻と糖蜜の混合物を独自に工夫して、自家製微生物を育てた。あと必要なのは、この貴重なコンポスト・ティーを少しずつ与えるための、何か丈夫で長持ちするものだけだ。答えは噴霧器というのはわかりきっている。だが、いくつもの言語で「危険」だの「警告」だのという単語が並んだプラスチック製のものでないほうがいい。

家じゅうに積み上がりだした大量のガーデン用品のカタログから、アンは目当てのものを見つけた。それはヨーロッパ調の優美な品だった。溶接した真鍮、木製の取っ手、革製ワッシャーでできたトロンボーン式の英国製噴霧器だ。一方の端に真鍮のノズル、もう一方の端に一メートルのやわらかいホースとフィルターがついたそれを、スチームパンク（訳註・・一九世紀の蒸気機関全盛期をモチーフとしたＳＦの一ジャンル）なビリヤードのキューのようだと私は思った。アンがホースをバケツの微生物の液につっこみ、木の取っ手を前後に動かすと、土スープがバケツから吸い上げられ、ノズルから細かい霧になって振りまかれる。私たちの木はその頃は小さくて、噴霧器を数回動かせば、コンポスト・ティーを蓄えておいて、弱っていしたたらせていた。アンはいつもじょうろ二、三杯分のコンポスト・ティーをバケツの微生物の液にるように見える植物に微生物をかけや、特に大事にしているものへの水やりに使っていた。

くり返し植物に微生物をかければ本当に庭に草木が育つと、アンは間違って信じているのだと、私は

16

思った。実害があるとは思っていなかったが、微生物入りの魔法の粉を植物に吹きつけたり土にまき散らしたりして、何の効果があるというのだろう？

花開く土壌生物の世界

ふたを開けたら想像以上だった。

最初アンは、土の中にミミズを一匹も見つけられなかった。ところが一年後、植木を掘り起こしていて、太ったレバー色のミミズを見つけた。そして私が彼女にミミズを見せられたとき、間違いなくそのくねる身体からかすかにコーヒーの匂いがした。それから一年後、穴の中や植物の根に、ミミズの群れが不気味にのたくっているのをアンは私に見せた。この頃には、マルチをどけて植物を掘り出していると、がっしりとした黒光りする鎧をまとった大きな甲虫が、冬眠から目覚めた小さなクマのように、小枝のあいだからのそのそ出てくるのが見られるようになった。鈍重な足どりで、甲虫たちはアンから一目散に逃げ、もがきながらマルチの下へ帰っていく。土をかき回すと、アンと愛憎関係にある（主に憎のほうだ）ハサミムシがすばやく丸まった落ち葉の下に潜りこみ、玉石のあいだをすり抜けていった。

キノコが芝生や植床に顔を出した。そしてアンは、細く白い糸でできた網が、一年前にまいた木材チップの固まりをつなぎ合わせていることに気づいた。あとでわかったのだが、この糸のようなものは菌糸――菌類の根のような部分だった。

低木と草花が育つと、花粉を媒介する昆虫がやってきた。ブーンブーンとハチが飛びながら花々の植え込みを巡る。夏の暑さの中、青緑と黄色のトンボが姿を現わし、庭を飛び回る。翌年には、通り道や木々のあいだにしつこく巣を張る丸々太ったクモを、いちいち避けながら歩くようになった。こぬか雨の降る秋の日、巣に細かい水滴がつき、庭を不気味なハロウィンの舞台に変える。この薄ぼんやりとした網には小さな羽虫がたくさんかかった。それはクモによって素早く麻酔され、糸できっちりと巻かれて餌になった。

次に鳥たちがやってきた。カラスとカケスが立ち寄っては、足とくちばしで植床にかぶせたマルチを引っかき回すようになった。フォークと移植ごてでも手に入れたかのようだ。彼らにとって植床は、おいしいごちそうが取り放題食べ放題のテーブルだった。ハシボソキツツキとコマドリが、芝生を朝食のビュッフェがわりに使い始めた。長くとがったくちばしで湿った土のどこを探ればいいか、どうしてか感知できるようだ。

あとからやって来たのが、一番小さいながら一番図々しかった。ハチドリは、お気に入りの花への通り道を邪魔されると、猛烈な勢いで羽ばたきながら、私たちが退くまでつきまとう。春になるとこの小さな稲妻たちは、印象的な求愛行動を取る。宝石のように色鮮やかなオスが勢いよく空へと飛び上がり、地面に向かって恐ろしい勢いで急降下したかと思うと激突直前にからだを引き起こすという曲芸飛行を行ない、それを褐色のメスが針のように細い小枝に止まって、食い入るように見るのだ。

庭が十分に完成すると、大きな動物も姿を現わすようになった。ロケットのように速いクーパーハイタカが、悠然と空を舞いながら、ぼやぼやしている小鳥がいればかっさらおうと目を光らせる。目の回りに覆面をしたようなアライグマが一年中、我が物顔でのし歩く。庭づくりは私たちに生命の大行進を見物する特等席を与えてくれたようだ。飛ぶもの、はうもの、歩くもの、駆け回るものがやってきて、私たちはそのすべてを目にした。

植物もよく茂った。アンの土スープ、マルチ、堆肥の調合品は期待どおりの効果をもたらした。他の園芸家たちが戦っている植物の病気と害虫は、まったく発生しないか、したとしても定着することはなかった。低木は大きな葉をつけ、樹木はこの上なく元気だった。アンはツルバラを二、三本持ち込んだが、月に一度の土スープを与えているかぎり、北西部ではありふれたバラの病気――うどん粉病や黒星病など――に悩まされることはなかった。

庭づくりを始めてから三年ほどたったころ、北シアトルのガーデンツアーの主催者から、わが家の庭をその年のイベントに入れてもいいかと問い合わせがあった。招待された園芸家たちの関心の高さから判断して、私たちのやったことが正しかったことはわかった――ただそれがどのようにはたらいたのかはわからなかったが。

興味津々の近所の住人は、アンの庭の秘密を知りたがり、質問攻めにした。どうして木がそんなに速く大きく育つのか？　イロハモミジとペルシアン・パロティアは、植えたときには幹がゴルフクラブのシャフトより少し太いくらいだった。一〇年とたたないうちに、そのサイズはゾウの後ろ脚の太さに近くなった。近所の園芸家たちは、一ブロックしか離れていない自分たちの庭の同じ植物が弱っているのはなぜだろうと首をひねった。庭の日当たりのせいか？　与える水の量か、特別な肥料を使っているのか？　誰ひとり私たちに土壌のことを尋ねなかった。それは名前があがることのない、自然のもっとも偉大な壁の花だった。アンは興味を持った通行人にその場で庭を案内し、土スープとマルチづくりを強く勧めた。しかし誰もが地上に目を注いだまま、見たり触れたりできる植物について質問していた。

五年間でできた沃野

庭に植物を植えてから五年、午後の光の加減で、私は芝生がパティオに押し寄せてきていることに気づいた。草だけではない。土も、地面そのものがだ。パティオの端の土は敷石と同じ高さだったことを私は覚えていた。今ではそれがパティオより五、六ミリ高くなり、細い根の網目で土留めされた小さな崖を形作っている。むき出しになった土壌は濃褐色で、庭に最初に植えつけたとき掘った記憶がある、カーキ色の土ではもうなかった。土は私の目前で、鼻先で、変わっていた――ただ、日々気づかないほどゆっくりと。

本が積み上がった食卓に向かい、私は古い波打ったガラス窓ごしにアンを見ていた。アンは茂りつつある庭をぶらぶらしながら、私の視界を出たり入ったりしていた。彼女はたいて新品の一輪車を買い、それから創造力のひらめくままに、それに渦巻く炎を描いた。漁ってきた有機物をぎっしり詰め込まれた一輪車は、揺れたり傾いだりしながら、植床から植床へとアンに押されていった。アンがこの数年間やってきたことの大きさが、当時行なっていた土壌喪失についての研究との関連から、私にはわかりかけていた。昔からの問題の解決方法を、一度に一輪車一杯ずつ、アンは証明していた。自然の力よりはるかに速く、新しい土壌を作りだしていたのだ。

歴史上のところどころに、土壌喪失という歴史的な大きな流れに逆らった社会がいくつかあった。たとえばアマゾンのインディオ、アジアの小作農、一九世紀パリの都市庭園などだ。共通する要素は何か？　まさしくアンがわが家の庭でやっていること、有機物を土地に戻すことだ。私の庭師兼妻は、世界じゅうで社会を壊してきた流れに逆らっていた。もちろん、アンは庭仕事に忙しく、自分が自然がするより速く土を作っているなどと考える暇はない。それでも土の色が濃くなるにつれて穴掘りが楽になり、新しい庭で消える有機物と爆発的に増える生物とのつながりがわかり始めたのだった。何トンという有機物が、足元の静かで貪欲な世界に呑み込まれるのを見ていると、アンが土に与えた堆肥、マルチ、土スープのすべてが、いかに肥沃な土壌を作るか——さらに、それをいかに迅速に行なうか——の答えであることに、私は少しずつ気づき始めた。園芸家のように考えることが、人類が肥沃な土壌を使い果たすことなく、そればかりかはるかに大きな規模で作りだしていくのに役立つなどということがありえるのだろうか?

わが家の庭をよみがえらせるのに、五年と少しかかった。現代のめまぐるしい過剰な情報化社会では永遠とも思えるかもしれない。しかし地質学者にとっては、まばたきするより速い。アンと私は、わが家の庭が生物の空白地帯から生命にあふれた場所へと進化するのを見ながら、何よりも一番に、命のないもの——有機物——が新しい命の網を生み出すことに感銘を受けた。マルチ、堆肥、木材チップは土壌の生命をはぐくんだ。それが植物、動物、さらには私たちをはぐくんだ。よみがえった庭が動物を呼び寄せるなどとは予想だにしなかった。だが私たちはある日、地下の生命が地上の生命を形作ることを教えられたのだ。

庭に植物を植えてから数年経ったある日、アンと私は外へ出て、シアトルの燃えるような夏の夕日の中で酒を飲んだ。そのとき、黒い影がゆっくりと近づいてきて、私たちの頭上を飛び越え、近所にある高さ一八メートルのベイマツに向かうのにアンは気づいた。躊躇なく、ハクトウワシはカラスのひなを木のてっぺんの巣からつまみ上げ、飛び去った。ふわふわした黒い羽毛の塊が、かぎ爪からぶら下がっていた。数秒後、狂乱したカラスたちが黒い竜巻のように巣のある木に押し寄せ、カアカアと悲しげな声で鳴いた。半時間、私たちは庭の真ん中に立ちつくして、カラスの群れがぐるぐるまわりながら金切り声を上げる中、ワシが訪れたことの意味を考えた。私たちが土をよみがえらせたことから始まった生命の環は、私たちの土で育ったミミズをカラスが食べ、そのカラスのひなをワシが狩ったところで閉じた。庭は、地球の生命の車輪を回す再生と死の循環という小宇宙になった。

土の上の植物に一喜一憂している園芸家は、足の下を――土をすみかとする微生物や無脊椎動物を――見てみるといいだろう。人間は、土が、その元となる岩のように、静止した活気のないものだと考える。しかし、土の変化を見ることで、私たちの目は、そして心は開かれた。

地球上の進化と同じように、微生物と土壌生物は、あとに続くもののためにお膳立てをする。生物が庭にやってくる順番は、微生物や菌類から始まり、ミミズ、クモ、甲虫、そして鳥まで、生命が地球上で進化した順番を再現している。微生物ははるか昔に、生命に海を離れる道を示した。それはまた、われわれのできたばかりの庭という新大陸に、最初に入植したものだ。私たちの足の下や目の前でくり広げられたことは、陸域生態系の根本的事実、つまり、微生物がそのすべてを支える土台であることを示してくれた。氷山と同じように、自然界の目に見える地上部分は、地面の下にあるものによって浮いていられるのだ。

庭から見えた「自然の隠れた半分」

自然界に関心を払うことは昔からの人間の習性だ。私たちが都市に暮らし、車を乗り回し、一日中コンピューターの前に座るようになる前、自然について知ることには重大な意味があった。かつて人間は、何を食べるか、それがどこにいるか、どのように生えるかについて考えながら生きていた。農耕と文明の始まりまで、人間は植物が見わけられなければならなかった。おいしい植物と毒のあるものとを取り違えた者は、もし生き延びたら、同じ間違いを繰り返さないことを誓いながら、自分の経験を他人に話したことだろう。

当時、人間は群れで移動する動物を調べ、川に棲む魚の習性に注目した。その場所に戻れば夕食が捕まえられ、その場で食べることも、仲間のところへ持ち帰って料理することもできた。自然界を詳しく観察することは、十分な食料が手にはいるか飢えるかの差を意味した。それは生と死の差ということだ。

しかし現代では、食料品店とレストランがあり、自然を目にしたりその中を歩き回ったりすることもめっきり少なくなった。植物の見分け方や、最高の釣り場を知っていることは、もはや長生きの条件ではない。それでもなお、自然とつながろうとする本能は私たちの中に備わっている。自然の小さな断片、つまり庭の世話をすることは、他に類のない形で、この本能を呼びさます。食用、慰安、観賞用、楽しみとして植物（そして動物）を育てることは、文明そのものと同じくらい昔にさかのぼる。しかし、人間は肉眼で見える自然を重視しがちで、そのため見えない半分の大切さを見過ごしてしまう。初期の動植物学者さえ、分類学の最盛期に微生物を無視していた。そんなに小さなものに、大したことができるわけがないと考えられたからだ。

「自然の隠れた半分」は、小さすぎて見えない、豊富に存在しながらほとんど知られていない生物に、筆者たちがつけた名前だ。それは私たちの足元に、そしてあとで見るように、私たちの中に棲んでいる。アンの有機物がどこへ行ったかという謎を解くプロセスが、私たちの好奇心を解き放った。微生物は他に何ができるのだろうか？　それは想像を超えていた。

第2章　高層大気から胃の中まで——どこにでもいる微生物

人類は長い間微生物についてほとんど注意を払っていなかった。その理由は子どもでもわかるくらい単純だ。見えないからだ。見ぬもの清しのことわざ通りだ。

それどころか、見えないことがそれを定義づけている。小さすぎて肉眼では見えないものすべて——一〇分の一ミリ未満のもの——が微生物だと考えられている。細菌は微生物の中でもっとも研究されているもので、その中でも特によく知られているのがエシェリキア・コリ（大腸菌）、略してEコリだ。長さ二ミクロン——一〇〇〇分の二ミリ——の大腸菌は、親指のまわりをぐるりと取り囲むのに、端から端まで四万個近くを必要とし、終止符（ピリオド）の直径に一〇〇個が入る。これで想像がつきにくければ、こう考えてみるといい。細菌がピッチャーマウンドの大きさだとすれば、人間はカリフォルニア州ほどの大きさだ。

なりは小さいが、微生物は地球上でもっとも数が多く、もっとも広く分布し、もっとも繁栄している生物だ。骨が化石記録として残っている生物種の九九パーセントは、時の試練に耐えられず絶滅している。ところが微生物は、生命が誕生したときから、三六億年以上生き残っている。その短い寿命を考えれば、ざっと計算して八〇〇兆世代を経ている。

全部合わせると、地球上には一〇の三〇乗個の微生物がいると推定される。一〇〇穣個だ。一のあとにゼロが三〇個——一、〇〇〇、〇〇〇、〇〇〇、〇〇〇、〇〇〇、〇〇〇、〇〇〇、〇〇〇、〇〇〇、〇〇〇——つく。一個一個の微生物は小さすぎて見えないが、全部一つながりにすると一億光年の長さになる。夜空に見えるもっとも遠くの星までの距離を超えている。地球上の微生物は、既知の宇宙にある星の数より一〇〇万倍以上多い。一握りのよく肥えた土の中には、アフリカ、中国、インドに住む人間の合計より多くの細菌がいる。そして全体で、微生物は地球中に棲む生物の重さの半分を占めると推定される。

微生物は数が多いだけでなく多様性に富み、大きく五つの類型に分類される——古細菌、細菌、菌類、原生生物、ウイルスだ。種の区分は微生物においては不安定な概念だが、微生物の世界には数百万から数億種があると生物学者は推定している。

古細菌（アーキア）はもっとも古いものだ。かつては細菌だと思われていたが、細胞膜の化学組成と構造が、普通の古代の細菌とまったく違っている。菌類の中には、酵母菌のように顕微鏡でないと見えないものも、キノコ（子実体）のように簡単に見られるものもある(1)。原生生物にはアメーバ、珪藻、その他諸々の奇妙な形をした単細胞生物が含まれる。菌類と原生生物のDNAは細胞核に収められているが、古細菌と細菌はそうなっていない。

ウイルスは私たちを混乱させる。それは細胞からできておらず、生き物のようなことをしているが、生きていない。科学者の中にはウイルスが微生物だと考える者も、そうでないと考える者もいる。だがウイルスが生命を利用しているのは確かだ。ある種のウイルスはバクテリオファージと呼ばれ（細菌だけに感染するため）、小さな宇宙船のように細菌の表面にドッキングして、細胞に搭載遺伝子を注入することができる。ここからウイルスの生殖周期が始まり、宿主の細菌はだまされてウイルスのコピーを大量に作る——自分を犠牲にして。

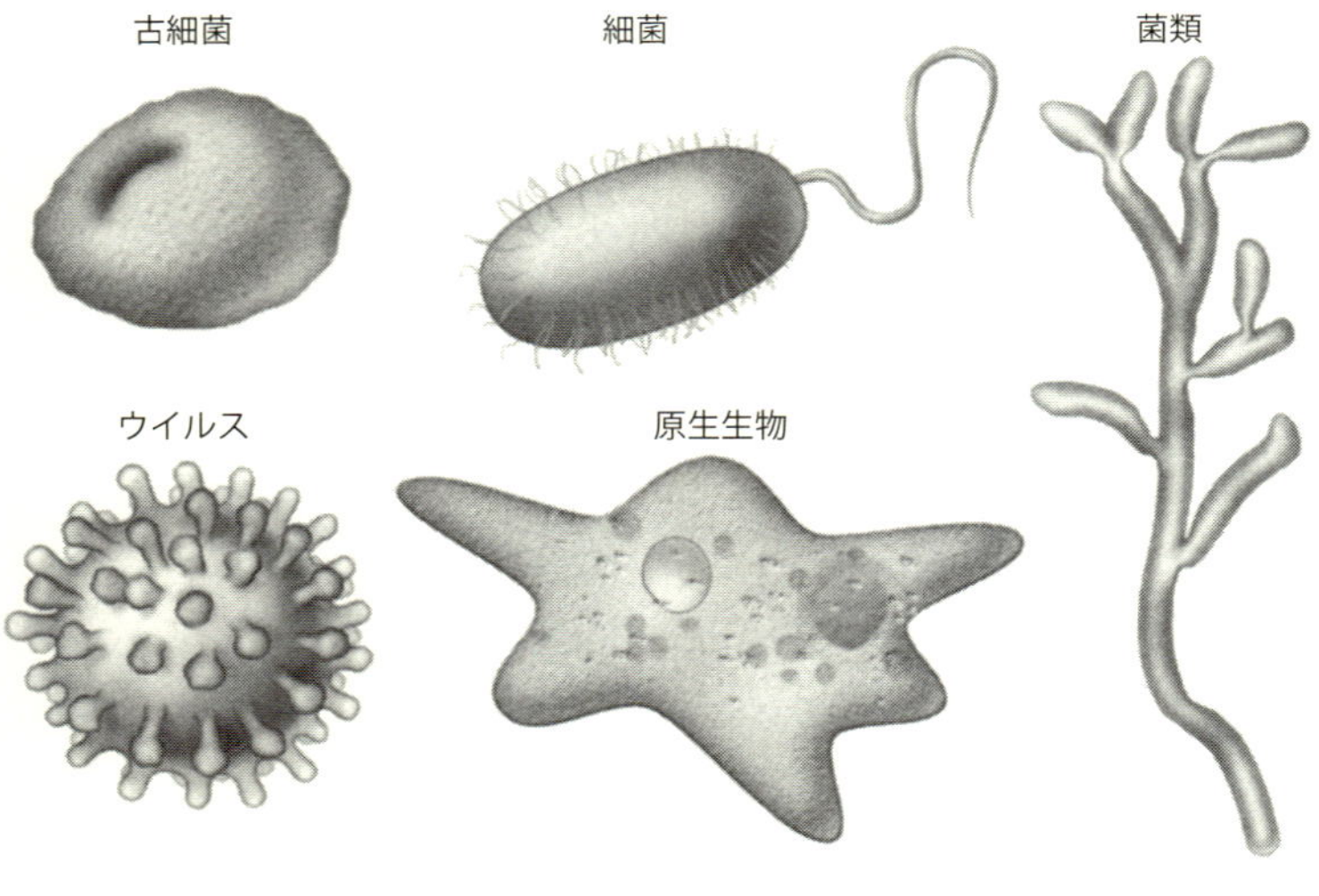

微生物の肖像
その主な種類

古細菌は今のところ、植物や動物（人間を含む）に病気を引き起こすとは考えられていないが、菌類は植物の病害の大きな原因であり、人間の病気を引き起こすこともある。細菌、原生生物、ウイルスは動物やヒトの主要な病原体であり、植物にも大きな被害をもたらす。

それぞれの微生物のタイプは、細胞構造の違いから、効果がある抗生物質も異なる。(2) 細菌に効果のある薬剤は、通常古細菌に対しては害がない。抗菌剤は菌類やウイルスには無効だ。抗真菌剤は細菌には働かない。もっともこうした薬が人体に負担となることもある。

どこにでもいる微生物

どんなに微生物のことを意識の外に追い出そうとしても、それはほとんどどこにでもいる——自然のあらゆる表面、水の一滴一滴、砂の一粒一粒に。過去数十年にわたり、科学者は、調べた場所のどこからも微生物を発見し続けている。近年、地球マイクロバイオーム・プロジェクトのような計画が承認され、全世界のマイクロバイオームを把握し、正確に記述する大規模な科学的取り組みが進められている。それは生命という家の隠された地下室、今まで想像されていた以上に活発で、広がりを持ち、影響力のある場所だ。

人類が微生物の世界を探究するうちに、わかってきたことがある。たやすく見ることのできるもの——海洋、森林、河川、砂漠——に比べると、微生物の生態系について私たちははるかに何も知らないということだ。微生物に満ちた土壌は、空気、水、鉱物表面が境界を接する活気あふれる場所だ。過去数十年間に土壌生態学者が明らかにした微生物の多様で高度な特殊化は、実に驚くべきものだ。古い考えでは、あらゆるものがあらゆる場所にいる、つまり微生物界は地球全体で完全に混ざり合っていて、地域の環境条件によって、どの種がどこで繁栄するかが決まるとされていた。これはまったくの間違いだったのだ。

二〇一二年、一〇人の生物学者からなる研究チームが、世界中の土壌で微生物群集を構成する種を分析した。微生物群集はすべて同様の仕事、たとえば有機物の分解、水の浄化、土壌肥沃度の回復といったことをしていた。しかしそれぞれの群集には、地域の環境や共に棲息する動植物に合わせて、まったく違った種の組み合わせが見られた。熱帯雨林のような生物の密度が高い環境では、有機物を分解する仕事に延々と従事する微生物にきわめて大きな多様性がみられる。だが、砂漠や極地のように温度や湿度が低い環境では、有機物がずっと少ないので、その仕事をする種は少なくなる。そして私たちが知っている地上の生態系と同様、地下で一種類が減ると全群集に波及して、劇的な変化が起きることがある。しかし肉眼で見える世界とは違い、微生物の生態では誰が主役か——ましてそれが異なる環境でどのように協力したり敵対したりするのか——はっきりとわかっていない。

近年、地球生物学（地質学の成長著しい下位分野）の進歩により、微生物はもっとも世界を股にかけた生物だということも明らかになった。あらゆる生命体の中で、微生物は一番高いところから一番低いところまでを占めている。細菌は地球の高い天井である高層大気を巡り、雲の水滴の中で増える。また古細菌は、深海底に開いた煮えたぎる噴出孔付近に棲む。

微生物がほとんどどこにでもいるのは、非常に順応性が高いからだ。他の生物が生きていかれない場所でも、信じられないほど多種多様なものを餌として、微生物は生きていくことができる。極限環境微生物として知られるある種の古細菌は、地球上でもっとも過酷な高温、低温、乾燥に耐えられる。深海底を探査する地質学者は、「ブラック・スモーカー」つまり海底から五〜一〇メートル突き出した天然の煙突の上やまわりに微生物群集が棲息しているのを見つけて驚いた。そこは水温が四〇〇℃に達しているにもかかわらず、高い水圧のために水が液体の状態を保っていられるような場所なのだ。面白いことに古細菌は、南極の氷の下八〇〇メートルに閉ざされた湖でも見つかっている。

科学者はチリのアタカマ砂漠でも微生物群集を見つけている。ここは雨が降らず、川も湖もない場所だ。その環境はNASAが火星探査車の実地試験に使ったほどだ。地球上の大部分では、水がないということは生命が存在しないということだ。ところが二〇〇五年に、アタカマ砂漠にある干上がった塩分を含む太古の湖底の土中から、生きた細菌が発見された。どうやって生きているのだろう？　ときどき、冷え込んだ夜に空気中の水分が十分な量の露になって塩に染みこみ、結晶母体の中で休眠状態の微生物を目覚めさせる。ここから、火星の塩類堆積物の中で微生物が生きていられる可能性があるかという、興味深い問題が提起される。

近ごろ、考察をさらに一歩進める科学者が出てきた。微生物は火星で発生し、その後隕石に乗って地球にやってきたのかもしれないと、彼らは言う。宇宙船なしでの火星からの道中、放射線に晒された微生物は、本当に生きていられたのだろうか？　私たちはすでに、その素質を持つ微生物を知っている。

デイノコッカス・ラディオデュランスは驚くほど放射線への耐性を持つ——そして極度の高温、低温、酸への暴露にも。一九五〇年代に、研究者は致死レベルの放射線を肉の缶詰に当て、それから缶を開けた。中にはD・ラディオデュランスの無傷の集落《コロニー》があった。この回復力に富む細菌は、人間を殺すのに必要な放射線の一〇〇〇倍に耐え、この性質のおかげで他の生物は生存できない原子力発電所の冷却槽の中で繁殖することができる。科学者たちは、いつの日か遺伝子を組み換えたD・ラディオデュランスを放し、放射性廃棄物を食べさせて浄化できるようにしたいと考えている。

生き続ける原始生物

極限環境微生物の多くは、生命が誕生して間もなく、地球が超高温の惑星で酸素がほとんどなかったころにさかのぼる、古代の古細菌の子孫だ。そのような子孫の中には、今も酸素に耐えられないものがいる。そうしたものたちは嫌気性生物と呼ばれ、硫化水素、メタン、アンモニアのようなさまざまな化合物からエネルギーを得ている。

微生物は幅広い遺伝的レパートリーを持ち、そのためにほとんどあらゆる天然の元素や化合物をエネルギー源として利用できる。微生物が生き残り続けたことは、過去数十億年にわたる生息地の劇的な変化を考えれば、いっそう驚嘆に値する。光合成細菌（特にシアノバクテリア）が進化すると、代謝廃物——酸素——を大気中に放出し始めた。酸素はさまざまな元素、中でも特に鉄とたちまち反応した。やがて細菌の活動が触媒となり、原始の海に膨大な量の酸化鉄が沈殿した。これが世界最古の岩の一部を構成する独特な縞状鉄鉱床となった。結果として、大気中の酸素濃度は何度も増減をくり返した。しかし二五億年から二三億年前、シアノバクテリアが増加したことで、酸化しやすい鉱物が枯渇し、酸素が大気中に蓄積されだした。一五億年後、空気中の酸素は動物を支えるのに十分なレベルまで達した。現代の酸素濃度が高い大気は、やはり地球上の酸素循環を微生物が仲介することで維持されている。

光合成細菌の繁栄は、われわれ酸素を呼吸する生物のために道を開く一方で、嫌気性生物の仲間、古細菌にとっては地表の汚染だった。だからほとんどの古細菌は、今では地球の地殻を構成するひび割れた岩の奥に潜んでいるのだ。しかし中には動植物の体内に隠れ棲むものもいる。ある試算によれば、古細菌は今も地球上の全バイオマスの五分の一を占めるほど多いという。ただ私たちがそれを見ることがないだけだ。

ペルー沖の海底の泥から発見された驚くべきものは、現在の生物圏の起源を物語る。深さ一五〇メートルまで掘削したコアから、日光のない環境で硫酸塩や硝酸塩をエネルギー源とする嫌気性の古細菌、細菌、菌類の活発な微生物生態系が見つかったのだ。さらに驚いたことに、この微生物群集は五〇〇万年前の堆積物の中に棲んでいた。これらの微生物は、人類が誕生する前から地表の生物から孤立していたのだ。

深海泥の下にある玄武岩の中へとさらに深く掘り進むと、そこにはやはり微生物群集が見つかる。二〇一〇年、ある地球科学者のチームが、ワシントン州とブリティッシュコロンビア州沖の噴出孔から湧き出る液体に、大量の微生物が存在する証拠があると報告した。光合成ができない地中深くに棲むこのような微生物は、地殻の中を循環する水に溶けた硫酸塩を代謝して、水の底で生きているのだ。海底のさらに下の玄武岩には微生物がぎっしりと棲みついているかもしれないという、この驚くべき発見が意味するのは、地球が文字通り生命に満たされており、しかもおそらく数十億年前からそうだったということだ。私たちはこの惑星を、見つかったばかりの地下生命の世界全体と共有しているのだ。

遺伝子の水平伝播もしくはセックスによらない遺伝的乱交

微生物はどのようにしてあちこちに広がったのだろう。他の生命体が進化するにつれて、細菌が動植物に便乗して世界中を回ったこともその一因だ。また、風に乗ってやって来ることもある。

毎日、アジアの乾燥地域から舞い上がる砂塵に混ざった土壌細菌の大群が、偏西風に乗って太平洋を渡り、北アメリカに落ちている。二〇一一年には、オレゴン州のカスケード山脈の海抜二七〇〇メートルを超えるバチェラー山観測所で、科学者がこうした微生物を捕獲している。報告によれば、海洋と陸地の両方を発生源とする数千種が見つかったという。

なぜ微生物はこれほど多様で、ありとあらゆるニッチを占めることができるのだろうか。主な理由は繁殖速度がきわめて速いことと、微生物の遺伝子取り込みの方法だ。実に驚くべきことを、二〇世紀の後半に科学者は発見した。細菌、古細菌、ウイルスは、私たちが情報を交換するように遺伝物質を交換するのだ。しかも微生物同士だけではなく、種の壁を越えて。微生物は原生生物、昆虫、植物、動物に遺伝子を渡す。彼らは人間のようなルールに従わない。その性によらない遺伝的乱交には、遺伝子の水平伝播という考えうるもっとも色気のない名前がついている。このショッキングな行動は、ダーウィン説の台本にある規則をことごとく破っている。

細菌は犬のように隙を見ては、環境という床からじかにDNAを拾い食いする。近年の研究では、細菌が四万三〇〇〇年前のマンモスの骨から、DNAを自分自身のゲノムに取り込んでいることまで発見された。このため微生物には、大型生物とはまったく違った進化のゲームが設定されている。遺伝子の受け渡しのために求愛行動を取ったり、交尾などという不格好なことをしたりといった面倒がないのだ。気軽に遺伝子を交換し、遺伝子のゴミ捨て場である死骸を含めた周囲のものからDNAを吸い上げる能力により、微生物は新しい状況に素早く適応できる。

化石になる硬い部分がないので、初期の微生物は死ぬとたちどころに消え失せた。岩石記録に残る頑丈な殻や骨格は、五億四一〇〇万年前ごろにようやく進化したものだ。それでも微生物の痕跡は、少なくとも三四億年前にさかのぼる。だいたいその年代の南アフリカの岩に模様として、かすかな存在の跡を残した細菌がそうだ。間接的な地球科学的痕跡は、三八億年前には地球上に生命が存在したことを示している。

微生物はまったくの単独でいることはない。ほとんどは複数の種が作る群落の中でコロニーとして生活する。通常、一種類だけで培養される実験室での研究とは大違いだ。中には文字通りくっつき合って、表面を復元力に富み頑丈なバイオフィルムで覆うものもいる。だがバイオフィルムは単なる共生する細菌の塊ではない。互いを結びつける接着剤のような基材は、細菌が自分で分泌した、タンパク質と多糖と呼ばれる複雑な糖の長鎖とが混ざったものでできている。この微生物都市は水分が付着した表面ならどこにでも繁殖する。バイオフィルムは私たちの体内でも発生する。よく知られているのが歯にくっつく歯垢だ。近年、動脈の壁に付着したバイオフィルムから、歯肉に棲息する細菌が思いがけず発見された。これは、口内細菌が心臓病の一因であるかもしれないことを暗示している。しかしバイオフィルムが全部悪いものだと思ってはいけない。あとで見るように、状況によっては有益な細菌のバイオフィルムが、有害な細菌が取りつくのを防ぐのに役立つのだ。

バイオフィルムは生命の始まりに一役買ってさえいる。知られているかぎりで肉眼で見える最古の化石ストロマトライトは、海の浅瀬で細菌のマット――バイオフィルム――の成長を記録した繊細な層状の構造を持つ岩だ。二〇〇八年、二七億年前のストロマトライトの中に保存された有機物の粒を分析したところ、それが微生物を起源とすることが裏付けられた。ストロマトライトは、薄い堆積物の層が沈殿し、次いでそれが細菌コロニーの作る繊維とマットのあいだに捕らえられて形成される。関わった個々の細菌は保存されないが、バイオフィルム構造の痕跡を残す。地球上に最初に現われた生物を示す有力な直接証拠だ。一九五六年には、オーストラリアのシャーク湾で生きているストロマトライトが発見され、先に化石記録として見つかったものが今なお生きていた、珍しい生命体の実例となった。

微生物、特に光合成細菌が地球に及ぼした影響は、いくら強調しても大げさではない。酸素を豊富に含む地球の大気を作りだした以外にも、海面近くに棲むシアノバクテリアは、地球全体の大気中の二酸化炭素を調節するのに役立っている。シアノバクテリアは光合成によって大気から炭素を取り出している。こうした光合成を行なう細菌がかなりの割合で突然死んだとしたら、大気中の二酸化炭素濃度は急速に上昇するだろう。ちょうどこのような二酸化炭素濃度の上昇が、最後の氷期の終わりに起きており、それは地球物理学や地球化学では説明できないほど速かった。ということは、微生物による光合成が突然低下したことで後氷期の気候を招き、続いて人類が世界を席巻できるようになったのかもしれない。

人類は化石燃料をものすごいペースで燃やし、大気中の二酸化炭素濃度を、この数百万年なかったほどに高めている。この化石燃料の供給も微生物の恩恵（あるいは弊害）だ。石油と天然ガスは、微生物の死骸や微生物が分解した有機物が、地球の地下深くで高圧で熱せられてできたものだ。もっと身近なところでは、おならの臭いのもとになる微生物に感謝してもいいだろう。あの臭いは細菌がタンパク質を嫌気的に分解してくれるおかげで発生するのだから。

さらに重要なのは、微生物が生命維持に必要なアミノ酸を作るのに欠かせない大気中の窒素を捕らえていることだ。それが土壌を肥沃に保つ自然のメカニズム、地球の窒素循環を動かしているのだ。岩石に含まれる窒素の濃度には、花崗岩のようにほんのわずかなものからある種の堆積岩のように生物が利用できるレベルまで大きな幅がある。地質年代を通じて、有機物中のほとんどすべての窒素——単純なタンパク質から、われわれすべてを支配する分子DNAまで——は微生物を介して生物圏に入った。

エンドウマメ、あるいは一万種あるマメ科植物をどれでも引き抜いてみれば、このプロセスをかいま見ることができる。根に膨らんだ根粒ができているのがわかるだろう。一つ割ってみると、中は血のように赤い。これは特殊な細菌が担当する化学反応——大気中の窒素を植物が利用できる水溶性の形態に変換する――が起きている証拠だ。窒素固定細菌が休みなく働いて、生物が必要とする形の窒素を補充しなければ、生命という名の大いなる事業は、たちまち止まってしまうだろう。

微生物自身も、地球の生態系を回す循環を維持することから利益を得ている。勇敢な両生類が初めて海をあとにして陸上へと歩み出したとき、微生物はそれに付いていった。私たちが植物として知っている強固で保水力のある構造が進化したことも、微生物が陸上環境へと進出するのを助けた。動植物は、冒険心にあふれる微生物が新世界の探検に出発するための、宇宙船のようなものだと考えてみよう。

だが微生物は正確には密航者というよりも乗組員だ。根から実に至るまで、植物は微生物に覆われている。はるか昔、微生物は動物の体内にコロニーを作り、アブラムシからウシ、二枚貝に至るまで幅広い種と強固な協力関係を結んで、消化過程に欠かせないものとなった。

微生物の多様性と、それが行なっているきわめて多くの仕事を認識するのは難しかった。多様性という概念が、日ごろ見ている自然の一部、つまり目に見える領域から来ているからだ。私たちは動植物を形、大きさ、色、目に留まったり自分に関係があったりする特徴によって知る。しかし微生物の多様性は、まったく違った形で表わされる。それはどのような形かではなく、微生物が利用し、生産する分子や物質の驚くほどの多様さにあるのだ。

人間は岩を食べることができないが、私たちの身体は岩に由来する栄養素でできている。岩を分解して成分を抽出し、生物学的循環に乗せる上で、微生物は重要な役割を果たす。また、動物は、昆虫のほとんどすべてを含め、きわめて安定して分解しにくい分子であるセルロースでできた植物質を、実は消化できない。セルロースはこの世界で一番手に入りやすい食物源（そしてエネルギー源）だが、それを分解するという困難な作業を、動物は腸内に棲む微生物に代わりにやってもらっているのだ。

牛力発電

ウシは、誰もが知るように、草を食べる。だが、セルロースを分解する酵素を作る微生物がいなければ、どんなにたくさん草を食べても、ウシは餓死してしまうだろう。第一胃（ウシの胃に四つある部屋の最初の区画）には特殊化した微生物の群集が棲息しており、来る日も来る日も懸命にセルロースを分解している。だからウシはただ草を食べているのではない。草を嚙み砕いて体内の微生物相に餌を与え、微生物がそれを分解して見返りにウシに栄養を与えているのだ。言い換えれば、ウシは満足したから反芻しているわけではない。しないと死んでしまうからだ。微生物がセルロースを消化できるくらいまで、草を細かくすり潰してやらなければならないのだ。ウシは急いで草をはみ、それから少量の草を吐き戻してさらに細かく嚙み砕く反芻を、一日に最大一〇時間行なう。それは草をエネルギーに変える四本足の発電所だ。

ウシがこの体内での微生物養殖という芸当をやってのけるための身体器官が、精巧な四室からなる胃だ。第一胃だけで約一〇〇〇兆個の微生物がいる。これがセルラーゼという酵素を第一胃の中に放出し、セルロースを消化できる糖に分解する。細かくすり潰された食い戻しは、セルラーゼが働く表面積が大きくなる。ウシの第二胃は、第一胃で始まった微生物発酵を拡大する混合室として働く。

これはウシにとってできすぎた話に聞こえるかもしれない。事実その通りだ。ウシは微生物が作りだした糖から直接の利益を受けない。微生物自身が糖を消費して、アセテート、プロピオン酸、酪酸エステルのような短鎖脂肪酸を作りだし、ウシはこれらを吸収する。言い換えれば、ウシは住まわせている微生物が出す廃棄物で生きているのだ。あとで見るように、そうしている哺乳類はウシだけではない。

しかし最後に笑うのはウシだ。ウシは微生物も食べるのだ。ウシの消化器官の三つ目、第三胃は筋肉質の管で、収縮することで消化物のほとんどを小さな孔に通し、通過中に水分を吸収してから四つ目の部屋に送る。この終点では、ウシは第一胃で繁殖したセルロースを食べる微生物を消化する。この微生物がウシの主なタンパク源になる。

だがこれには代償がともなう。ウシが餌——草であれ穀物であれ——の消化を助けるために頼っているメタン生成古細菌は、大量のガスを発生する。古細菌が生成したメタンは蓄積し、ウシを膨れあがらせてしまう。もちろん、ウシがガスの排出（げっぷ）をしなければの話だ。一般にウシは、一日に一〇〇リットルを超えるメタンをげっぷとして排出する。全部合計すると、アメリカのメタン放出の三分の一が家畜によるものだ——石油や天然ガスよりも多い。そして、温室効果ガスの大きな排出源としてウシが悪者にされることがあるが、実際にはウシそのものが、農場の子どもが火をつけて遊んでいるメタンを生成しているわけではない。

ウシは体内の微生物発酵槽に餌を与えるために草を食べる。引き換えにウシは微生物発酵の生成物——と微生物自体——で生きている。人間は草を食べられないが、ウシの体内にある微生物の庭園のおかげで、牛乳を飲みチーズやローストビーフを食べられる(3)。

結論を言えば、生命があるところには必ず微生物がいる——家の中のあらゆる表面から、地球上でもっとも過酷な環境、ウシの四つの胃の中まで。私たちが複雑な生物へと至る道は微生物から始まったが、このことに気づくのは二〇世紀も終わりに近づいたときだった。発見から長いあいだ、微生物は面白い気晴らし程度のものに思われていたのだ。

第3章　生命の探究——生物のほとんどは微生物

農業が世界中で文明を——そして人間と自然界との関係を——変容させるはるか以前、人間は目に見える、手で触れることのできる自然の中で暮らしていた。私たちが五〇〇種以上の生物を名付け、覚えられる脳の容量を持っていることは、偶然ではない。森で、草原で、藪で、私たちの先祖は有用な植物やキノコを食べられるもの、薬になるもの、毒のあるものに分類した。農業書も園芸書も、トラクターも移植ごてもなしに、植物の栽培を食料採集戦略に加えた最初の人々は、本当に非凡であったにちがいない。地面に種を埋めて土から食物を得ようと、彼らは考えた。以来多くの人々が、アンのように、身の回りの植物に入れ込んだ。だが見えないままおかれたものに熱中した人間はほとんどいなかった。

自然の名前——リンネの分類法

あらゆる種類の植物に抑えがたく魅力を感じていたある人物が、われわれの自然観を形作るのに一役買った。一七〇七年にスウェーデンの片田舎で生まれたその人物は、成長すると北ヨーロッパの自然環境を探求して回るようになった。若いころ、彼は医学を学び、植物学に熱烈な関心を抱いた。何しろその当時、植物は薬として利用されていたからだ。後半生で彼は、植物を特徴に応じて別個のグループに整理する並外れた能力を身につけた。遠い国からもたらされた不思議な植物を前にしても、それが属するグループを、本能的に知っているようだった。彼は植物を、目に見える特徴をもとに分類していた――葉の縁の形（ぎざぎざか滑らかか）、雄しべの数（五本か五〇本か）、種の大きさ（リンゴくらいかアボカドくらいか）。この卓越した人物がカール・リンネだ。

自分の認識能力に合わせることを狙って、リンネはすべての生物を命名・分類する新しい方法を提唱し、これが分類学の基礎となった。すべての植物は、花が咲くものもとげのあるものも、小さいものも巨大なものも、そしてあらゆる動物――走るもの、ゆっくり歩くもの、空を舞うもの――も、リンネの『自然の体系』に名前と居場所を持つことになる。薄い小冊子として始まり、不朽の名著となった著書の中で、リンネは生物のもっとも基本的な二つのカテゴリー――植物と動物――をさらに細分化する方法についての考え方を述べた。

リンネによる動植物の命名方法は、二名法で知られ、どこの園芸店へ行っても表示されている。あらゆる植物は固有の、二つの部分からなるラテン語名を持つ。イロハカエデはアケル・パルマトゥム、レッドハックルベリーはワクキニウム・パルウィフォリウムといった具合だ。動物園に行けばやはりパンテラ・レオ、つまりライオンや、そのお気に入りのおやつであるアエピケロス・メランプス、すなわちインパラが見られる。名前の前半は属で、近縁のすべてに共通するものだ。後半は種名になる。二つ合わせて、属と種からなる固有の分類学的ラベルがあらゆる生物を定義する。動植物を名付けることで、人間の自然を見たり、語ったり、理解したりする方法の枠組みができる。

リンネはグレゴール・メンデルより一世紀前の人間であり、したがって遺伝について何も知らなかった。チャールズ・ダーウィンも生まれていない時代だったので、進化論など聞いたこともなかった。そしてもちろん、現代の遺伝子配列決定《シークェンシング》やDNA分析など夢にも見なかった。自分を取りまく世界の多様な自然を研究するために、リンネは自身の目を頼りにしなければならなかった。その動植物の分類法は非常に有効だったために、今日もなお使われている。すべての生命に名前をつけて分類する方法の基礎を築いたことで、リンネはあとに続くすべての生物学者やナチュラリストの考え方と仕事に影響を与えた。これをもってリンネは分類学の父とされている。

子どもはもちろん分類学など知らない。しかし親の顔以外のものを見るようになるころには、ある動植物の特徴となるものは何かを、どのようにしてか知っているようだ。話せるようになる前から、ほとんどの子どもはイヌとネコを、樹木とシダをたやすく見分けられる。幼児はまわりに見える生き物を指さして、躊躇なく叫ぶ。親はありあまる子どものエネルギーのせいにするが、それはもっと根の深いものなのだ。

目に見える自然を分類したいという生まれつきの願望は、人間を定義する根本的部分だ。私たちはどの感覚よりまず視覚に頼って、相手が何か、何と何が同族か、どのようにグループ分けすべきかを識別する。たいてい私たちは、動植物を単純にどう見えるかで分類する。どのような文化圏に住んでいようと、これは人間がまず覚えることの一つだ。そして触れたり見たりできないものには、あまり価値がない。

二〇〇年以上のあいだ、リンネ式の生物の認識、命名、分類方法は申し分なく機能した――ごく最近までは。生きているものであれ死んだものであれ標本をすみずみまで観察、調査し、ものさしで尻尾や触角や花びらを測るのでは、微生物の場合は不十分だ。いや、不十分どころの話ではない。固定された種という概念さえ、本当は微生物の世界には当てはまらないのだから。

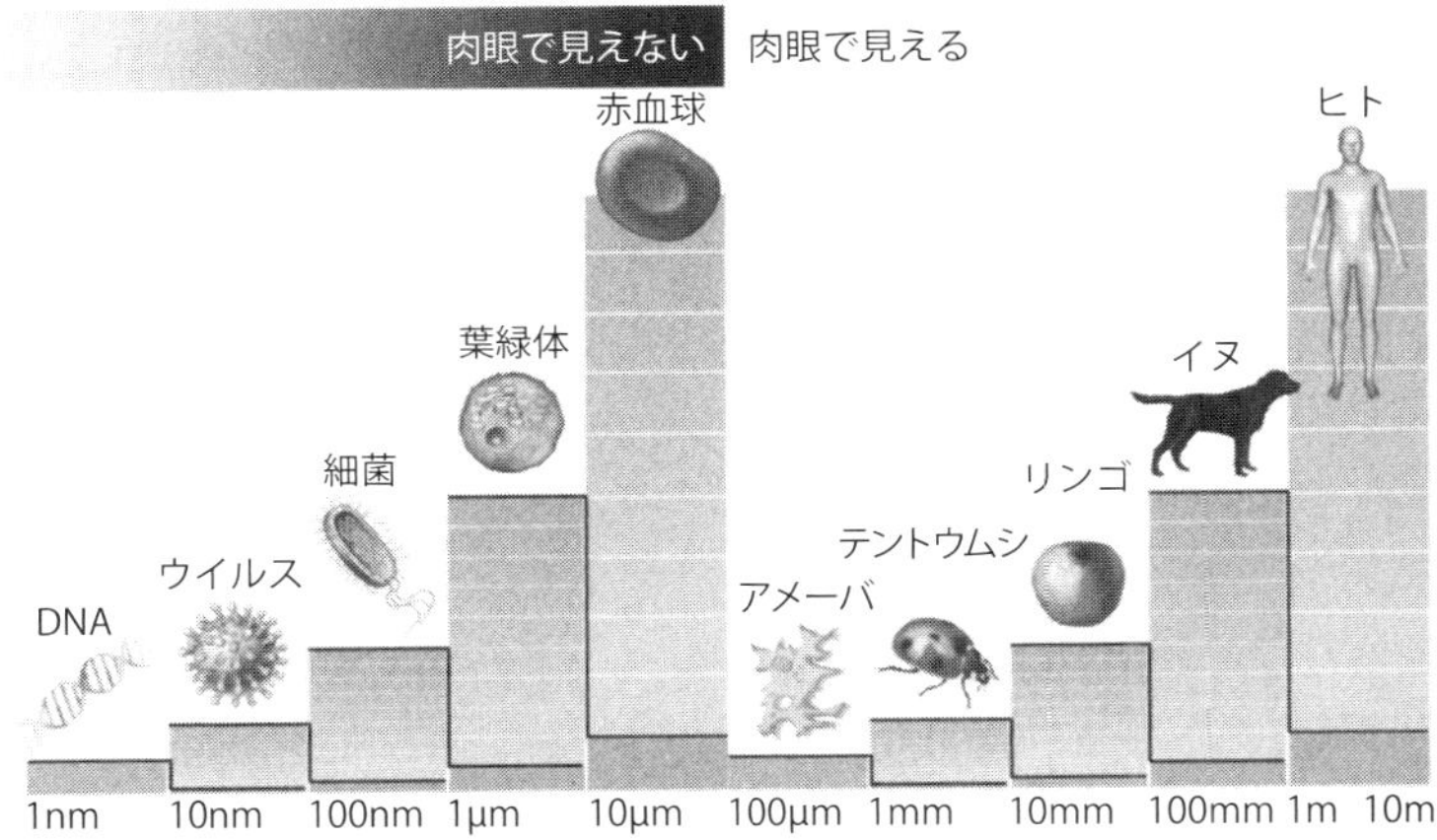

生物の大きさ
生物の世界は、本当の生命ではないウイルスから日々の生活の中で見る自然まで、ナノメートルから数十メートルの範囲にわたる。

微生物はリンネをすっかり困らせた。リンネ誕生の数十年前に発見されたそれは、謎のままだった。それは植物なのか動物なのか？　リンネの考えでは、そんな細かいものを分類することなど無意味だった。それはあまりに小さすぎて目に見えず、みんな似たり寄ったりだった。捕らえどころもないし、まして台紙に貼ったり標本箱にピンで留めたりもできない。『自然の体系』の後の版で、リンネは微生物をすべて滴虫と呼ばれる分類群に引っくるめ、細菌をカオス属に入れた。微生物界と、われわれの知る日常世界との緊密な結びつきが注目されるようになるには、数世紀の時間とDNAの発見、それに続くDNAシークェンシングの技術革新を要した。

魚とカエル、ヒマワリとユリを見分ける能力は、肉眼で見えない生物を相手にするときにはほとんど役に立たない。子猫や鳥を見たときのように、幼児が細菌に歓声を上げることもない。微生物は目に見えない。そしてそこに問題があるのだ。自分の周囲にある自然界を触って、見て、分類したいという熱意は、小さすぎて見えない生物のことになると崩れ去る。しかし、あるオランダの織物商が地上最小の生き物たちへの窓を開くと、それが変わり始めた。

ちっぽけな動物たち——顕微鏡の発見

微生物を発見したとき、アントニ・ファン・レーウェンフックはそれを単なる珍奇なものとしてしか考えなかった。レーウェンフックは裕福な籠職人の息子として、一六三二年にオランダのデルフトで生まれた。父の死去後、母は彼を寄宿学校に入れたが、一六歳で退学し、アムステルダムの織物商に帳簿係として奉公の口を得た。奉公先の店で、レーウェンフックは初めて顕微鏡を見た。小さな台座に単純なレンズを一枚取りつけた原始的な構造で、リネンや織物の品質を調べるためのものだ。六年後の一六五四年、レーウェンフックはデルフトに戻って織物商を開業し、すぐに結婚して平穏な生活に落ち着いた。学者の共通語であったラテン語が読めなかったので、彼は科学界の夜明けを何も知らずにいた。

月日は流れ、レーウェンフックは商品の検査のために、性能のいいガラスのレンズを磨くことへの興味を募らせるようになった。そして、ロバート・フックの『顕微鏡図譜』——一六六五年に出版された初のベストセラー科学書——に生き生きと描かれたノミなど小さな生き物の目を見張るような精密な図版を見て、極微の世界に心を奪われた。驚きは執念へと変わり、レーウェンフックは眼鏡職人と錬金術師の元を訪れてレンズ作りと金属細工の秘密を学びだした。数年後の一六七一年、レーウェンフックは精密に磨き上げたレンズの一枚を台座式の仕掛けにはめこんで、当時もっとも高倍率の顕微鏡を作った。この見事な素人工作が、レーウェンフックを気晴らしに没頭させ、想像もつかなかった発見へと導いたのだ。

レーウェンフックの顕微鏡は、長さわずか八〜一〇センチだったが、商人や学者の手に入るどれよりもはるかに倍率が高かった。それを通すとヘラジカの毛が丸太のように、自分の皮膚片が鱗のように見えた。レーウェンフックはノミの頭部の解剖まで行ない、極小の脳をピンの頭に載せて、その複雑な細部に驚嘆した。言うまでもなく、近隣の市民たちは彼の正気を疑った。だがレーウェンフックは意に介さず、小さな世界の探検に熱中していた。そしてその驚くべき発見を公表することもなかった——それは自分の楽しみのためだけのものだったのだ。

ある日ついに、レーウェンフックはとある知り合いに顕微鏡を覗かせた。その人物はロンドンの英国学士院の寄稿者だった。事情通の教養人である訪問者は、自分が見たものに驚愕した。当時最高の拡大鏡は、ものを数倍に拡大できた。ところがこの商人の客間では、シラミの脚やその他珍しいものを、実寸の二〇〇倍以上にまで拡大して観察できるのだ。この驚くべき顕微鏡の噂は、ほどなくして英国学士院に届いた。

一六七四年九月のある風の強い日、レーウェンフックはデルフト近郊の池からガラスの小瓶に水をくんだ。水面に浮いている緑白色の濁りの正体に興味を持ったのだ。水を顕微鏡で調べてみると、小球体が連結してできた、太さが人間の髪の毛ほどの緑色の細かい繊維が見えた。小さな生物がこの顕微鏡サイズの森の中をうごめいていた。一年後の一六七五年九月、レーウェンフックは庭の青い桶に四日前から溜まっていた雨水を一滴取って調べた。レンズを覗いたレーウェンフックは、娘のマリアを呼び、雨粒の海を泳ぐ一面の生物を見せた。ちっぽけな生き物たちはレンズの下を矢のように泳ぎ回っていた。こうした動物には頭も尾もなく、ほとんどはあぶくか棒きれのようだったが、中にはコルク抜きに似たものもいた。一番小さなものはやっと見えるか見えないかで、形ははっきりしなかった。

このちっぽけな動物たちはどこから来たのだろう。雨と一緒に空から降ってきたのか？　雨粒が落ちた地面に棲んでいたのか？　それとも神がレーウェンフックの庭の真ん中に造りだしたのか？

次の春、一六七六年四月、レーウェンフックは、コショウが辛いのは一般に信じられているように、小さなとげのせいだというのは本当かどうかに興味を覚え、一〇グラムほどのコショウを挽いて水に入れた。三週間浸しておいても、予想した小さなとげは見つからなかった。代わりにレーウェンフックが「アニマルキュール」と呼ぶものの多彩な集団が、顕微鏡の下を駆け回っているのが見られた。

一六七六年五月二六日の大雨の日、レーウェンフックはきれいに洗って乾かしたワイングラスを取ると、屋根の庇から延びる雨樋の下に持っていった。グラスに溜まった雨水を一滴顕微鏡の下に置くと、小さな動物たちがたくさん泳ぎ回っていた。次に青い釉薬《ゆうやく》のかかった陶器の皿をきれいに洗って、雨の中においた。降ったばかりの雨水のしずくを顕微鏡で見ると、うごめくものはなにもいなかった。ちっぽけな動物たちは雨水と一緒にやって来たわけではなさそうだ。いや、それともやって来たのだろうか？　四日後、同じ水は不思議な生き物たちでいっぱいだった。

この発見に興奮したレーウェンフックは、英国学士院に手紙を書き、一滴の水に何と多くの目に見えない「小さな動物たち」が棲んでいるかを説明した。ロンドンの学者たちはあざ笑った。そんなバカな！　一滴の水の中に世界中のオランダ人よりもたくさんの動物が潜んでいるのを、デルフトの織物商が見つけただと？　神に創られしものの中で一番小さいのは、ほとんど見えないほど細かいアシブトコナダニだということくらい誰でも知っている。

顕微鏡の作り方と観察の方法の両方を事細かに質問した懐疑的な返事を受け取ったレーウェンフックは、小さな生き物の大きさを推定する計算と、それを自分の目で見たと誓うデルフトの名士たちの宣誓供述書を提出してもいいという申し出でそれに応えた。しかし、被害妄想とも言えるほどの秘密主義を貫いて、顕微鏡の作り方を明かそうとはしなかった。

途方もないもののようではあるが、こうした主張に興味を引かれて、英国学士院は、できうるかぎり最高の顕微鏡を作りレーウェンフックの突飛な言い分を吟味することを、ロバート・フックに委任した。一六七七年一一月一五日、フックは新しい高倍率の顕微鏡を携えて、学士院の会合にやってきた。会員たちはびっくりしながら代わるがわる水滴の中を泳ぐ小さな生き物をのぞき込んだ。深く感心した英国学士院は、続いてこのオランダ人を会員に選任した。

それでもレーウェンフックは学士院に顕微鏡を送ろうとしなかった。その発明品は売り物ではなかったのだ。

レーウェンフックは違う場所でも生命を探した。自分の歯のあいだから歯垢をかき取り、それを純粋な雨水のしずくに入れると、そこには小さな生き物が群れをなしていた。魚のように跳びはねるもの、延々と宙返りをくり返して転がっていくもの。のろのろと動くもの、ものすごい勢いで泳ぎ回るもの。口の中さえも小さな棒きれや生きたコルク抜きで賑わっていたのだ。

それからレーウェンフックはもう一度自分の歯垢を調べた。今度は熱いコーヒーを飲んだあとでだ。わずかな生物が弱々しく動いているだけだった。だが死んだものはいくつも見つけることができた。熱で小さな生物は死ぬようだ。

勢いに乗ったレーウェンフックは、もっとも奇妙な場所で微生物を探し続け、見つけ続けた——飲み水、馬やカエルの腸内、果ては自身の下痢便の中で。その過程で血球とヒトの精子を発見し、ちょっとした名士になった。しばしばレーウェンフックは、その名高い顕微鏡に興味を持って訪れる著名人を楽しませた。その中にはロシアのピョートル大帝、イングランド女王メアリー二世もいた。二人ともレーウェンフックの魔法のレンズをのぞくためにデルフトまで足を運んだのだ。

レーウェンフックは生涯を通じて、死の床にあっても微生物のとりこであり続けた。一七二三年、九一歳に近かったレーウェンフックは、娘のマリアを枕元にして、英国学士院に宛てた最後の手紙の内容をつぶやいた。最期まで、レーウェンフックは自分が発見したちっぽけな動物たちを、もっぱら日常の世界とは無関係な汲めども尽きぬ驚きの源と考えていた。

発酵する才能——パスツールが開いた扉

一世紀以上が経ち、科学者たちは、微生物がわれわれの日常生活にどれほど影響しているかを認識しだした。一八三一年一〇月、フランス東部の山あいの村に住む八歳の少年が父親にこう尋ねた。健康な人が狂犬に嚙まれると死ぬことがあるのはどうして？　ナポレオン軍に下士官として勤務したなめし革業者の父パスツールには、さっぱりわからなかった。しかしこの疑問は幼いルイにつきまとった。この好奇心旺盛な子どもが、自然の隠れた半分の見方を変えることになるのだ。

まじめだが凡庸な学生だったパスツールは、パリにある名門師範学校エコール・ノルマル・シュペリウールに入学した。そこで彼は有機化学の父、ジャン＝バティスト・アンドレ・デュマに心酔した。当時、生きた酵母がホップと大麦の混合液をビールに変えるのに必要であるという報告や、肉を密閉した瓶の中で加熱すると数ヵ月間傷まないという報告がなされ、微生物は改めて注目を集めていた。レーウェンフックをあれほど虜にした目に見えない生き物は、やはり重要なのかもしれないと思われ始めたのだ。

しかしパスツールがまず手をつけたのは、微生物ではなく化学だった。一八四七年、二五歳になるかならないかのパスツールは、酒石酸がすべて一様ではないことを発見した。二つの異性体は化学組成が同一でありながら分子の配列が違っていて、右回りと左回りのように非対称になっている。この思いがけない発見により、パスツールはストラスブール大学で教授の地位についた。

一八五四年には、パスツールは北フランスにあるリール第一大学の理学部長に任命され、ここでサトウダイコンからアルコールを蒸留する業者（ある学生の父親だった）を通じてさらに広く賞賛を得た。この工場主は、ときどき発酵に失敗して一日に数千フランの損失を出しており、その理由を解明してほしいとパスツールに助けを求めてきた。パスツールは蒸留工場を訪れ、もうアルコールができない灰色でどろどろした異常な桶と、アルコールが作れる泡立った正常なものからそれぞれサンプルを採取した。

研究室に戻ったパスツールは、泡立つ桶から取った液体を一滴、顕微鏡に載せた。動いている酵母の黄色い小さな球が見えた。もう一つの桶から取った水滴を調べると、泳ぎ回る酵母は見えなかった。代わりにもっと小さな棒が、灰色のサンプルには充満していた――酵母よりもずっと小さな生物だが、明らかに同じくらい生命に満ちている。

このパターンは一貫していた。異常な桶から取ったサンプルは必ず酸性で、小さな棒が含まれていた。パスツールは、灰色のどろどろが溜まった桶の水を一滴、滅菌したフラスコの液体に植えつけた。数時間のうちに、棒は増殖してフラスコの液体は酸性になった。棒（細菌）は酸を作り、泡立った桶の酵母はどのようにしてか、サトウダイコンの糖をアルコールに変化させている。酵母と細菌は互いに戦っているのだと、パスツールは結論した。酵母が勝った桶ではアルコールが作られ、細菌が勝ったものは酸性になる。そのようには表現しなかったが、パスツールは微生物生態系が働くところを観察していたのだ。

パスツールの文化と時代にとってより重要なのは、彼が昔からの発酵の謎を解き明かしたことだ。それは酵母のしわざだった。微生物は小さな手品師のように、物質を別の状態に変える。自分の発見に夢中になったパスツールは、他の微生物も同じように驚くべき――そして有益な――ことをしていると確信した。酵母は大麦を発酵させてビールを作り、ブドウを発酵させてワインにしているに違いないとパスツールは考えた。その後の実験で、酵母が本当にアルコールを作りだしていることが確かめられると、パスツールは有頂天になった。フランスのすべてのワイン、ドイツのすべてのビールは、人が作っているのではない。目に見えないほど小さな生き物のはたらきが作っているのだ。この驚異の新事実により、一度はパスツールの入会を拒んだ科学アカデミーから、実験生理学賞が授与された。

レーウェンフックとは違い、パスツールは自分の業績をふれまわることに躊躇がなく、微生物が肉を腐らせるのを発見したことを誇った。肉の腐敗の原因が微生物であると主張したのは、パスツールが初めてではないが、その洗練されたシンプルな実験には説得力があった。パスツールはフラスコ一セットに途中まで牛乳を入れて密封し、沸騰した湯に入れて滅菌した。もう一セットの密封したフラスコは加熱せず室温で放置した。この両セットを三年間置いてから、封を開けた。

滅菌していないフラスコの中では、酸素がすべて消費され、牛乳は酸っぱくなっていた。対照的に、密封して煮立たせたフラスコは完全に保存されていた。微生物がいなければ分解は起こらない、つまり牛乳は酸っぱくならないのだ。この発見がより広く持つ意味が、パスツールにはわかり始めた。微生物は生命に欠かせないものであり、自然の全体構想の中心なのだ。微生物のいない世界は、何も分解されない世界だ。

しかし微生物はどこから来るのだろう。当時一般に信じられていた自然発生説では、微生物は死んで腐りかけた有機物から直接湧いてくると考えられていた。それに代わる考えは、生命は生命からのみ生まれることを前提としていた。敬虔なカトリックだったパスツールは、後者を支持した。生命が創造されたのはただ一度、天地創造のときだけだとパスツールは信じていた。いつでもひょっこり生まれてくるなどということはありえない。

自然発生論を試験するために、パスツールは滅菌した、つまり死んだ酵母の溶液をガラスのフラスコに入れた。それから微生物が入ってこられないようにフラスコを密封した。滅菌された容器の中に何かが育つとすれば、それは死んだ酵母の細胞から発生したもののはずだ。数ヵ月後、パスツールはフラスコを開封した。そこに生物はいなかった。自然発生説が誤りであることが明確に証明された。微生物は、腐った有機物からそれ自体として湧いてくるのではない。それは生命の綾から紡ぎ出されたものなのだ。

科学的研究（自分が行なっているような）を支援すれば実利があることをフランスの大衆に印象づけようと、パスツールは傷んだワインを鑑別する超人的能力を披露して来訪者を楽しませた。微生物によってブドウ果汁が発酵してワインになることを知っていたパスツールは、ワインが傷むのは悪い微生物が原因だと考えた。パスツールは悪くなったワイン——苦いもの、油臭いもの、傷んで酢になりかけた（糸を引く）もの——を友人に持ってきてもらった。顕微鏡で見ると、苦いワインはある種類の微生物に感染していることがわかった。油臭いワインは別のものに感染しており、糸を引くワインは——見た目通り——長くつながった微生物でいっぱいだった。

それからパスツールはワイン醸造業者に、悪くなったワインを持ってくるように挑戦状を突きつけた。一滴も味見をせずに何が問題か正確に言い当ててみせる自信があった。疑い深い醸造業者たちは、世間知らずの学者をからかってやろうと挑戦を受けた。彼らはまったく問題のない瓶を変質した瓶に混ぜ、自分たちが確信した通りパスツールがペテン師であることを暴くつもりだった。

パスツールが細長いガラス管を使って最初の瓶からワインを一滴取り、顕微鏡の下のスライドガラスに置くのを見ながら、醸造家たちは腹の中で笑っていた。数分後、教授は腰掛けから立ち上がり、にやにやと笑っている観客のほうを向くと、このワインに悪いところはないと宣言した。パスツールの診断を判定するために来ていた鑑定人が見解を裏付けると、観衆は静まりかえった。

パスツールがずらりと並んだワインの瓶の脇をのし歩き、一滴ずつ取ったワインを顕微鏡で覗いて、苦い、油臭い、糸を引く、異状なしと正確にその状態を言い当てていくうちに、疑いは驚きへと変わった。パスツールのパフォーマンスに観客は感心した。目に見えない生き物が自分たちの努力の成果を作りも壊しもするのだ。

ただ面白がらせるだけでは満足せず、パスツールは、微生物が正常なワインをだめにしないようにする方法の解明に努力した。この技術を編みだすことができれば、自分の発見が経済的に有用であることがフランス社会に示されるだろう。発酵が終わった直後にワインを加熱すれば、微生物が死んで腐敗を防げるとパスツールは気づいた。今日、このきわめて単純で効果的な技術は、発明者にちなんでパスツール式殺菌法《パスチャライゼーション》と呼ばれている。

パスツールがワイン腐敗の原因診断に驚くべき成功を収めたという話に、トゥールの酢醸造元が興味を持った。この業者は樽のワインが酢にならないことに悩まされていた。パスツールが樽を調べると、酢に変わっているものの表面に浮きかすがあるのに気づいた。業者によると、酢ができるときにはこれがいつも現われて、できないときにはないという。顕微鏡でサンプルを調べると、浮きかすはアルコールをうまく酸化させて酢にしている微生物の群集が繁殖したものだとわかった。それからパスツールは、このちっちゃな化学者たちを培養して世話をする方法を、酢醸造業者に教えた。昔からの不思議が一つずつ解き明かされていった。微生物は人間のためになることも、ためにならないこともするのだ。

結論から言えば、微生物がワインに及ぼす影響については、パスツールはごく一部の面しか見ていなかった。それはワインのさまざまな性格にも影響するのだ。テロワール、すなわち独特の風味をワインに与える「その土地らしさ」は、地域の土壌、地勢、気候によると醸造家は一般に考える。そのようなものの違いも確かに影響しているだろうが、発酵の初期段階で働く微生物群集は地域によってさまざまだ。これは、ブドウの生育条件の違いから来る微生物群集の変動の影響を、テロワールが反映しているということだ。次に読者がお気に入りのワインを賞味するときは、その独特の味わいのいくぶんかを作りだした微生物に感謝したくなるかもしれない。

生命の木を揺さぶる手——ウーズの発見

パスツールの発見から一世紀以上経っても、生物学者はまだ微生物を完全に把握しきっていなかった。顕微鏡の倍率が絶えず高まっていくのは助けになったが、それも限界があった。

そして一九七〇年代の終わりごろ、もう一人のカールが、自分でも思いもよらず生命の系統化を試みていた。カール・ウーズは、当時まだ支持されていたリンネの博物学的方法——外部の形態と特徴の綿密な観察と比較——に従うことを拒んでいた。ウーズの世代の生物学者の多くは、細菌を分類するために形態と特徴の違いを記述していた。そうしたところ、あるものはとげの生えた綿毛玉のようで、またあるものは糸の切れ端、真珠のネックレス、インゲンマメ、渦巻きに似ていた。鞭毛、つまり移動に使う尾のような付属器官を持つ細菌もいれば、持たないものもいた。

微生物学者はこのような特徴によって、細菌を、界レベル以下、門、綱、目、科、属、種と入れ子になった分類群に整理した。当時、界は五つあって、細菌はすべてモネラ界に入れられていた。それ以外の四つの界は原生生物（主にアメーバのような微生物）、菌類、植物、動物だ。しかしこと微生物に関して外見は当てにならず、どちらかと言えば数少ない細菌の外部の特徴で分類するのは、信頼できるやり方ではなかった。

ウーズは、微生物が旧来の分類学に突きつけた問題を、引き受けるにふさわしい人物ではなかった。というのは、微生物学者でも分類学者でもなかったからだ。ワトソンとクリックが、DNAの二重らせん構造[1]の発見により一九六二年にノーベル賞を受賞したすぐあとで、ウーズは生物物理学者としてのスタートを切った。当時、生物学者はまだ、DNAが細胞内でタンパク質の構成をどのように調整しているかを研究していた。より大きなDNA分子の一部となる塩基分子の配列に、タンパク質合成が関係していることはわかっていた。しかし「遺伝暗号」はまだ解読されていなかった。[2] ウーズは、DNAの構造自体に、生物学の全分野を通じてくすぶり続けている最大級の未解決問題——進化的関係——の重要な手がかりがあると確信した。自分の着想を追求するため、ウーズは微生物学の世界に飛び込んでいった。

細菌のゲノムは、他の生物のものと比べ、どちらかと言えば小さい。それがウーズと、研究室の新人博士研究員ジョージ・フォックスが、細菌のDNAをつつき回すようになった理由だ。特に彼らは、細菌の中の16SリボソームRNAという遺伝子（16SrRNAと略される）に注目した。この遺伝子はすべての生物が持っており、それも当然のことなのだ。

16SrRNAは、リボソームを作るのに必要なものだ。リボソームとはすべての生きている細胞中に数百万個ある球状の構造で、タンパク質を作る。そしてあらゆる生命体——古細菌、細菌、原生生物、菌類、植物、動物——に見られるあらゆるタンパク質は、織物が機織機からばたばたと出てくるようにして、リボソームから吐き出されてくる。機織機がなければ織物はできない。タンパク質は生命に、その根本となる物理的構造の多くを与えるので、リボソームを作る遺伝子には大きな変化があっては非常に困る。そんなことになれば、生命を作るタンパク質工場がめちゃくちゃになってしまうかもしれない。

だが、16SrRNA遺伝子には、あまり安定していない部分があり、これが細菌のあいだだけでなく、すべての生命体のあいだで異なっている。細菌の領域では、この遺伝子の変異しやすい部位がどの程度違うかを突き止めて記録できれば、細菌同士の分類をもっとうまくできると、ウーズとフォックスは考えた。さらに、遺伝子の変異しやすい部位の違いから、二種の細菌が共通の祖先から分かれたのはどのくらい前かがわかるだろうと二人は思った。言い換えれば、ウーズが細胞内の化石記録と呼ぶものを使って、細菌の系図のようなものを作成できるということだ。

しかしいくつか問題があった。サンプル採取のために多数のさまざまな細菌が必要だった。16ＳｒＲＮＡ遺伝子を抽出する必要があった。遺伝子の変異しやすい部位にある塩基分子の配列の解析と検査の方法を見つけることが必要だった。そしてこうしたことをどのようにやるかという問題があった。

何日も、何ヵ月も、何年もかけて、ウーズと研究スタッフはおぼろげな生命の分子構造を捉えるために、さまざまな技法を試した。彼らは16ＳｒＲＮＡの変異しやすい部位を解析するある方法にたどり着いた。ＤＮＡサンプルはそれぞれ分子量が異なっており、いったんフィルムに転写してからライトボックスに載せて見ると、固有の暗いしみだらけの帯として示される。ウーズは研究室にこもり、レントゲン写真のようなしみの画像のわずかな違いを、くり返しくり返し、何千回も詳細に調べた。これらの違いを、ウーズはＤＮＡの塩基分子の配列と結びつけることができた。このようにしてウーズと研究スタッフは辛抱強く、16ＳｒＲＮＡ遺伝子にある変異しやすい小さな部位の塩基分子配列を、細菌サンプルごとに解読した。彼らは同じ方法を、多細胞動物のＤＮＡサンプルにも応用した。

単なる画像以上のものを目にして、ウーズは生命の新たな物語を読み取り始めた。彼は不鮮明なバーコードのようなしみを、遺伝子配列の目録に変えたのだ。一九七六年には、ウーズはしみの暗号解読にきわめて熟練していた。サンプルを採取したさまざまな細菌の集団について、固有のパターンを彼は見分けることができた。ウーズが開発した技術は、少しの手がかりから未知の植物を同定するリンネの能力と同様に非凡なものだった。

ウーズの16ＳｒＲＮＡ配列目録は厚みを増していった。自分が開発した、細菌を分類群にまとめる手法は、実を結びつつあるとウーズは信じた。また、棒状だろうと渦巻き型だろうと、丸だろうと楕円だろうと、自分の16ＳｒＲＮＡ配列からわかることが、リンネの手法と一致しないことにも、ウーズは気づいていた。

当然ウーズは、目録を増やし続けるために、手当たり次第にさまざまな細菌のサンプルを手に入れようとした。かねてから同僚がメタノバクテリウム・テルモアウトトロピクムのことで頭を悩ませていた。これは、温度が六五℃で酸素がない下水汚泥の中で生きられる奇妙な細菌だ。16ＳｒＲＮＡ配列を見ることで、もしかするとこの丈夫な生き物についていろいろわかるかもしれない。ウーズは引き受けた。

フィルムに移した熱い下水の住人のしみのパターンは、他のどの細菌サンプルとも明らかに違っていた。さらにややこしいのは、下水生活者のパターンが、多細胞生物のＤＮＡサンプルのほうによく似ていることだ。これは何ものだ？　明らかに何かがおかしかった。そこでもう一セットの画像を作成するため、もう一回ＤＮＡが抽出された。二つ目のセットも最初のものと同様だった。それを発見したとき、ウーズと研究室のスタッフは有頂天になった。まれに見る科学的発見の瞬間だった。この奇妙なメタン生成細菌は、独自の世界に属していた。細菌のように見えるが、他のいかなる細菌サンプルの型にもあてはまらないのだ。生命の樹が揺らぎはじめた。

ウーズはさらに多くの生物のサンプルを採取し、数え切れないほどのしみを凝視した。結果はウーズの考えを裏付けていた。16ＳｒＲＮＡ遺伝子にある変異しやすい部位の塩基分子の配列は、実際に進化的関係――細菌だけでなく、すべての生命との――を明らかにしたのだ。翌年の一九七七年一一月、『ニューヨークタイムズ』は、びっしりと走り書きされた黒板の前に立つウーズを、一面トップに掲載した。

極小の生物から届いた大きなニュースの発見は、生物学者のあいだに敵意と論争の下地を作った。それは二〇世紀の『自然の体系』のようなものへ道を開いたからだ。ウーズはすべての生物を分類する新しい方法を予見していたが、大半の生物学者は異端の匂いを感じていた。ウーズとフォックスがどのように結論に至ったか、多くはまったく理解していなかった。無論否定派は、ウーズのフィルムに写った生命のパターンをじっくり見てもいなければ、その情報を進化的関係に翻訳する方法を考えついてもいなかった。ウーズが数千の画像とにらめっこして見たものを、彼らは一切見たことがなかったのだ。とげとげしく見苦しい論争が続いて起きた。ウーズは研究室に戻り、遺伝子配列を示すしみが写ったフィルムの解読をさらに進めた。

一九九〇年までに、同じような研究を行なった別の生物学者が、ウーズの発見を裏付けていた。その結果が証明されたことで、生命の樹には暴風が吹きつけた。もはやすべての細菌が細菌だとはかぎらないというだけでなく、すべての生命の分類が変わろうとしているようだった。

ウーズが「ドメイン」というまったく新しい分類群を「界」の上位に置くことを提唱したとき、伝統的な博物学者や多くの現代生物学者は、この生命の再構成を腹に据えかねた。しかしこのドメイン問題については、さらに不安な要素があった——何がそこに入るかだ。多細胞生物が脇に押しのけられ、単細胞生物が格上げされる。細菌は一つのドメインを占める。もう一つの単細胞生物は、混乱のもととなった下水の住人も含めて、第二のドメインであるアーキアバクテリア（古細菌）を占める（このドメインはその後アーキアと縮められた。それが本当はバクテリアではないことを強調するためだ）。

厳しい疑義が飛び出した。見ることもできない二つの生物のドメインが、すべての生物の命名と分類

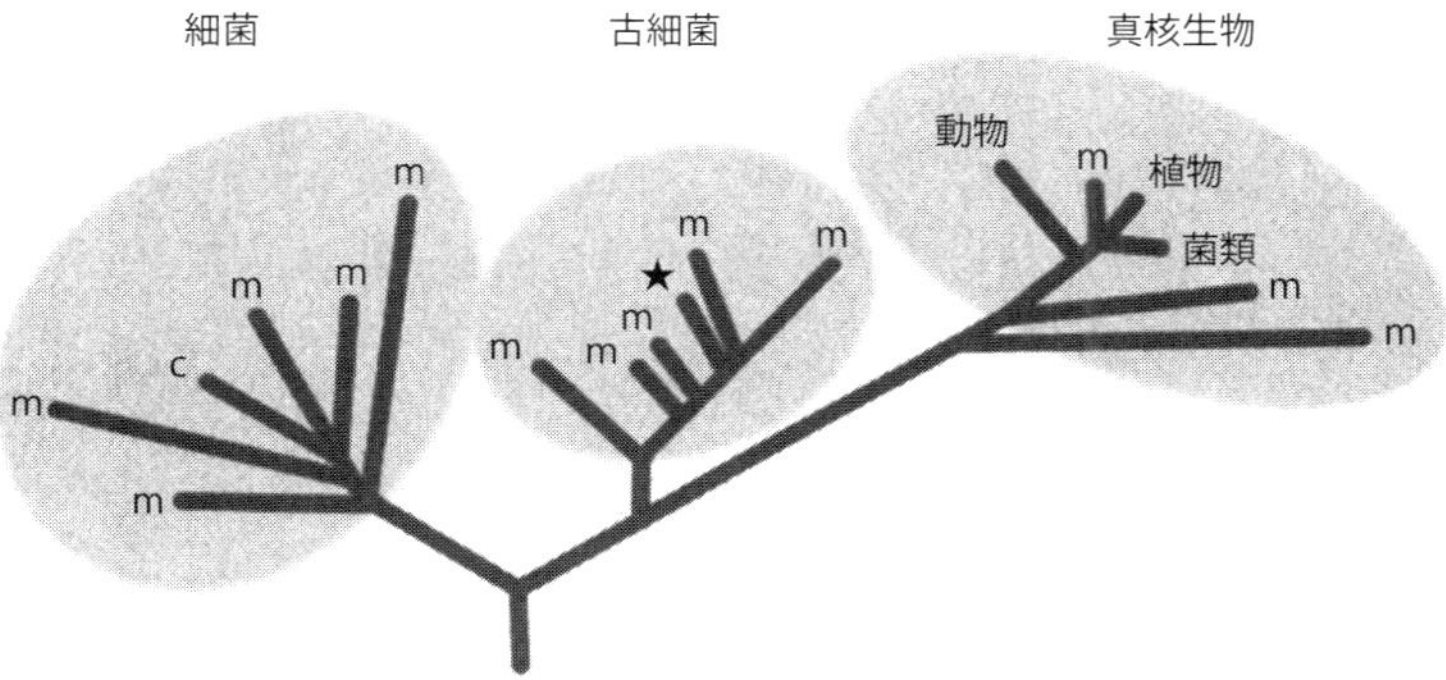

新しい生命の樹
生物の３つのドメインと、その進化の関係。星印は下水の住人が属する集団を表わす。cはシアノバクテリア（大昔に酸素を生成した生物）を、mはその他の微生物の集団を表わす（1990年のウーズらの図を一部修正したもの）。

の方法を再構築する基礎にどうしてなれるのか？　その上、真核生物と呼ばれる第三のドメインは、人間を含めとんでもなくたくさんの生物を、たった一つの分類タイトルに突っこんでいた。われわれは、クジラやミミズや樹木や鳥や、毛がふわふわしたかわいい友達に加えて、粘菌やアメーバ、藻類、菌類、コケ類と鼻をつまんで同居しなければならなくなる。私たちは皮膚を持ち、粘液や羽毛や毛皮やひれや鱗は持たないのに！　もっともいらだたしいのは、人類が系統樹の細い枝の先に生えた貧弱な小枝で揺れていることだ。

不平不満はやがて収まり、今日の生命の分類がある。古細菌ドメインは古い微生物をほとんど含む。細菌ドメインは昔からの普通の細菌を含む。真核生物ドメインは、人類を含めた残りの生物すべてを含む。そしてこれはある単純な事実へとつながる。三つのドメインのうち二つ（古細菌と細菌）、またそれらのドメインに含まれる新しい界は、単細胞の微生物を含んでいる。また、真核生物に属する界の中で、原生生物も微生物で構成される。どのように切ろうと、生命の樹は微生物が支配しているのだ。

ウイルスの分類

それでも、すべての多細胞生物をいっしょくたにするという発想は、われわれは特別だという思想にしがみつく脳の一部を動揺させる。私たちと、真核生物ドメインのきょうだいすべて、つまり「真核生物」に対して、古細菌と細菌ドメインのメンバーを「原核生物」と呼ぶ。このグループ分けは分類群ではない。これは細胞内の形態、具体的には遺伝子が細胞内を自由に漂っているか（原核生物）、それとも細胞の中枢部、核の中に収まっているか（真核生物）にもとづいている。人間も他の真核生物も核のある細胞を持つ。原核生物はそうではない。

ウーズをはじめ多くの生物学者は、原核生物と真核生物の分割はリンネ流の方法への先祖返りだと考えた。なぜ細胞核の有無が、他の特徴よりも重要なのか。例えば古細菌の細胞壁だ。それは細菌の細胞壁とかなり違っている。あるいはある種の原生生物（真核生物）は鞭毛を持っているが、これは細菌（原核生物）によく見られる特徴だ。

微生物の素性をさらに混乱させていることがある。身元や関係を解きあかすウーズ流の方法は、16S rRNA配列をもとにすれば同じであるはずの細菌が、いつも同じであるとは限らないことを明らかにした。いわゆる種が同じ細菌が、まったく違う生活をすることがある。ライオンで言えば、北極で地衣類を食べても、セレンゲティ（訳註：タンザニア北部、キリマンジェロの裾野に広がる国立公園）でインパラを食べても生きていかれるようなものだ。

生命の樹をいじり回すためにウーズがパンドラの箱を開けたとき発生した混沌は、もう一つの微生物のグループ、ウイルスの立場をはっきりさせていない。厳密に言えば、ウイルスは生き物ではない。それは単細胞でも多細胞でもない。なぜなら細胞でできているのではないからだ。ウイルスは本質的には、タンパク質の層にくるまれたDNA（またはRNA）の小さな包みだ。そして前の章で触れたように、生きた細胞の中以外で繁殖できず、そこで宿主のDNAを乗っ取って自分のコピーを作らせる。科学者の中には、ある種のウイルスは実は結果的に宿主の役に立っているかもしれないと考えている者もいる。

現在、第四のドメインとして、疑似生命であるウイルスを加えようという動きが進んでいる。その根拠の一つが「巨大《メガ》ウイルス」だ。このウイルスは平均的な細菌をしのぐほど大きい。一時期、巨大ウイルスは並はずれて大きな細菌だと思われていたが、遺伝子分析によってそうでないことが証明された。どこかで聞いたような話だ。

生命の樹が第四のドメインを含めるように拡大するにしろしないにしろ、地球上の生物のほとんどは、どのように見積もろうが大半は隠れており、見つけだしてくわしく探ろうにも目に見えないのが事実だ。微生物を理解する上で私たちの困惑の中心にあるのは、微生物が今も私たちを混乱させていることだ。それは敵か味方か、それともどちらでもない何かか。微生物について知れば知るほど、それは分類しようという努力に逆らうかのようだ。まったく新しく提唱された古細菌の門、ロキアーキオータ（北欧神話のトリックスター、ロキにちなんで命名された）が先ごろ発見されたことで、複雑な生命の発生が解明されようとしている(3)。

過去一世紀半の大半、私たちは微生物を敵視していた。微生物学が発展し始めたころには、病原体に注目が集中した。理由は明白だ。敵を打倒しようと思ったら、敵を知らなければならないからだ。人類にとって幸運なことに、われわれを悩ませる主な病原性細菌やウイルスの多くは培養が簡単だ——つまり研究室で殖やして研究できるということだ。そして病原体が培養できるようになると、たいてい治療薬やワクチンは手の届くところにある。病原体の培養は有益で必要なことだった（今でもそうだ）が、それは微生物の考え方と研究方法を大きくかたよらせた。

遺伝子配列決定が一九八〇年代に簡単に速くできるようになると、まだ未解明だった多くの細菌や他の微生物を研究する手段を科学者は手に入れた。そうした微生物は培養できなかったからだ。そして遺伝子配列決定を利用するようになった科学者は、ショックを受けることになった。研究室で微生物を培養するという古いやり方は、微生物の世界の相当な部分を私たちから隠していたのだ。④

このように考えてみるといいだろう――一〇〇種類のうち一種類の樹木しか見たり研究したりできないとしたら、アマゾンの森林の何がわかるだろう？　ヒメウォンバット以外見られないとしたら、有袋類のなにがわかるだろう？　ダーウィン以後の生物学者が、大部分の微生物が生き、食べ、生殖し、死んでいく生態学的背景を理解していたら、微生物による史上最大の功績の跡に、もっと早く気づいていたかもしれない。

60

第4章　協力しあう微生物
――なぜ「種」という概念が疑わしくなるのか

微生物の共生

遠い遠い昔のある日、二つの微生物が次々と驚くべき出来事を引き起こし、それによって生命の歴史はすっかり変わった。すべては最古の生物の一つ、古細菌が細菌と合体したときに始まった。この結合により複合生命体、初期の単細胞生物が複雑な生物へと進化するきっかけとなった微生物の雑種が誕生した。そう、この奇想天外な生命体がやがてあなたや私を含むあらゆる真核生物となって地球の表面を歩き、走り、滑空し、のたうち、くねり、泳いでいるのだ。

生物が密接に共同して、あるいは一方がもう一方の中で生きていることを共生と呼ぶ。微生物の共生が多細胞生物のもとになったという考えは、初めは生物学の権威筋からほとんど支持されなかった。二〇世紀の進化生物学者の大半は、ダーウィンが信じたものを信じていた――進化は個体間の競争が動かす、ゆっくりとしたたゆみない種分化の過程である。しかし粘り強い異才の科学者、リン・マーギュリスは、一九七〇年代から八〇年代にかけてこの旧来の進化観に立ち向かった。彼女は、地球上に棲息していた最初期の微生物同士の協力関係を基礎にした、根本的に違う進化過程を提唱したのだ。

リン・マーギュリス、旧姓アレクサンダーは、シカゴのサウス・サイドで四人姉妹の長女として育った。両親は研究者でも科学者でもなかったが、リンは好奇心旺盛で意欲的で、おそらくやんちゃがすぎるところがあった。あるときリンは、地元の高校に通うために、両親にも学校管理者にも知らせずシカゴ大学付属高校を退学した。これが面倒なことになった。リンがやったことは学校管理者にとって許せるものではなかった。リンは正式に在籍していなかったのだ！　学校管理者がとった解決策は、シカゴ大学の大学レベルに飛び入学する能力を見る一連のテストを、リンが受けるというものだった。誰もがほっとしたことに、リンは合格し、最終的にはアメリカ屈指のお騒がせ生物学者になる道を、一六歳で歩み出した。

リンは大学を三年後に卒業し、そのころには生物学と、ある年上の大学院生に夢中になっていた。院生の名はカール・セーガンと言った。セーガンはリンに科学の楽しさと喜びを教えた。二人は結婚し、二人の息子をもうけ、大学院での研究のためにウィスコンシン大学に入った。カールは惑星科学の研究を続け、リンは遺伝学と動物学で修士課程を始めた。結婚生活は長続きせず、マーギュリスはカリフォルニア大学バークレー校の博士課程に移った。そこで彼女は多細胞生物の進化の研究を続け、やがて生物学の堅い信仰をゆさぶることになる着想をはぐくんでいた。

マーギュリスが若い大学院生だった一九六〇年代当時、大半の遺伝学者がＤＮＡを至上の存在と考えていた。それは細胞の宮殿である核の玉座に就き、細胞の生命にかかわるほとんどの局面を支配する命令を下すのだ。細胞のそれ以外の部分で行なわれていることは、生物進化の歴史の中であまり重要でないと考えられていた。

大学院での研究生活の初め、マーギュリスは、共生関係について研究した一九世紀末から二〇世紀初頭の科学者の、ほとんど無視されていた業績を知った。一八九三年に葉緑体（光合成を行なう植物の細胞小器官）の起源が細菌だと提唱したドイツの生物学者アンドレアス・シンパー。一九一〇年に共生発生《ジェネシス》という用語を造語したロシアの植物学者コンスタンティン・メレシュコフスキー。さらに、同じアメリカ人のアイバン・ウォーリンが、一九二七年に著書『共生説と種の起源』で、細菌が合体して新しい生命体を作った可能性を示していた。

彼らの考えに出会ったとき、マーギュリスにはそれが正しいように感じられた。細胞内部のある種の構造が、かつては自由生活を営む細菌だったというのはあり得ることだと思ったのだ。このような協力関係を結ぶことは、どちらの細胞にとっても、単独で生きるより優れた生活戦略となっただろう。当時、西欧の科学者の中に、共生の歴史的所産を重要だと考える者はほとんどいなかった。まして太古に微生物同士が協力しあって、私たちがよく知る二つの界の生命——植物と動物——が生まれたと考える者などは言うまでもない。仲間たちがほとんど関心を抱かなかった場所に、マーギュリスは生物学上最大の未開拓のテーマを見ていた。

一九七〇年代中頃になると、カール・ウーズらによる遺伝子分析を使って生命の樹を細密に描く研究が、マーギュリスの見解を裏付け始めた。とは言えマーギュリスは、一九七七年にウーズの新しい体系が発表されたとき、それに不賛成だった。ただし、理由は他の生物学者の大半とは違っていた。生命の樹は分子的関係だけでなく共生関係も反映すべきだと考えていたのだ。

ウーズは16ＳｒＲＮＡ遺伝子に着目していたが、マーギュリスは細胞、特に原生生物の細胞について考え、注目していた。いつしかマーギュリスは、半世紀前に初めて明らかにされた不人気な共生観を受け入れるようになっていた。

どんなものでもいいから生物学の入門書を手に取ると、最初の五〇ページほどの中に、典型的な真核生物細胞の三次元断面図が必ず載っており、内部の小器官が図示されている。核が一番大きな部品で、それ以外の部分とは隔離され、特殊な膜に覆われた要塞の奥に大切にしまわれている。細胞質と呼ばれる内部の海のような液体が、一つひとつの細胞を満たしている。この小さな海は、膜が折り重なってできた水路状の区画を伝って満ち引きする。細胞小器官には細胞質に浮かんだまま動かないものもあれば、流れに乗って細胞内を動き回るものもある。細胞小器官は見かけも変わっているが、ゴルジ体、ミトコンドリア、小胞体と名前も変わっている。

細胞の一部でありながら一部ではない――ミトコンドリアと葉緑体

細胞の働きはあらゆる生命体の日常と変わるところがない。細胞が生き続けるためには、やらねばならないことがある。細胞はエネルギーを栄養素から取りだし、発生した老廃物を排出し、さまざまなものを作ったり修理したりし、敵や味方と意思を疎通し、休息し、目覚めて最初からまた始める。こうしたことを実現するために、分子と化学物質のやり取りが細胞の内と外だけでなく細胞内でも絶えず行なわれ、その様子はミニチュアのせわしない都市を思わせる。

ある種の細胞小器官――ミトコンドリアと葉緑体――は独自の反応と代謝を持っており、したがって逆説的だが、細胞の一部でありながらその一部ではないように思われると、マーギュリスは考えた。マーギュリスがまとめ上げたものは、先達たちの忘れられた発想をほぼ裏付けていた。その見方によれば、真核細胞と多細胞生物は、自由生活を営む微生物が物理的に結合して発生したのだ。

マーギュリスがシンビオジェネシスという考えを復活させようとしたことがそもそも驚きだ。一九六〇年代には、現状に対する根本的な疑問と、社会的・文化的転換の激しい渦が国じゅうを席巻していたが、マーギュリスはカリフォルニア大学バークレー校にまったく違った空気を見ていた。きわめて関連の深い分野に同僚たちがまったく無関心であることに、マーギュリスはショックを受けた。古生物学者は進化を研究し、遺伝学者は進化の仕組み——染色体、遺伝子、ＤＮＡ——の研究に没頭していたが、二つの分野の交流はほとんど存在しなかった。

マーギュリスは、細菌ウイルス研究所と当時呼ばれていたものに所属する遺伝学者を「途中から生物学者になった人たち」と呼んだ[1]。彼らは化学や物理学の教育を受けていたが、生物学の教育はあまり受けていなかった。核を持つ細胞（真核生物）と核を持たない細胞（原核生物）の細胞分裂の違いについて、初歩的なことも知らなかったらしい。この親から子へ形質を受け渡す方法の違いが、進化の上で持つ大きな意味を、当時マーギュリスはつかみかけていた。その研究手法は、専門化が進歩をもたらすという旧来の科学的見識を、まさに無視したものだった。マーギュリスの進化の見方は、この問題に対する西欧世界の標準的な考え方と衝突した。

もっとも強欲で資本主義的な社会の一つだったビクトリア時代の英国の科学者が、競争が進化を促進するという思想を考えつき、ロシアの科学者がシンビオジェネシスという考えを支持したのは偶然だろうか。文化は、それが商店主であれ科学者であれ人がどのような疑問を抱き、見たものをどのように解釈するかを決定する。共産主義国の科学者は、協力しあうように見える生命体の研究をする傾向がある——あるいはそのような研究に支援を得やすい——ということはないだろうか。アメリカとロシアのあいだで冷戦の緊張が高まっていたため、相互扶助的な関係が高等生物の起源の鍵だったと提唱するには、時期が悪かった。実のところ、共生——協力——を生命の歴史の原動力の鍵とするマーギュリスの見解は、個体同士の競争が進化を促したとするダーウィン主義の教義に真っ向から挑むものだった。

マーギュリスとグールド

弱々しい顕微鏡サイズの生き物がもっと大きな生物を左右しているだって？　細菌がかつての敵と不名誉な休戦を取りつけ、徒党を組んで多細胞生物の進化を動かしている？　ばかばかしい！　歴史的、文化的逆風にもめげず、マーギュリスは構想をまとめていった。それは常識やぶりの理論として実を結び、そのためマーギュリスは生物学の主流からはあまり愛されなくなった。

細胞（細菌のものであれ何であれ）を研究し、その形態と機能を調べる中で、見過ごされてきた進化の道筋の証拠を、自分は見つけたのだとマーギュリスは信じた。一九六七年、一五の学術誌に没にされたあと、マーギュリスの急進的な発想――微生物間の共生関係を多細胞生物の基礎とするもの――は『ジャーナル・オブ・セオレティカル・バイオロジー』に掲載された。このときまだ二九歳で、家には二人の小さな子どもがいた。

そのセンセーショナルな発想は、論争だけでなく衝撃をも引き起こした。すべての多細胞生物は単細胞の生命体、主に細菌が物理的に合体して発生したと、マーギュリスは提唱した。この奇妙で途方もない発想によれば、一つの細胞が別の細胞を取り込み、食べられた細胞に信じられないことが起きた――生き続けた――ことから高等な生命の進化が始まったというのだ。共生的相互作用および共生的関係は進化において、競争的相互作用以上とまではいわないが、少なくとも同じくらい影響があったとマーギュリスは主張した。マーギュリスはこの理論を、着想のもとになった忘れられた先行研究の用語を復活させて、「シンビオジェネシス」と呼んだ。

マーギュリスのシンビオジェネシスの主張は、同業者の受けがよくなかった。批判する者たちは共生関係を進化の奇妙な一面と考えていた。その急先鋒がハーバード大学の名高い古生物学者、スティーブン・ジェイ・グールドだった。グールドの進化観は化石の調査と、化石が含まれている岩の分析に基づいていた。環境条件と生物間の競争が種の進化と絶滅にどう影響したかに注目していたグールドは、マーギュリスの着想にあまり感じるものがなかった。

グールドが二〇〇二年にこの世を去る直前に刊行された一四三三ページにおよぶ大著『神と科学は共存できるか？』では、微生物についてはほとんど触れられていない。「共生」への言及は、生物の競争を構成する相互作用を短く説明する文脈で、一カ所ある。「共生」も「シンビオジェネシス」も索引には載っていない。

マーギュリスとグールドの進化観の差は、生物学全般をどう見るかに端を発している。二人はそれぞれ違うものを見ていた——マーギュリスは微生物に、グールドは化石記録に残った動植物に重点を置いていた——ので、進化がい、か、に、して起こったかに対して、まったく違う意見を持つに至ったのだ。

マーギュリスは、遺伝子の水平伝播による遺伝子やゲノム総体の獲得（単一の遺伝子内で起きる小さな変異ではなく）が、生命進化の初期には決定的に重要だったと考えた。細菌のような単細胞生物が別の細菌と合体すると、ゲノムは二倍になる。一方、二枚貝や巻貝など多細胞生物は、新しく細菌を獲得しても、全体として数多くの細胞に新しい細胞が一つ加わるだけだ。

これは遺伝した形質の変異に作用する自然選択とはまったく違う。有名なガラパゴス島のフィンチの例を考えてみよう。種子の大きさや手に入りやすさから別種のフィンチの存在まで多岐にわたる要素が、くちばしの長さや形に影響することがわかっている。

グールドは化石記録のパターンを幅広く研究したが、細胞内部は研究していない。マーギュリスの考えを受け入れた古生物学者はほとんどいなかった。進化のはたらきに対する旧態依然とした見方という逆風と、マーギュリスは戦い続けた。それは生物学者が、マーギュリスの見たものを見ないというだけのことではなかった。彼らは、マーギュリスの主張をまったく見なかったのだ。

性を伴わない遺伝子の水平伝播は、旧来の遺伝観に、したがって普通の進化の考え方に問題を突きつける。微生物の世界は、遺伝物質の激流から少しずつ取りこんでいると考えれば、孤立した遺伝子の水たまりのようなものがあるという観念は崩壊する。それどころか、ある推定では、名前が付いている細菌種に見られる遺伝子の中で、その種の成員すべてに特徴的に存在するものは、四〇パーセントにすぎないとされる。残りの六〇パーセントの遺伝子はと言えば、別の種の中にさまざまな形で存在したり、失われていたりする。

さらに奇妙なのは、細菌のDNAを見れば見るほど、種という概念が疑わしくなることだ。細菌の遺伝子は、私たちや私たちになじみの動植物とは違い、食物源や敵のような環境が変わると変化することがある。ビーバーが、必要とあればさまざまな歯――木の皮を剝ぎ取るためのものと魚の骨についた身をほじるためのもの――をそろえることができる遺伝子を獲得したと、あるいは、ラブラドールレトリーバーが、湖に投げたテニスボールを追いかけるために、ひれや、水かきがついた特大の足を生やせるようになったと想像してみてほしい。

シンビオジェネシス――別個の微生物が合体する

少々先走ってしまったようだ。数億年にわたって起きたシンビオジェネシスを、マーギュリスがどのように見ていたかに戻ろう。微生物が合体して私たちの知る自然――動物、菌類、植物――の先駆けを作る上で、特定の順序があったとマーギュリスは考えた。

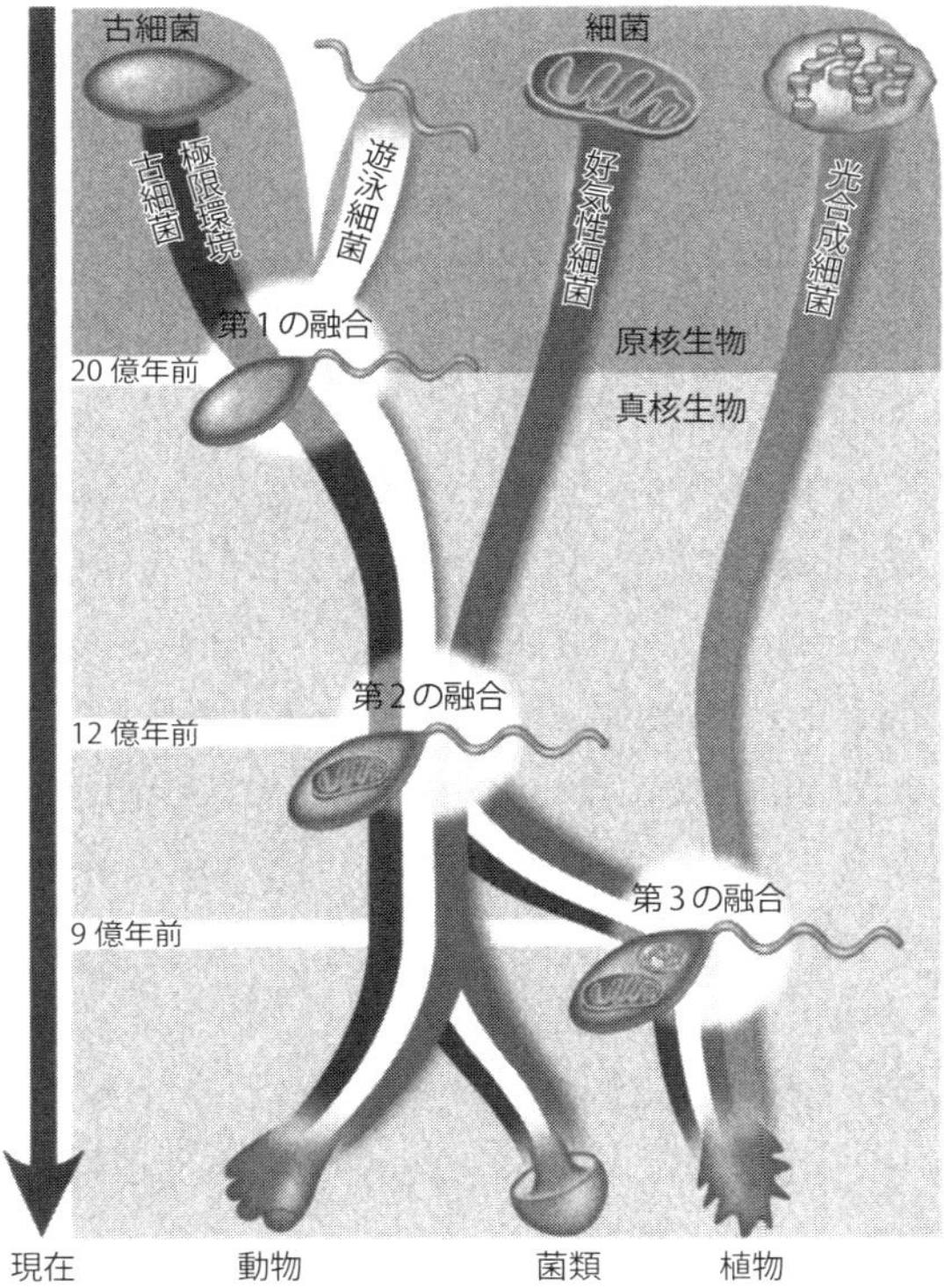

微生物の融合

古細菌と細菌がどのように最初の原生生物を構成し、その後に続く多細胞生物すべての基礎を築いたかについてのマーギュリスの見解。二番目の融合では、原生生物が酸素を利用する細菌と共生関係を結んで、動物、菌類、さらに後には植物の先祖となった（Margulis, 1998, and Kozo-Polyansky, 2000 を修正）。

最初の融合にかかわったのは二種類の古代の嫌気性生物、古細菌と遊泳細菌で、約二〇億年前に合体して最初の真核細胞を作った。最初の生命体である古細菌は、酸素に乏しく、想像を絶する熱が充満し、アンモニアと大量の塩酸と火山から噴出した硫黄に浸った地球初期の環境で繁栄してきた。古細菌が遊泳細菌（マーギュリスはそれをスピロヘータというらせん状の細菌と考えた）を取り込んだことで、新しい生物が生まれた。遊泳細菌は尾のような付属器官となり、新たな自己を地球の広大な海に泳ぎ回らせた。古細菌が移動力を獲得する一方、遊泳細菌は保護と確実な食物源（古細菌の代謝副産物）を手に入れる。この最初の融合が原生生物、われわれがアオミドロと呼ぶ藻類やアメーバのような単細胞生命体を作りだしたのだ。

約一〇億年が経ち、変化する環境条件が第二の融合を促した。光合成細菌とその排出物、つまり酸素の急増で、大気中の酸素濃度が高まり、酸素を利用する新しいタイプの細菌が繁栄できるようになった。当然、最初の融合の産物である原生生物は、この新しい好気性細菌とかかわることになった。原生生物が好気性細菌を取り込みながら消化できなかったとき、新しい生物が誕生した――酸素を使って生きる三位一体の生物が。この第二の融合の産物が、動物と菌類の共通の祖先だ。現在、取り込まれた好気性細菌の子孫はミトコンドリアの名で知られており、多細胞生物の細胞内でエネルギー供給源として働いている。

もう一つの微生物のパートナーが複雑な生物の名簿に入ったのは約九億年前のことだ。すっかり定着した酸素を利用する雑種に、シアノバクテリアが呑み込まれながら、死ななかった。シアノバクテリアははるか以前から、光合成を通じて太陽のエネルギーを取り入れてきた。シアノバクテリアを取り込むことで、古細菌＋遊泳細菌＋酸素呼吸生物は、太陽エネルギーで動く炭水化物製造工場を手に入れた。

この第三の微生物の融合が植物を生み出した。植物を緑色にしている葉緑体は、最初のシアノバクテリアの子孫だ。細部については議論が続いているが、今ではほとんどの生物学者が、微生物の融合が多細胞生物につながったというかつての過激思想を受け入れている。

こうして太古の微生物同士が結合したことで、あとに続く生命の進化の方向が決まった。このような融合が希望に満ちた平和なものに思われるといけないので、マーギュリスはそれを「激しく争った結果停戦協定を結んだ」[2]と描写している。始まりは荒っぽかったが、他の細胞の中に住みついた侵入者は、外界の危険から守られた安全地帯を得た。たくさんの大きな生物に取り囲まれ、狙われている小さな生物にとって、この種のライフスタイルは明らかに都合がいい。協力しあうことで、地球上でのさまざまな物理的環境の発達・蓄積を利用し、あるいは単に生き延びる手段をも得られる。マーギュリスが解き明かしたのは、私たちが、そしてそれ以外のすべての多細胞生命体も、大昔に種類の違う微生物、主に細菌の共生関係として始まったということだった。

しかしウイルスは、そのような融合の産物ではない。ウイルスは、細菌が初期地球の強烈な放射線に晒され、生命を定義する特徴——自分自身を収納する細胞壁や、食べて排泄することなど——を失ってできた欠陥品だと考える生物学者もいる。ウイルスは基本的要素以外すべてを失って、宿主細胞の中で生きて複製するしかない野放しのゾンビDNAやRNAの塊にすぎなくなった。ウイルスがどのように発生したかにはまだきわめて異論が多いが、私たちの知るかぎり、それは決して些細な問題ではない。

生命の組み立て

マーギュリスは微生物の進化を、異なる形態の生物が上へ上へと積み上げられていくブロック玩具のような過程だと考えた。遺伝物質のランダムな突然変異が長い間に起きることは受け入れていたが、それが進化にとって決定的に重要なメカニズムだとは認めなかった。多細胞生物の初期の進化は、マーギュリスの考えでは、さまざまな微生物から部品を集めて新しい生物を作るような過程だった。自転車の駆動系と自動車のラジエーターのファンを組み合わせて、ペダル式のファン――元々の特徴を残した固有の部品からなる新しい装置――を作るようなものだ。

マーギュリスは、シンビオジェネシスが起き、生命の進化に大きな影響を与えたことを、説得力をもって示す証拠をまとめた。細胞小器官自体が鍵を握っていた。それが共生の起源を持つ証拠をはっきり示していると、マーギュリスは考えた。証明のために、マーギュリスは地質学と化石記録、新型の走査電子顕微鏡による複雑なイメージング、分子解析、遺伝子シークェンシング、生態学、生化学に当たった。しかし、真核細胞をどこで何が作ったかという謎を解くために、もっぱら化石記録やその他単独のものを探ることに頼るなら、マーギュリスの目には明白だったものを見逃すことになるだろう。

食べたり排泄したり、その他細胞が生きる上でするあらゆるものを思い出してみよう。ミトコンドリアはこうした活動のすべてにエネルギーを与える。この生物学的発電所が、多細胞生物の起源が共生であることの、もっとも大きな証拠なのだ。その起源は、初期の原生生物に取り込まれた、酸素を利用する初期の細菌だと考えられている。その証拠は？　まず、ミトコンドリアはすべての真核生物が持っているが、原核生物の中には見られない(3)。

さらに、ミトコンドリアを覆う膜は、他の細胞小器官のものと化学的性質も機能も似ていない。これが意味するのは、ミトコンドリアがかつて細胞外に独立して存在していたということだ。ミトコンドリアは独自のDNAも持っており、DNA複製過程は細胞核内のものとまったく異なる。その上、ミトコンドリアは複製のしかたが違い（単純分裂をする）、そのタイミングも細胞本体とは異なる。マーギュリスの考えでは、この多彩な証拠はすべて同じ結論を示していた——大昔にミトコンドリアは別の細胞の中に入り込み、永続的な関係を結んだのだ。

葉緑体は、微生物融合の列に最後に加わった日光を利用する細菌の末裔で、今日では光合成を行なう生命体すべての内部に存在する。ミトコンドリア同様、葉緑体は植物の細胞核にあるものとは別に独自のDNAを持つ。葉緑体のDNAは、すでに見た自由生活をする光合成細菌、シアノバクテリアのものに似ている。だが、葉緑体は宿主の中で長い間守られて生きてきたため、ゲノムが小さくなっている。

一九六〇年代初め、複合顕微鏡よりはるかに倍率が高い電子顕微鏡を使って、ハンス・リス（ウィスコンシン大学でのマーギュリスの指導教授の一人）が、このいわゆる藍藻の詳細な像を捉えることに成功した。この細胞は一般的な動植物の細胞に比べてはるかに複雑さに欠けると、リスは結論し、土壌細菌のストレプトミセスの細胞に似ていると考えた。言い換えれば、藍藻はそもそも細菌だったのだ！

第三の、今も論争が続いているシンビオジェネシスの証拠は、繊毛という構造が、現代の原生生物から人間まで幅広い生物に存在することだ。繊毛は細胞に付属したまつげのような細かい毛だ。数多くある繊毛の機能の中に、ある種の原生生物を目的の方向に進める、私たちの肺から異物を押し出すというものがある。

繊毛は泳ぐ細菌が原生生物と融合して発生したとマーギュリスは考えた。遺伝子の突然変異から繊毛がランダムに発生したということはありえない。なぜなら繊毛の基部の構造が似ているからだ。これはきわめて多くの生命体で当てはまっている。繊毛は細菌が提供したブロック玩具のような部品の一つに違いないと、マーギュリスは主張した。自由生活をする微生物としての前世が繊毛にあることを示す証拠が弱いことを、マーギュリスは認めているが、自分の見解を裏付ける新たな証拠が見つかるのは時間の問題だと信じていた。しかしこの点について結論はまだ出ていない。

マーギュリスの研究が暗示するものは、物理的・生物学的世界で微生物が密かに果たしている驚くべき役割を説明するのに役立つ。今の生物学の教科書には、マーギュリスのシンビオジェネシス理論が、細胞小器官の図と一緒に載っている。かつては疑っていた生物学者も、共生関係がたくさんあることに気づくようになった。

微生物と大きな生物との関係を研究する科学者が増えるにつれ、共生の証拠も集まってきた――アブラムシに、アリに、さんご礁に、私たち自身の身体に。近年の発見で、特殊化した細胞に棲む微生物の中には、宿主動物が作れないアミノ酸を宿主のために供給しているものがいることが明らかになっている。もちろん中には、藻類と菌類が地衣類を形成するような馴染みの共同体もある。一方あまり馴染みのないもの、例えばバクテリアの牧畜を行なうアメーバ、菌類を守り栽培するアリや昆虫、葉緑体を持つウミウシ、えらに木を消化する細菌を住まわせたフナクイムシのようなものもいる。微生物の共生は地球と動物の健康の基準――コンポスト・ティー（堆肥茶）が弱っている植物を復活させ、ウシが消化しにくい草を食べて生きていかれる理由の一端――であることを、私たちは今、学びつつあるのだ。

共生が、あとに続く生命の進化に果たした役割について、化石記録からはどのようなことがわかるだろうか？　菌類は植物よりもずっと前に陸地に上がっている。そして植物が仲間に加わったことで、協力に弾みがつき、陸上に定着した。菌類はおそらく、死んだ藻類を餌に生きていた原生生物から進化したのだろう。死んで腐った植物は菌類の餌になり、菌類は役に立たない有機分子、例えば木の細胞壁にあるリグニンのようなものを、植物がまた利用できる栄養分に戻す。植物と菌類の共生は、養分を再生する大循環の半分ずつを形作っている。四億年以上前の最古の陸上植物にまでさかのぼる共生関係の中で、それぞれがもう半分に餌を与えているのだ。

微生物の生存戦略として共生がこれほど成功した理由の一つは、その効率のよさに関係している。二種類の細菌がいて、それぞれもう片方が生産する老廃物を食べているとしよう。この細菌は永久に養分をやり取りしながら、群集として生き続けることができる。どちらも完全に優勢になることはないが、両方ともいつまでも存続する。[4] 長い目で見て、相互の利益になる抑制と均衡を持った微生物群集は、個別の細菌が自力で手に入るものよりも安定した環境を提供するのだ。

自然の――少なくとも見て、聞いて、触れることのできる自然の――はたらきをどう考えるかがはっきりしたのは、それほど昔のことではない。異なる遺伝的形質を持つ個体のあいだで競争が起き、遺伝子は個体と運命を共にして、その勝敗が決まるという考え方で、肉眼で見える世界についてはだいたい説明できる。しかし微生物の生態はすこし違うルールに従っていて、そのルールのもとでは、競争は個体レベルよりも集団レベルで起きることが多い。これは種のあいだでの共生関係に有利に働きやすい。村や組織的な社会生活が古代のヒト個体群に優位を与えたのとほとんど同じことだ。

協力するにせよ競争するにせよ、微生物の集団は環境の化学的・物理的性質を変化させる。一つひとつの微生物種は、本当に得意とするものが限られている傾向にある。微生物が集団を作って協力しあえば、一種類だけのときに比べて、できることの幅がはるかに広がる。互いに有利な環境を作り出せる種の共同体は、繁栄し長続きする。作り出せないものは、衰退して死に絶える。

微生物が手を組んで多細胞生物を生み出して以来、全面的な対立と同じくらいに協力と順応が、微生物と植物と動物の関係を形成した。くり返し、生命の樹が大きくなるにつれて、逆境の中で関係が生まれ、必要に応じて加えられた。顕微鏡下の世界がこれほどまでに協力的な場所だとは――また、証拠のいくらかはまさにわれわれの体内に隠されていようとは――ダーウィンは想像もしなかっただろう。私たちは、遺伝子の三分の一以上を細菌、古細菌、ウイルスから受け継いだのだ。

微生物の共生がありふれたものであり、不可欠なものでもあることを認識することは、自分と自然の隠れた半分との関係の見方を作り直すことだ。こうした持ちつ持たれつの関係が明らかになるにつれて、微生物を病気を運ぶもの、作物と人間への脅威という型にはめる旧来の考えを、科学者は見直し始めた。私たちは特に、共生関係が植物の健康と土壌の肥沃さの基礎をいかに形作っているかを学んでいる。

第5章　土との戦争

最初の五年で庭がすっかりできあがると、私たちは植木をあちこち動かすのをやめ、かねてから計画していた野菜畑作りに関心を移した。理想的な場所は南西向きで日当たりのいい庭のはずれ、パティオを縁取る高くなった区画だ。雑草を抑えるために段ボールを敷いて上から木材チップをかぶせていたが、二度目のそれがぼろぼろになって土と混ざり始めていた。(1) 畑作りに進むか、また電気器具店のゴミ捨て場をあさって、もっと大きな段ボールを拾ってくるかの決断を迫られた。

折よく、縁石の端材が安く売りに出ているのを見つけた。長さ数十センチで一五センチ角の、荒く切り出した花崗岩でできたものだ。これを何本か手に入れ、持ち帰った。これは新しい畑の縁にぴったりだった。私たちは浅く細長い溝を掘って砕石と砂で土台を造り、そこに花崗岩を据えて、一二〇センチ四方の花壇を作った。溝を掘るときに出た土を花崗岩の高さまで盛った。盛り上げた土は春にはすぐ温かくなり、夏にはさらに熱を保って植物の生長を助ける。それから木材チップを花壇にまき散らして、庭の中の小さな庭はできあがった。二～三ヵ月で、それは何年も前からあったような風情になった。

私たちの家が建てられた当時、この庭のはずれには、地下室を造るときに出た土を建設業者が積み上げていた。岩が散乱し土がひっくり返されたそこは、最高品質とは言いがたかったので、私たちは二、三週間に一度、花壇に土壌スープを与え、株間の地面をマルチで覆っておいた。キッチンカウンターの上に専用のボウルを置き、残飯を溜めておいて新しいミミズコンポストの餌にした。年に数回、黒く肥えたミミズ堆肥を収穫し、株のまわりのマルチと混ぜた。

最初、畑の土は敷地のほかの場所と同じように、色が灰色からカーキ色で粘土質の岩に近かった。二、三年でそれはしっとりとした深煎りコーヒーの色になり、まだ岩が散らばっているけれど、死んだ場所ではなくなった。以前にはいなかった生物――マルチのあいだをのそのそ歩く甲虫、ミミズ、ワラジムシ――が見られるようになった。初め私たちは、土壌が変化する速さをあまり意識していなかった。それより結果に――土から生えたものを食べることに――集中していたのだ。

シアトルの初夏は、アメリカのほかの土地とは違う。まだ雨が多く、ほとんど二〇℃を上回らないこともある。シアトル市民は梅雨寒を恨むが、低温多湿の気候と長い日長（晴れる日はめったにないが）のおかげでレタスや栄養たっぷりの青野菜の豊作が約束されている。六月いっぱい、私たちは葉物野菜を毎日どっさり収穫した。八月にはトマトとスクウォッシュ（訳註：ウリ科カボチャ属の野菜の総称）が実った。新鮮でおいしい努力の成果に気をよくして、私たちは翌年の夏、もう一つ一メートル×一・五メートルの畑を作った。新しい区画では、さらにたくさんのトマト、レタス、それとオゼットポテトが穫れた。あっという間に二つの畑は、色とりどりの食べられる植物を生産するようになった。夏のあいだじゅう、私たちは夕食の材料を裏口のすぐ外で集めた。

庭全体でも野菜畑でも、私たちが一番感銘を受けたのは、マルチとミミズ堆肥と土壌スープが土壌の質をたちまちのうちに変えることだった。こんなに短期間で土壌が変わるとは、思っていなかった。自然が土壌を作るために要する、じれったいほど長い過程をあっさり回避できるとは大学や大学院でも学ばなかった。

氷期のあとで

最後の氷期のあいだ、氷河の流れはシアトルにあった土壌を根こそぎはぎ取った。しかし気候が温暖になり始めると、氷河は北へ後退した。その名残が、わが家の敷地の下にあるシャベルが曲がるほど固い氷礫土《ひょうれきど》だ。

氷河は動かないように見えて、実はそうではない。高く積み上がると、糖蜜のように流れるのだ。氷河の源で新たに積もる氷と、末端で溶ける氷の量との釣り合い、というより不釣り合いが、氷河がどこまで届くかを左右する。高地で雪が増えれば、氷河は前進する。末端で溶ける量が増えれば、氷河は後退する。そのあいだじゅう、氷河はベルトコンベアーのように作用して岩や土砂を運び、氷が溶ける先端で落とす。

絶えず動きながら、氷河はぶつかるものすべてを砕き、すり潰し、下敷きになった堆積物を圧縮して岩のように固い氷礫土に変える。ロッキーロード・アイスクリームのコーンを逆さまにして、アイスクリームを地面に落としてやると、氷礫土のできかたが想像しやすい。凍ったクリームとミルクは、氷河氷のように溶けて流れ始める。チョコレート、ナッツ、マシュマロの小片は、溶けた氷河が堆積させた小石や砂、粘土の粒子、岩のように、その場に取り残される。次に、手持ちのブーツの中で一番重いものをはいて、べたべたに溶けかけたクリームを踏みつぶす。何もかもつぶれて地面に混ぜ込まれるまで、さらに何度か踏みつぶす。それがすっかり乾けば、氷礫土がどのようなものかわかるだろう。

シアトルを流れていた氷河が北へ後退してしまうと、むき出しの礫土と雪解け水の流れが堆積させた砂の上に、自然はさっそく一から土壌を作り始めた。鉱物成分はカナダから流れてきたが、有機物は地元産だった。温暖で湿潤な後氷期の気候のあいだ、樹木、灌木、シダが何世代にもわたって、枯れた根や幹や枝や葉を土に戻した。動物の死骸も——微生物からマンモスまで——それに加わった。その結果できたのが肥沃な表土だ。やがて高さ数十メートルの巨木が根を張り、土はおさまるところにおさまって、それが私たちが住む近隣一帯となった。

自然がこの地域に肥沃な土壌を作り、氷礫土を世界でも有数の生産力の高い土に変えるのに、全部で数千年かかった。太平洋岸北西部は、かつて広大な温帯雨林で、そこに生えている木の一本から、わが家を建てるのに使ったものより多くの材木が取れた。そして、一世紀と少し前の一九世紀末、ピュージェット湾の原生林のすみずみまで、斧の音が一斉に響きわたった。都市化のエンジンが咆哮して、自然が懸命に作った肥沃な表土を大部分運び去り、再び氷礫土をむき出しにした。まるでタイムマシーンが街を通り過ぎ、新しい造成地を一つ残らず、最後の氷期の終わりまで送り返し、動植物相を舗装したての歩道並みにしたかのようだ。

世界の土壌を、その場所の気候、岩、植生、地形が形作った、母なる地球がつけた指紋だと考えてみよう。使える自然の材料がまったく同じである地域は二つとしてない。平原の土壌は炭素に富み、熱帯の土壌は酸化されて養分に乏しく、ツンドラの土壌は肥沃だが凍っている。しかしどこに位置していようと、地球のあらゆる場所で共通していることが一つある。土壌は双方向のパイプであり、それを通じて、私たちが見ることができず、よく知らない地下の世界が、日頃見慣れた地上の世界へと流れ込んでいるのだ。

氷河による痛手から土壌が回復するのにかかる時間と、どこであれ一般に自然が土壌を作るのにかかる時間を考えると、都会のささやかな庭でこうも早く自然の趨勢に打ち勝つことができたのは、奇妙なことに思えた。土壌の肥沃さの神秘に驚いたのは、私たちが初めてではない。ほとんどの農耕社会において、豊かな土壌は女神の姿で神格化、擬人化された。エジプト人はソプデトを崇拝し、ギリシャ人はデメテルをあがめ、ローマ人はケレスを畏敬した。凶作は気まぐれな神の怒りの代償だった。数千年間、人間は、みずからの生命が土と結びついていることを認識してきた。聖書にあるイブとアダムの物語も、生命と土が二者統一体であることを詩的に認めている。イブの名は生命を意味するハバに由来し、アダムは土を意味するアダマーに由来する。土壌の肥沃さの源は、人類が農業と造園を始めてから長いあいだ、もっとも深遠な謎の一つであり続けた。

光合成の発見

一六三四年、フランドルの化学者で医師のヤン・バプティスタ・ファン・ヘルモントは、土壌肥沃度と植物の生長という不可解な世界の研究を始めた。もっともこれは、一番やりたかったことではなかった。錬金術師として訓練を受けたファン・ヘルモントは、自然物には物体を引き寄せたり斥けたりできる力が備わっており、またそれは観察と実験を通じて理解できると信じていた。ファン・ヘルモントは、自然現象の説明において神の介在を否認したために、教会と衝突した。機嫌を損ねた異端審問所は、神の被造物——自然——の働きを調べた厚かましい傲慢の罪でファン・ヘルモントを告発し、自宅軟禁を言い渡した。

数年にわたり自宅に閉じこめられたファン・ヘルモントは、その時間をうまく生かして、小さな種がいかにして大木になることができるのかを考え始めた。植物がどうして生長するかはまったくわかっていなかった。植物には口も歯もなく、獲物を追うこともなければ、何かを食べている様子もまったくない。じっと動かずに大きくなっていくだけだ。植物は土を食べているという支配的な考え方に納得できなかったファン・ヘルモントは、二キロのヤナギの苗木を九〇キログラムの乾燥した土を入れた鉢に植えて、水だけを与えながら木が育つに任せた。自宅に閉じこめられた人間にとっておあつらえ向きの実験だ。五年が経ったとき、再び木の重さを量ると七五キロ増えていたが、土の重さは六〇グラム減っただけだった。木は水を取り込んで生長すると、ファン・ヘルモントは結論した。

この発見に励まされたファン・ヘルモントは、さまざまな実験を試みた。その中の一つでは、二八キロのオークの木炭を燃やし、灰を注意深く集めて重さを量ったところ、二七・五キロの気体（二酸化炭素）ができていた。木を燃やすと灰ができることに不思議はない。だが気体が、ましてこれほど大量に発生するというのは新発見だった。これ以前は、植物の大部分が目に見えない気体でできているという考えなど、お笑いぐさだっただろう。ファン・ヘルモントがこの二つの実験を結びつけていたら、植物は土から吸い上げた水と空気中の気体、それと少量の鉱物由来の材料を合成して自分の身体を作っていることに気づいたかもしれない。

一世紀半ののち、植物生理学を研究していたスイスの化学者、ニコラス＝テオドール・ド・ソシュールが、それを一つにまとめた。一八〇四年、ド・ソシュールはファン・ヘルモントの実験を再現し、植物が消費した水と二酸化炭素の重さを慎重に測定して、詳細を明らかにした。数十分の一グラムの精度を持つ新型機器の扱いに熟達した実験の名人だったド・ソシュールは、植物が液体の水と気体の二酸化炭素を太陽光の下で合成して生長することを実証した。私たちが光合成と呼ぶプロセスだ。

ド・ソシュールの発見は、肥沃度についての理解をひっくり返した。植物は炭素を土壌の腐植質から吸い上げるのではない。空気から取り出しているのだ！　この逆転は、植物が腐植質（腐りかけた有機物）を吸収して生長するという何世紀も前からの認識を疑わせるものだった。それでもまだ、ド・ソシュールの研究は直感に反していた。何と言おうと農民は、先祖代々、畜糞が作物の生長を助けることをよく知っていたのだ。あとで見るように、経験にもとづく土壌肥沃度の考え方が、新しい理論の陰に隠れてしまった事例は、これが唯一ではない。

ド・ソシュールの発見は、植物が生きる上での基本的な元素のほとんどを光合成によって得ていることを証明したが、この新事実は初期の植物学者に、新たな悩みの種をまいた。ファン・ヘルモントの灰の中にあったようなそれ以外の必須要素を、植物はどうやって取り入れているのか？

最少律

植物を構成する元素の源は三つある――大気、水、岩だ。炭素（C）と窒素（N）は大気に由来し、水素（H）と酸素（O）は水からもたらされる。岩はそれ以外のすべてを供給する。

地中深くでできた岩は、すさまじい熱と圧力を受けて、元素を多彩な鉱物構造に作りかえる。火山から急激に吐き出されるにしろ、風化によってゆっくりと現われるにしろ、地表に出た岩はひび割れ始める。やがて、極端な温度差、水、生物の作用によって岩は分解され、割れて、含まれている元素が環境に放出される。

ほとんどの岩は主にケイ素（Si）、アルミニウム（Al）、酸素（O）で構成されている。最初の二つの元素は酸素と固く結合して鉱物格子に閉じこめられているので、風化によって岩から土に入る量はごくわずかだ。しかし植物はケイ素やアルミニウムをそれほど必要としない。植物が根や茎や葉を作るために大量に必要とする元素は三つ、窒素（N）、カリウム（K）、リン（P）だ。地球の大気の約八〇パーセントは窒素で、植物は微生物の力を借りて、これを空気中から取り込む。カリウムは岩の中に広く存在する。しかしリンは非常に少なく、特定の岩石（と、腐りかけた有機物）にしか含まれない。それ以外にも植物が必要とする重要な栄養がある。例えばカルシウム（Ca）やマグネシウム（Mg）だが、これらはある種の岩に豊富に含まれ、一般に植物の生長を制限しない。

岩に含まれるその他の元素は、微量栄養素と考えられている。必要量がはるかに少ないからだ。植物は岩の風化で出た重要な微量栄養素を貯め込み、濃縮する。こうした微量栄養素には亜鉛や鉄のような金属があり、複雑な分子に混ぜこまれて、芽、根、葉、種子、果実などの中で特定の目的に利用される。人間が（あるいは他の動物でも）植物を食べると、その組織の微量栄養素が私たちの一部になる。

精製法に近いやり方で、微生物は必須元素を岩から取りだし、その後、生命活動の中で、それらを働かせておくのを助ける。また微生物は有機物中の元素を循環させている。これは土壌肥沃度に大きく影響する。生物の遺骸は、新たな生命を支えるためにすぐに利用できる栄養を、うまい取り合わせで含んでいるからだ。

植物の健康に関する研究は、一九世紀初めには初歩の段階だった。元素が岩から土壌へ、そして植物へと移る経路はまだわかっていなかった。微量栄養素が植物の健康にどのような機能を持ち、どのくらい重要なのかも同様だ。詳細を知らないまま、自然哲学者らは、土壌の有機物、すなわち腐植――土壌の一番上、分解途中の植物質の下にある暗い色をした薄い層――が何らかの形で植物の生長を助けていると考えていた。支配的な見方は、この不思議な物質が、直接植物の食物となるというものだった。腐植が水に溶けないことが実験で証明され、植物が腐った有機物から栄養を直接吸収できるという考えが信用を失うまでは。植物が腐植を根から吸い上げることができないのなら、どのようにそれを生長のために使っているのだろうか？

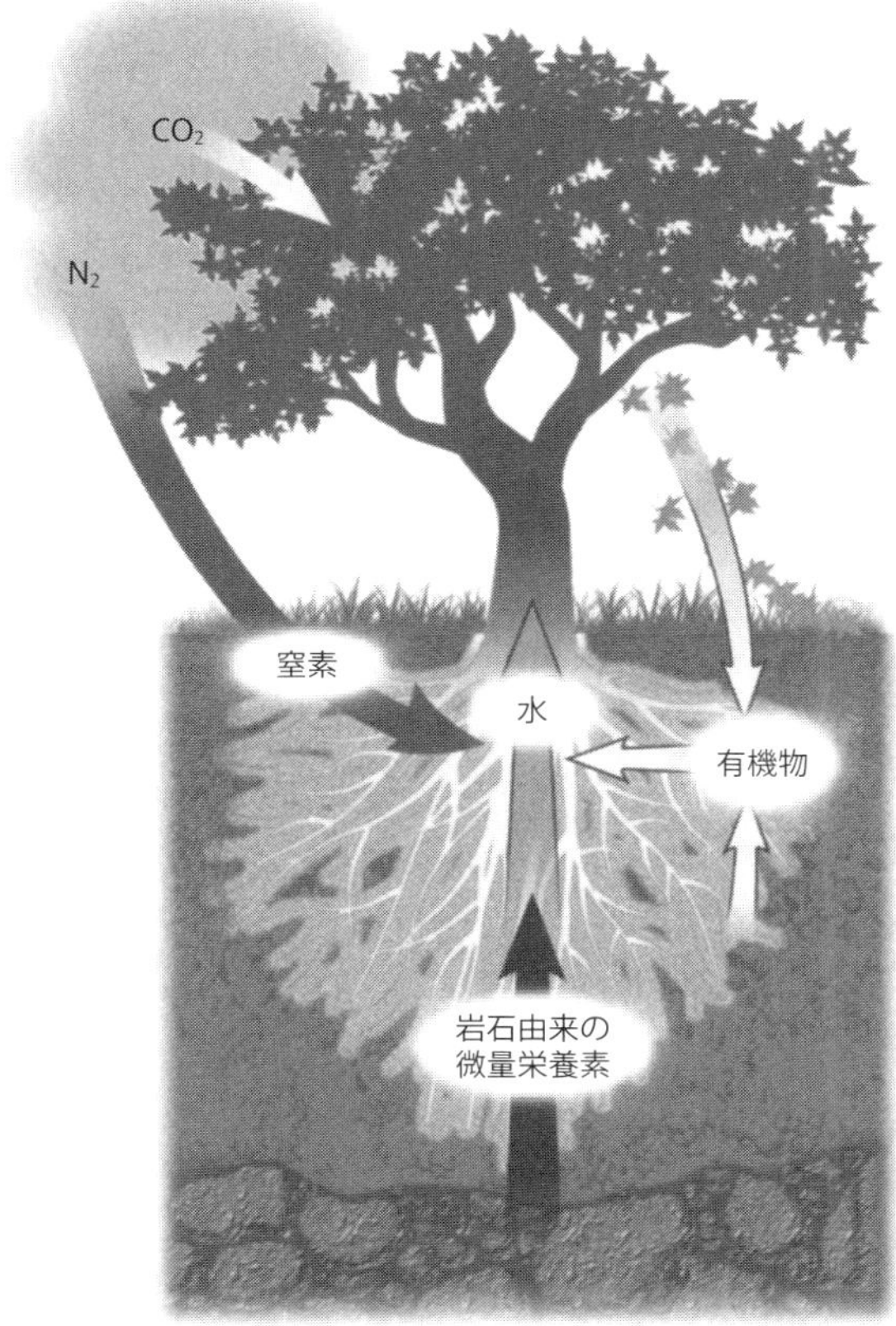

植物の食べ物

植物は生長に必要な主な栄養を岩、土壌、有機物、空気、水から得る。

当時の科学者は当惑し、植物が腐植から直接栄養分を吸収するという考えに興味を失った。ドイツの化学者、ユストゥス・フォン・リービッヒは、植物の栄養素における腐植理論の信用を失墜させる先頭に立ち続けていた。一八四〇年、産業革命のとりことなったリービッヒは、影響力のある農業化学の論文を書き、土壌有機物中の炭素は植物の生長を促進しない、なぜなら、ド・ソシュールが証明したように、植物は必要な炭素を大気中の二酸化炭素から得るからだと論じた。植物質を燃やす前と後で分析し重量を量るという当時の標準的手法で、リービッヒは植物の灰に窒素とリンが豊富に含まれることを発見した。灰の中に残った物質は、植物の、したがって作物の養分となるものだと推定するのが合理的だと思われた。この発見は、リービッヒの考えでは、植物学者が長い間求めてきた答えとなるものだった――土壌の化学は土壌肥沃度の鍵を握っているのだ。

リービッヒは自分の見解を「最少律」として普及させた。この原理は、同時代のドイツの植物学者、カール・シュプレンゲルから出典を明らかにせず借用したものだった。最少律は、今も受け入れられている単純な考え方で、必要量との割合でもっとも不足している栄養が、植物の生長を制限するというものだ。だから制限要素を突き止めれば、収穫高を増やすために何を与えればいいかがわかるわけだ。

すぐさまリービッヒと弟子たちは、植物の生長に欠かせない五つの主要な物質を特定した。水（H_2O）、二酸化炭素（CO_2）、窒素（N）、そして二種類の岩石由来の鉱物元素、リン（P）とカリウム（K）だ。そこから彼らは、有機物は土壌の肥沃さを生み出し、維持する上で、何ら重要な役割を果たしていないという結論に飛躍した。有力な腐植説を覆したことで、リービッヒは土壌肥沃度という視点を近代農業の中心に導いた。腐敗した有機物が必須栄養素を土壌に戻していることを、リービッヒがようやく理解するようになったのは、晩年のことだ。

当時輸入されたばかりのグアノを疲弊した土壌に肥料として与えだしたヨーロッパの農民が、爆発的な収穫量の伸びを実感したという報告を読めば、リービッヒの化学哲学の訴求力は理解しやすい。一八〇四年、ドイツの探検家アレクサンダー・フォン・フンボルトは、この魔法の物体のサンプルをペルー沖の島からヨーロッパに持ち帰り、これが化石化した鳥の糞に熱狂する一九世紀の幕開けとなった。多量のリンに加えて、この白い岩は畜糞の三〇倍以上の窒素を含んでいた。

ペルーのグアノの島々がすっかり掘り尽くされる一九世紀終わりには、化学肥料の普及は農業生産の指針としてしっかりと確立していた。二〇世紀初頭の農家は、自分たちの耕している土地が祖父の時代に比べてわずかな収量しか生み出さないことに気づくと、また昔のような収穫が得られることを願って、新しい農法に殺到した。NとPとKを十分に与えてやるだけで、作物が爆発的に育つ――これは魅力的な考えだった。

リービッヒの影響が長く続いたことで、農学は応用化学の専門分野へと発展した。土壌肥沃度とは化学物質であるという考え方は、農業試験場で専門家が仕事をする上での基礎となっていた。彼らの研究は土壌中の個々の構成要素に向かい、複雑な生物学的システムとしての土という視点を失っていった。土壌生物と土壌肥沃度は、土壌の性質の主な影響元ではなく結果であると考えられるようになった。農学者は土壌を化学、物理学、地質学の所産として見た。収穫量を増やすために土壌生物学が重要だと考える者はほとんどいなかった。そしてその過程で、収穫量が作物の健康と同じ意味になった。ほとんどの研究者は土壌生物を、管理あるいは根絶すべき害虫と考えていた。

小さな魔法使い

窒素が植物に及ぼす効果はわかりやすく、造園家や農家にとってほとんど息を呑むようなものだ。植物の緑の葉の部分を急生長させることにおいて、これにまさるものはない。グアノがなくなってしまったら窒素をどうやって手に入れるかという問題の解決に、農学者は熱中した。だが当時、そもそも有機窒素化合物がどこから来るのか、ほとんどわかっていなかった。

一八八八年、ヘルマン・ヘルリーゲルとヘルマン・ウィルファルトの二人のドイツ人化学者は、エンドウの根の瘤に棲む微生物を発見した。二人は、エンドウなどのマメ科植物が、コムギのような穀物とは違って、土壌の窒素濃度を低下させないことにも気づいた。さらなる調査で、マメ、エンドウ、クローバーなどの根粒に棲息する微生物が、大気中の窒素（N_2）を植物が吸収・利用できるアンモニウムイオン（NH_4^+）に何らかの方法で変換していることがわかった。ヘルリーゲルとウィルファルトは、穀物とマメ科作物を輪作する昔の慣行が土壌の窒素を減らさない秘密を、偶然に見つけたのだ。特定の細菌と植物の共生関係が、それを補充しているのだ。今日私たちはこのプロセスを、窒素固定と呼んでいる。

地球は窒素の中に文字通り取りまかれているのだから、簡単に手に入りそうなものだと思うかもしれない。だが、植物は大気中の窒素を直接利用できない。大気中の窒素の二原子分子構造をつなげる三重結合は、まず破壊できない錠前のようなもので、それを自然界で屈指の不活性化合物にしている。窒素が二つに分かれて水素か酸素と化合し、根から吸い上げられる水溶性の形――アンモニウムイオン（NH_4^+）か硝酸塩（NO_3^-）のどちらか――を取って、初めて植物が利用できるのだ。植物は多量の窒素を必要とし、都合のよい形ではあまり存在しないので、水不足のほうが切実な制約である場所以外では、利用できる窒素が作物の生長を制限することがよくある。

しかし、新たな窒素を土壌や生体に取り込ませる方法は少ない。窒素が生物界に入る主な道筋は、ある種の植物の根粒に棲息する細菌を通じたものだ。加えて、根粒を作らない窒素固定細菌も、別の植物細胞や土壌から見つかっている。窒素の豊富な基岩から、菌類が直接集めた窒素を利用できる樹木があることが近年になって発見された。何らかの形で、微生物は天然の窒素固定のほとんどすべてを動かしている。稲妻が走るとき、その強力なエネルギーで気体窒素の三重結合が切られてできるわずかな量を除いて。

生物の中に──細胞、組織、器官の一部として──取り込まれた窒素は、生者と死者のあいだで行ったり来たりを繰り返すことができる。土壌生物はかつて生きていたものを分解するプロセスを開始し、植物が、また植物を経由して人間やその他の動物が利用できるようにする。微生物は土壌中にある腐敗性有機物由来の窒素を、水溶性のアンモニウムや硝酸塩に戻す。無機化と呼ばれるこのプロセスで、植物が窒素を土壌水分と共に吸い上げられるようになる。植物がどのように窒素を得るにしろ──共生菌からであれ土壌有機物の循環からであれ──微生物がプロセスを主導しているのだ。長い年月をかけて、これが生物圏を循環する窒素の蓄積量を増やした。

二人のヘルマンが窒素固定プロセスを発見したものの、劣化した土壌にグアノとリン酸肥料を施したときの目覚ましい反応は、近代農業の基礎として、生物学よりも化学を聖なる地位に据えていた。微生物による窒素固定は、まもなく進化の行進図の古風な脚註になる運命だと考えられた。

一九世紀末にヨーロッパが工業化されるにつれて、グアノとリン鉱石の供給量低下が懸念された。そのため英国科学振興協会の会長でナイト爵位を授与されたばかりのサー・ウィリアム・クルックスは、一八九八年の年頭挨拶で、いかに農業生産を維持して世界に食糧を供給するかを話題の中心に据えた。

クルックスは科学者——ここでは化学者を意味した——に対して、マメ科植物とその共生菌を迂回する方法を見つけだすことを促した。人類は大気中の窒素を工業規模で利用することを必要としていた。ただ一つの問題は、その方法だった。第一次世界大戦が始まろうとしていたとき、クルックスに意外な協力者が現われた。

還元の原則——ハーバーボッシュ法とハワードの実践的実験

硝酸塩の使い道は肥料だけではなかった。それは近代戦争に用いられる高性能爆薬に欠かせない成分なのだ。天然の硝酸塩源を持たず、イギリスによる海上封鎖に対して脆弱だったドイツは、新しい硝酸塩製造法を躍起になって追求していた。一九〇九年、数年間の試行錯誤の末、実験化学者のフリッツ・ハーバーは、硝酸塩製造の前駆物質であるアンモニア（NH_3）を持続的に製造することに成功した。別の工業化学者、カール・ボッシュは、すぐさまハーバーの工程を商業化し、第一次世界大戦が勃発するころには、ドイツの新しい硝酸塩工場は、一日に二〇トンを送り出していた。戦争が終わる一九一八年には、ドイツの合成窒素はすべて軍需生産にまわされ、一般市民は飢えに苦しんだ。

工業規模で窒素の生産が可能であることが発見されると、肥料を集約的に使用する新時代が開けた。これによりハーバーとボッシュはノーベル賞を受賞した。かなりのエネルギー投入が必要とされることは、当時はほとんど問題にならなかった。化石燃料は安く豊富だった。窒素肥料が荒れた土壌で作物の生長を促進させる様子は、科学が起こした奇跡に思われた。ハーバーボッシュ法で知られることになる方法で製造された合成窒素は、二〇世紀中に農業生産を倍増させたと一般に考えられている。一九五〇年代までに、ハーバーボッシュ法は生物による窒素固定を超えた。今日、人体内にある窒素のおよそ半分はハーバーボッシュ法で作られたものだ。

収穫量の劇的な増加は、化学肥料を近代農業の基礎として固めた。農業技術に関して定説と違う意見を持つ者は、専門知識を守る農業試験場の同僚たちから嘲笑されるか無視された。進歩への道は専門化と工業化学に敷かれていることは、関係者全員にとって明白だった。

いや、ほとんど全員というべきだろう。収穫を増やし作物の病気を防ぐという課題に対して、まったく違う手法を取ったイギリス人農学者が世界の反対側にいた。ハーバーとボッシュが窒素の問題を解決したころ、サー・アルバート・ハワードは、有機物に土壌肥沃度を回復させる作用があることを発見していた。しかしその言葉に耳を貸そうとする者はほとんどいなかった。腐植が植物の栄養になるという考えは、リービッヒらによって徹底的に信用を傷つけられており、農学の権威筋は誰もこの英国人が言うことを信じなかった。

ハワードの多方面にわたる経歴は、一八九九年に英国西インド諸島農業局の菌類学者として、サトウキビとカカオ（チョコレートの主原料）の病気を専門に研究することから始まった。自分の仮説を実験するための土地がないことに不満を覚えたハワードは、すぐにイングランドに戻り、ケントにあるワイ大学で植物学者としての職を得て、ホップの病虫害を研究した。そこでもハワードは同じ問題に突き当たった。盛んに生長する植物と害虫や病気にやられてしまう植物があるのはなぜか、さまざまな仮説を実験で確かめる場所がなかったのだ。

一九〇五年、ハワードは誘いに飛びつき、インド植民地政府の帝国経済植物学者になった。この職には大きな魅力があった。三〇ヘクタールの土地で好きなように実験ができるのだ。ハワードは現在のニューデリー近郊にあったプサ農業研究所を拠点にした。そこで特に関心を持ったのが、耕作法を変えると収量がどのように増え、昆虫、菌類、病気に対して植物がどう反応するようになるかの研究だった。プサの農地で実験を始めたハワードは、地元の自給農家の作物が、殺虫剤や殺菌剤を使わなくても健康で生産力が高いことに気づいた。興味を抱いたハワードは彼らの慣行を研究して、実験農地で真似しだした。結果は目覚ましいものだった。

一九一〇年までに私は、菌類学者、昆虫学者、細菌学者、農芸化学者、統計学者、情報交換機関、化学肥料、噴霧器、殺虫剤、殺菌剤、その他の近代的試験場のあらゆる高価設備に少しも支援されることなしに、病害虫に侵されない健康な作物の栽培方法を習得した。(2)

化学肥料はステロイド剤

それからの二〇年間、ハワードは実験を続け、常にリービッヒの弟子たちの信じるところと対立する見解に至った。植物がなぜ病気になるのか、ハワードは急進的な新しい結論に達した。作物を病虫害から守るために殺虫剤や除草剤を使用すると、作物が健康に育ちにくくなる――そしてさらに多くの毒物が必要になる――とハワードは考えた。昆虫と菌類はさほど問題ではなく、むしろ生物学的清掃係だ。傷ついたり弱ったりした作物を取り除いてくれるのだ。ハワードの見方では、近代農業は作物を病気にかかりやすくする道を突き進んでいた。

急進的な発想はこれだけではなかった。プサで研究をするうちに、ハワードは、標準的な農業研究機関は非生産的だと確信するようになっていった。農業研究所からの報告は、研究分野（植物の品種改良、菌類学、昆虫学など）に細分された科学のばらばらの断片を研究する人々の経験ばかりだった。ハワードに言わせれば、彼らはみな「より狭い領域をより多く研究することに没頭している」のだ。

ハワードにとって証明は畑にあった。英国のプランテーションでは農薬の使用量が増えたにもかかわらず、作物の病気の流行は増加し、収穫が減っていた。病原体は増え、範囲を広げ、化学農業のもとでも減ることはなかった。

ハワードは、農薬は症状に対処するが、原因には対処できないと信じ、農家は違う戦略――植物が自然に持つ防衛システムを理解し助けてやること――を必要としていると考えた。再び自分のアイディアを実現する機会が巡ってきたのは、インド中央綿花委員会が、中央インドの農村インドールに新しい研究所を設置するための補助金を出すと決定したときだ。ハワードは、農業生産の根底にある問題と関連する土壌有機物の役割を研究する契約を結んだ。微生物が有機物を分解して、植物の健康を維持するために重要な栄養を運んでいるのは確実だと思っていた。

一九二四年から一九三一年にかけて、ハワードはこの地域の伝統的農法に手を加えて、インドール式処理法という大規模な堆肥製造方法を開発した。インドール式処理法の肝は、植物性廃棄物と動物性排棄物を混ぜて堆肥を作ることだ。ハワードは大規模な圃場試験を計画し、この方式を綿花に試した。結果は見事なものだった。数年のうちに収穫量は二倍以上になり、病気は畑からほとんど姿を消した。試したプランテーションの所有者は感嘆した。噂は広まり、綿花、茶、砂糖の大規模プランテーションが有機廃棄物を畑に戻すことを始めた。

農業試験場の同僚たちは違った。堆肥化した腐植が作物の病虫害を防ぐとともに、土壌肥沃度を改善する鍵を握っているとしたら、化学肥料や品種改良や害虫駆除の研究――農業試験場職員の生命――に何の意味があるだろう。

試験場に勤務していた専門家たちは、進歩を阻もうとしたわけではない。その反対だ。進歩は彼らの使命だった。が、彼らは違うもの――リービッヒの農芸化学哲学――を指針として進路を決めていた。その視点から見れば、腐植理論は間違っておりハワードは見当はずれだった。堆肥造りは個々の農場やプランテーション所有者やその土地には意味があるかもしれないが、農家や園芸家を将来にわたる顧客として必要としている新興産業にとっては、合理的なビジネスモデルではなかった。一方ハワードは、複雑な生物学的問題に対して小手先だけの化学的解決法を売りつける企業を、遅れていると考えていた。

植物病理学者も、寄生虫が堆肥の中で生き延びて作物を壊滅させると恐怖を煽った。堆肥に頼った農場には害虫がはびこるだろうと主張した。なにしろ堆肥は腐りかけた植物と動物の糞便でできているのだから、問題と疫病のもとであることは間違いない。そんなこんなで、技術的進歩のあとを追いかけている世界に、ハワードの味方はほとんどいなかった。

敵が疑いと恐怖をばらまいているあいだも、ハワードは圃場試験を続けていた。ある実験の報告では、菌類の感染で壊滅した一・二ヘクタールのトマトを片づけて堆肥化した。あとで堆肥を同じ畑に戻すと、素晴らしい収穫が得られ、菌による立ち枯れはなかった。別の病気にかかった別の作物で行なった同様の実験で、病原体は堆肥化で死滅することが証明された。ハワードの考えでは、広く行きわたっている堆肥への恐れは、単純明白に事実無根だった。

ハワードが、実物大の畑で実際に起きた事例証拠に執着したことは、その見解を科学界に広めるためにならなかった。統計学的分析と小試験区での実験――農業研究の基本――をあからさまに軽蔑したことだ。

それでも、現代の有機農業・園芸運動の起源は、ハワードの研究から直接始まるものだ。堆肥を用いて熱帯の土壌に肥沃度を復活させる実験から、ハワードは化学肥料を、長期的な土壌の肥沃さや植物の健康と引きかえに短期的な能力を高める農業のステロイド剤として見るようになった。リービッヒによる農芸化学の強調は、化学者の目を曇らせたと、ハワードは考えた。新しい農芸化学の英知の致命的欠陥は、ハワードの見たところ、農芸化学を重視したことで、リービッヒとその信奉者は有機物の役割の大切さを見過ごしてしまったことにあった。有機物は微生物と菌類という触媒に栄養を与え、それらがかつての生物を新たな生命の基本成分へと再び循環させるのだ。

化学肥料を土壌肥沃度維持の基礎とする同僚たちの見方とは対照的に、ハワードは農芸化学的手法がやがては必ず失敗すると考えるようになった。

化学肥料によって徐々に土壌が汚染されつつあることは、農業と人類にふりかかった最大の災害の一つである(4)。

触媒としての微生物

化学肥料は植物の生体防御機構を弱めてしまうと、ハワードは推測した。手がかりは地面の下にあると確信し、菌根がかかわっているとにらんでいた。ハワードの考えでは、土壌肥沃度の維持が植物の健康と耐病性の真の基礎だった。現在、害虫、寄生虫、病原体など農業にとっての悩みの種が、爆発的に増えているのは、複雑な生命システムの衰弱が原因だ。土壌の肥沃さを永久に保つ秘訣を自分が見つけたと、ハワードは信じていた。植物性と動物性両方の廃棄物(作物の刈り株と畜糞)を使って、有益な土壌微生物の成長を促すことだ。土壌の手入れを適切に行なえば、農民は化学肥料と手を切ることができる。ハワードの結論は、農業用化学薬品の使用で次々と生まれる問題を伝統的な手法が解決するところを、生涯にわたり見続けてきたことでたどり着いたものだった。

長く忘れられていたものの、ハワードの考え全般は時の試練に耐えた。一九三七年に行なわれたアメリカの農地の現状評価では、耕作地総面積の約六〇パーセントで土壌肥沃度が完全に、あるいは部分的に低下していると判断された。化学肥料は、収穫量を押し上げるためというより、落ちていく土壌肥沃度を埋め合わせるために欠かせないものとなっていると、ハワードは考えた。化学肥料に熱中するあまり、農家は本来備わっている土壌の肥沃さを回復させる可能性を見過ごしていた。しかし肥沃度は有機物を農地に戻すことで保たれ、高めることさえできるのだ。劣化した土地を回復するより難しいのは、農学の支配者層の意識を変えることだと、ハワードは気づいた。

化学肥料を継続して施した作物の収量が低下すると、農民はよくハワードに話していた。作物が世代を重ねるうちに徐々に勢いを失い、やがて繁殖力がなくなってしまうと、彼らはこぼした。農学の権威筋は、影響力の大きな英国のロザムステッド試験場で数十年にわたって行なわれた圃場試験を示して、このような報告を一笑に付した。

早くも一八四三年に、アマチュア化学者のジョン・ベネット・ローズは、ロンドンの北のロザムステッドにある自分の地所で化学肥料の実験を始めていた。天然のリン酸塩が岩から溶け出す速度はきわめて遅く、農業用としての実用性はないことはわかっていたが、ローズは、リン鉱石を硫酸で処理すれば、植物がすぐに取り込める水溶性のリン酸塩ができることに気づいた。ローズはこの工程の特許を取って、初の商業ベースの肥料工場を設立した。その過リン酸肥料が収量に与える効果は絶大だったため、相当な利益が上がった。それを使ってローズは地所を作物栄養の大規模な実験場に変え、その中に農業慣行が収量に及ぼす影響を長期的に調べるための試験区を設置した。ローズの主な目的は、自家製堆肥の代わりに化学肥料を使って、コムギが継続的に栽培できるかどうかを試験することだった。

ハワードの時代には、農学者はロザムステッドの長期実験を権威のあるもの、農学研究のゆるぎない基準と考えていた。ロザムステッド見学の際、ハワードは、なぜ実験の公式報告書は作物の種子の供給源に言及していないのかと質問した。答えを聞いてハワードは驚いた。毎年コムギの種は新しい外部の供給源から持ち込まれていたのだ。どの収穫も手に入る最高の種子から育ったものであり、試験区で栽培された前の世代のコムギから採取されたものではなかった。

これが欠陥実験を生んだとハワードは考えた。毎年一〇月にコムギは種から生長を始める。化学肥料が収量維持に効果があるというこの研究の結論を、疑う者はほとんどいなかったが、毎年新しい種を持ち込んでいたのなら、長期的な作物の反応を本当に評価できていないとハワードは思った。実際の農家の経験にもとづいて、毎年の収穫から採取した種を翌シーズンにまけば、化学肥料使用の長期的な効果ははっきりするだろうとハワードは確信していた。彼の見解では、長期的な化学肥料をベースにした農業は、支持者が吹聴するほどしっかりと確立されていなかった。

あとでわかったことだが、一八四三年から一九七五年までロザムステッドで行なわれた実験は、一世紀以上にわたり自家製堆肥を施した試験区で土壌の窒素含有量が三倍になっていることを示した。対照的に、化学肥料を施した区画に加えられた窒素は、雨水に流されるか地下水にしみ出すかして、ほとんどすべて土壌から失われていた。結局ロザムステッド実験が示すのは、堆肥が土壌肥沃度を高めるのに対して、化学肥料はその場しのぎの一時的な代用品であるということだ。残念ながらこの結論は、ハワードの主張を援護するには出るのが遅すぎた。

だが、それでもハワードは有機堆肥の奨励をやめなかった。農家が土壌を劣化させると病虫害がはびこり、そして収穫にてこ入れするために化学製品の投入に頼るということを、ハワードは何度も見た。その表われとして、何世紀ものあいだ栽培されてきた作物の品種が、新しい品種に置き換えられていることにハワードは気づいた。長年栽培されてきた品種が、化学肥料の集中的使用で徐々に収量が低下していくからだ。農場という農場で、化学肥料を使い出してわずか二、三世代のうちに作物が病気で枯れていき、自分の不安が現実となるのをハワードは目のあたりにした。

「農業聖典」とアジアの小規模農業

必然的に、農家が生物学的な問題を解決するために化学的解決法に頼るのをハワードは見た。それはさらに多くの生物学的問題を生んだ。この悪循環の結果、さらなる化学的解決策の研究、開発、販売の需要と機会が拡大し、農薬は化学肥料の危険な従者となった。

西洋式農業は、生命の環から切り離されて、土壌を永久に消費し続けることはできないと、ハワードは考えていた。生命の環を完成させて、土地を回復することが農民には必要だった。ハワードはこのような考え方を還元の原則と呼んだ。高収量を維持する秘訣は、栄養を土に戻してやることだ。長期的に見た農業は、希少な生命の成分を再生するという自然の法則にもとづかなければならない。土壌肥沃度は土壌そのものの化学的組成だけでなく、土壌微生物の健康にも左右される。健康な生きている土は土壌肥沃度、植物の回復力、病気への耐性の鍵なのだ。

還元の原則を実現するためには、堆肥の製造が肝心だとハワードは考えた。第一段階で必要なのは、菌類を利用して植物性廃棄物を分解し、あとで細菌がそれを処理して腐植に変えられるようにすることだ。農民は、その場の気候条件で生産できるものは何を利用してもいい。英国では麦わらや生け垣の剪定《てい》くず、熱帯ではサトウキビの葉や綿花の茎というようにだ。動物性廃棄物——尿、糞、骨、血液——も、ウシのものであれ家禽のものであれ欠かせない。堆肥の水分が多すぎて嫌気状態になったり、微生物の活動が妨げられるほど水が不足したりしないように気を配ることも必要だ。条件が整えば、数ヵ月の微生物の活動で有機物は腐植になる。微生物の培養が鍵なのだ。

腐植製造の本質は、まず適正な原料に微生物を加え、次にそれらが活動するのに最適な条件を手助けすることにある[5]。

一九三〇年代半ばには、ハワードのインドール実験で洗練された方法は実を結ぼうとしていた。アジア、アフリカ、南アメリカのプランテーション経営者は、疲弊した土地を再生させた目覚ましい成功を報告していた。第二次世界大戦開戦直後の一九四〇年、ハワードは有機農業の宣言書『農業聖典』を著した。この本でハワードは、インドと中国の伝統的農業の研究からわかったことを述べ、堆肥化された畜糞で施肥した作物は、同じ土地で何百年も栽培しても産出高の低下が見られないと主張した。また、あらゆる病気は野生の動植物に見られるが、それが大規模に広まることはないことを強調した。

ハワードは、アジアでは作物の病虫害が驚くほど少ないことを、西欧の状況と対比した。西欧では化学肥料が導入されてから、農薬と収量の高い新品種の作物の需要が急激に伸びていた。アジアで使われている畜糞（と人糞）を堆肥化した自家製肥料が作物に耐病性を与えるのに対し、西欧の化学肥料依存は病虫害とのきりのない軍拡競争を引き起こすと考えられた。

『農業聖典』でハワードは、どのようにインカがペルーの山地に段々畑を、時には谷の斜面に五〇段もの高さに作ったかを説明した。インカの石工は、大きな石をエジプトの大ピラミッドのようにきっちりと組み合わせて擁壁を築いた。熟練の職人が段々の内側に粘土を塗ってから、山から運び込んだ土に有機廃棄物を定期的に加える。この努力で不毛の斜面は肥沃な段々畑になり、中には現在も耕作されているものがある。ペルー、中国、日本、インド、いずれの場合も生産性の高い農業を代々続けられる秘訣は、有機物を土地に戻すことにある。

ハワードは他にもアジアの農業の差別化要因に気づいていた。東洋の一般的な農場は規模が小さく、堆肥を畑に戻すのが容易だ。一九〇七年には、日本ではわずか三分の一エーカー（〇・一三ヘクタール）の耕地で一人を養っていた。一九三一年の国勢調査では、インドの農場の規模は平均して三エーカー（一・二ヘクタール）以下と報告されている。いずれの国もマメ科植物を広く輪作に取り入れている。西洋科学がマメ科植物の根粒に棲む微生物に窒素固定の役割があることを発見するはるか昔から、世界中の農民は経験からマメやクローバーが土を肥やすことや、有機物が肥沃度の維持に役立つことを知っていたのだ。

広い土地、単一栽培、農薬と化学肥料への依存という傾向を持つ西洋式農業は、いったいどうすれば小さなアジアの農場の教訓を生かすことができるのだろう。何しろ、ハワードでさえ化学肥料の魅力を認めていたのだから。それは自家製堆肥よりも大規模に使いやすい。そしてトラクターは出力という点で馬に勝っており、世話も餌も休憩も必要なく、燃料は当時格安だった。だがトラクターは畜糞を生み出さない。西欧の農場が東洋式の農業慣行を採用する道は険しいが、解答は工業規模の堆肥製造にあるとハワードは考えていた。すべては、土壌に栄養を与えれば農家は化学肥料を捨てることができるとい

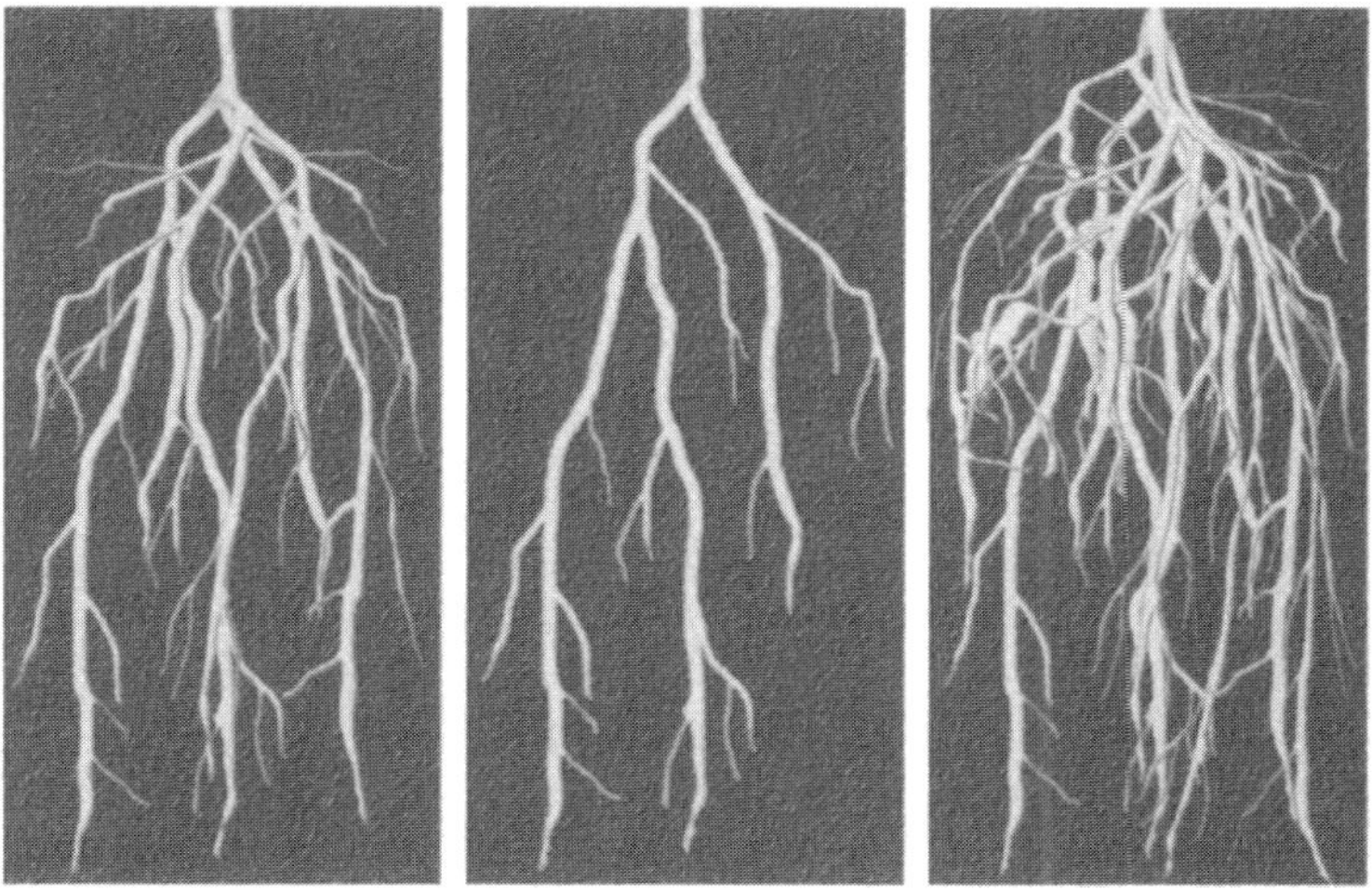

肥料なし　慣行農法　堆肥化された畜糞

根の健康

異なる肥料を与えて 100 日目のトマトの根

（写真提供：Woods End Laboratories, Mt. Vernon, Maine）

うハワードの論点へと立ち返った。

　堆肥がどうはたらくのか、ハワードは正確には知らなかったが、腐植が豊富な土壌の効果を、さまざまな条件下で何度も繰り返し見ていた。堆肥を控えめに使っただけで、たちまち作物の生長が目覚ましく向上するのだ。それは単なる有機物自体の分解ではないことにハワードは気づいた。土壌の肥沃度は、堆肥そのものが朽ちるよりも早く増加した。植物が堆肥に目覚ましい反応を示したのには、何か他の理由があるにちがいないと感じたハワードは、堆肥が菌根菌と植物の根との関係を刺激するのではないかと考えた。

　この発想は理にかなっていると思われた。何しろインドでの経験から、化学肥料を施したチャノキの根茎と腐植堆肥を施したものと比べると、驚くほど違うことがハワードにはわかっていた。正しく作られた堆肥を混ぜ込んだ畑では、根は数が多く健康だった。顕微鏡で調べると、菌類の根のような部分が微細に寄り合わさってできた菌根菌糸が集まっていた。一方、化学肥料を与えた畑の植物の根は発達が悪く、健康な根の特徴である細い絹糸のような根毛が少ない。

　一九三七年暮れから三八年初めにかけての茶農園視察で、ハワードは自身の見解がさらに裏付けられたと思った。セイロン島のプランテーションで茶の苗木を使って行なわれた実験では、二面の畑から元々あった腐植と表土を取り去り、下層土をむき出しにした。その後一方の畑には正しい作り方をした堆肥を一エーカーあたり二〇トン入れ、もう一方にはＮＰＫ（窒素、リン酸、カリウム）の標準的な肥料を入れた。九ヵ月後、堆肥を入れた畑のチャノキは高さ二五センチで、しっかりした主根が最大三〇センチの長さに伸びていた。枝もよく張って、健康な葉が茂り、根には菌糸体がからみついていた。化学肥料を与えた畑の木は一五センチしかなく、根は浅く、幹は一本で枝分かれせず、葉はまばらで白っぽかった。堆肥を与えた畑は化学肥料を与えた畑より、渇水によく耐えた。

これほど明白な違いがあったのは、菌根が植物と土壌が持つ栄養とのあいだに橋渡しをしたからだと、ハワードは考えた。肥沃度は単に土壌の化学成分のことを言うのではない。菌類、土壌生物、植物のあいだの生物学的相互作用もかかわっているのだ。

> 自然は、植物と肥沃な土壌を結びつけるために、そのメカニズムを担う命をもった重要な「部品」を与えてくれた……私たちは、ある土壌菌が作物の根と土中の腐植を直接に結びつけるという共生の顕著な実例を扱うことになりそうだ。[6]

土壌中の腐植が植物に直接影響するのではないことを、ハワードは理解した。微生物という仲介者の活動を通じてそれははたらくのだ。これはリービッヒが見落としていたことだ。

土壌の肥沃度についてのパラダイムシフト

またハワードは、化学肥料がさまざまな作物の病害の発生率を上げるメカニズムを、自分が発見したと信じていた。土壌中の生命の破壊、特に菌根と植物の関係の阻害が問題の中心にあるのだ。

化学肥料が導入されてから収穫物の質が落ちていることは、茶農園の所有者のあいだで広く知られていた。これは西インド諸島のサトウキビ農場でハワード自身が経験したこととそっくりだった。化学肥料が登場する前は、ラバとウシが作物の生産性を維持する役目を果たしていた。サトウキビの絞り殻は動物の寝わらになり、糞と混ぜて畑に戻される。安い化学肥料が使われるようになり、同時に廉価なガソリンで動くトラクターがやってくると、たちまち動物は農場経営の手段としては高価で時代遅れのものとなった。しかしサトウキビの収穫自体は別の収支決算に反応した。害虫と菌類による被害が増え、農薬と耐病性品種の需要増加の種をまいた。牛糞だけを使っていた大規模サトウキビ農園には病害が発生せず、新品種の需要もほとんどなかったことにハワードは触れている。インドの綿花農園も同様の傾向を示していた。

その数年前の一九三四年夏、ハワードはイギリスに戻っていた。自宅の庭に質の悪い実のなるリンゴの木があったが、ワタムシ、アブラムシ、毛虫に見るも無惨にびっしりとたかられていた。ハワードは土壌の中の腐植分を増やしてみることにした。三年のうちに害虫はいなくなった。リンゴの木は生まれ変わり、最高級の実をつけた。今回もハワードの結論はおのずと明らかだ。健康な生きた土は土壌肥沃度、植物の回復力、耐病性の要なのだ。

インドとイギリスで住んでいた場所の近くにある森でも、落ち葉、枝、倒れた枯れ木の幹が動物性廃棄物と混ざって、土壌中の微小な分解者のはたらきで腐植に分解されることにハワードは注目している。それからミミズが腐植を再加工、再分配する。このようにして、森は堆肥を自給している。このことから、これ以上ないほど劣化した土壌であっても、よくできた堆肥を施せば回復させる——そして維持する——ことができるとハワードは悟った。

ハワードはミミズを「庭師の無償の下働き」であり、同時に農業における炭坑のカナリアだと考えた。(7) ミミズの数が増えていれば、土が健康であるしるしだ。ミミズの減少は破滅の予兆だ。コネチカット農業試験場が、腐植にはミミズの糞が平均的な表土と比べて五〇パーセント多く含まれていることを報告した理由を、ハワードは説明している。ミミズの糞には、表土全体の五倍の窒素、七倍の水溶性リン酸塩、一一倍のカリウムが含まれていたのだ。ミミズは腸内で土を有機物と混ぜて新しく作りかえ、植物養分を含ませて土壌に戻していた。要するに、ミミズは小さな肥料工場として働き、来る日も来る日もせっせと畑を肥やしているのだ。よい土地ではミミズは少なくとも一エーカー当たり二五トンの栄養豊富な糞を作りだすと、ハワードは計算した。これを無料で毎年やってくれるのだ。そんなミミズたちを殺す化学物質を農地にまき散らすことに、何の意味があるのか。化学肥料に費用をかけず作物の生長を促すにはミミズの養殖をすることだと、ハワードは考えていた。ミミズに餌を与えれば、土に餌を与えることになるのだ。

化学肥料産業による土との戦争を押し戻すには、肥沃な土壌が農業と園芸のために役立つことを人々に見せればいいと、ハワードは素朴に信じていた。ハワードはイギリスを有機園芸家の国にすることを夢みていた。英語圏のいたるところに、放棄された土地が再生を待っていた。自分の主張の正しさを証明する手だてとして、放棄された農場の荒れた土壌に肥沃さを取り戻す以上のものはあるまい。問題は何をするかではなかった。腐植には農地を驚くほどの速さで回復させる力があるのだ。問題なのは十分な量の有機物をどこから持ってくるかだ。

イギリスでは毎年一三〇〇万トンの有機廃棄物がゴミ箱行きになっており、これを土に戻せばとてつもない可能性が生まれると、ハワードは指摘した。そのような取り組みを行なえば、社会は都市を取りまく農地の土壌肥沃度を高めることができる。植物性、動物性の廃棄物や人糞を畑に戻す、大規模な廃物回収キャンペーンをハワードは呼びかけた。有機物を土に戻すのは机上論などではない。農業の――つまり文明の――存続がかかっているのだ。下水は濾過、堆肥化によって「臭わない粉末」となり、都市の園芸愛好家や農家に配布され、土壌の回復のために使われることになるだろう。科学者も一般大衆も、当時の進歩の観念からはずれた空想的な勧告を受け入れる用意がなかった。

第二次大戦と化学肥料工場

第二次世界大戦中、イギリスの防衛規則は農家に対して、作物に化学肥料を与えることを強制した。農家を助けるために、政府は費用の一部を負担し、結果的に肥料産業の成長への補助金となった。もっともこの補助金は、収穫量の拡大を図るためだけのものではなかった。肥料工場はすぐに弾薬製造に転用できるし、その逆も可能なのだ。

こうした転用の種は第一次世界大戦終戦時にまかれた。連合軍はハーバーボッシュ法の戦略的価値に気づき、一九一九年のベルサイユ条約で、ドイツが窒素固定の秘密を明かすことを規定した。この結果は大西洋の対岸にも波及した。一九三三年、アメリカ議会はテネシー川流域開発公社に対して、安価に電力を供給するためのダムをテネシー川に建設する権限を与えた。何よりその電気は、軍需工場に転換できる肥料工場を動かすことになる。第二次世界大戦末期、ベルリン陥落間近には、こうしたダムが軍需工場に電力を供給していた。そして戦争が終わってしまうと、世界中の政府は、たちまち用済みとなった工場の新しい使い道を探した。肥料工場が条件にぴったりで、しかも即座に弾薬製造に戻す道を残していた。剣は鋤の刃へ打ち直され、軍需工場は土との戦争に新たな市場を見出した。

これまで以上に機械化・工業化された化学農業を目指す戦後の動きの中で、ハワードの慧眼は踏みつぶされた。待機中の軍需工場を維持するため、政府が積極的に化学肥料の使用を推進したあおりで、その研究は急速に存在感を失ってしまった。肥料会社の技術スタッフは、新しい農芸化学の福音を広める役割を果たし、農業省と、畑にどんどん化学肥料を施すように農家を駆り立てる農業試験場や大学の大合唱がそれを後押しした。収穫高は土壌肥沃度と――そして土地の状態と――無関係になっていった。

しかし今日の私たちは、ハワードが単なる口うるさい農業技術革新反対派ではないことを知っている。化学肥料、除草剤、殺虫剤への過剰な依存は、明らかに農業を病虫害に対して脆弱にしている。世代交代が早いので、全滅をまぬがれた害虫は繁殖を続け、野火の後の雑草のように復活する――その子孫は殺虫剤や除草剤に対してますます抵抗力を持つようになっている。そして多岐にわたる殺生物剤は、それまで害虫や病原体を抑制していた競争者や捕食者を、減らしたり全滅させたりすることもある。ハワードの考えでは、農薬と化学肥料はヘロインのように依存性が高い。初めはきわめて効果的だが、その効き目は急に低下し、望み通りの結果を得るために必要な量が増え続ける。

それでも、農家や園芸家にアドバイスする立場にある者の多くが、リービッヒの農芸化学主義に根ざした旧来の見方に疑問を抱くことはめったにない。その理由はまず深く考えるまでもない。彼らの多くは、殺虫剤や除草剤や化学肥料を販売する農業資材業者に協力したり雇われたりしているのだ。

敷地をきれいに刈り払ったすぐ後、アンはアイディアとインスピレーションを求めて、ノースウェスト・フラワー＆ガーデン・ショーへ行った。立ち寄った肥料メーカーのスコッツ社のブースでは、専門家を無料でわが家に派遣し、土を分析すると言われた。リービッヒの商売上の後継者は、私たちの土を調べて足りないものを売りたがっていた。ブースでは、彼らはわが家の芝生のために計画を立ててくれた――計画とは、毎月まく化学肥料と除草剤の量のことだ。新規契約特典として、最初の一ヵ月分は無料だった。芝生の世話でほかにどんなことができるか、アンは尋ねた。業者によれば、あまりないそうだ。

ハワードの志を引き継いでいる自覚もなく、私たちは業者の申し出を辞退した。有機物を土に返すという道を、すでに私たちは歩き出していたのだ。土壌に生命を回復させれば触媒効果があるというハワードの洞察を、自分たちで再発見したとき、私たちの経験はハワードの経験と一致していた。アンが庭の土に加えたあらゆる有機物は微生物の活動を活性化させ、それが植物の生長を助け、そこからさらに有機物が生産された。有機物と微生物が生み出し、驚くほど速く進行する正のフィードバックのおかげで、植物は生い茂った。

わずかのあいだに、地下に生命を呼び戻したことがきっかけとなって、地上にも生命があふれた。私たちはハワードが目にしたのと同じものを見た——土壌肥沃度が生物から、菌類、植物、その他の土壌生物のあらゆる相互作用から生まれることを。土壌の化学的組成ももちろん重要だが、植物が栄養をどのように取り入れるか、取り入れ可能かどうかも同じくらい重要だ。土壌生物の隠れた世界、目に見えず、長く知られていなかった世界は、肥沃な土壌を作り、保つための鍵なのだ。土壌生態学の近年の発展を検討すると、ハワードの考えがなぜ、どのように正しいのか、それによって説明できることがわかった。今日新しく現われた、土壌生態学を土壌肥沃度の基礎とする見方は、慣行農業の化学的な根拠を揺るがすだけではない。それは私たちの自然観を変えようとしているのだ。

第6章　地下の協力者の複雑なはたらき

自然に惹かれるというきわめて人間的な反応の一方で、私たちには腐敗に対する嫌悪感が組み込まれている。「有機物」と言うと非常に聞こえがいいが、実際には動植物の死骸で、見かけは気持ち悪いし匂いも悪い。しかし、有機物の能力を自分の目で見てしまうと、アンと私にはその土臭い匂いがとても芳しく思えた。

有機物は土壌の活力源であり、本来の地下経済の通貨だ。土が有機物に飢えていることは、なぜ有機物が非常に速く姿を消すかを一部説明しているが、どのようにして姿を消すかの説明にはなっていない。地上に突っ立ってこの謎を解き明かそうとしても無駄だ。動きは地下で起きている。そこ、つまり足の下では、微生物ともう少し大きな生物が、複雑で活発な社会を作っており、いずれもが二重の役割を果たしている——食う者と食われる者だ。

黒さを増していく土は、庭に運び込んだ有機物が、ただいずこへともなく消えていったのではないことを物語っていた。

それは錬金術師の手になるような変身を遂げていたのだ。毎年秋、アンは落ち葉を植床に積み上げた。翌年の春には、それはほぼ土と一体になりかけていた。

土中の犬といそがしい細菌

落ち葉（と木材チップとコーヒーかす）による庭のマルチは、まず歯や歯のような器官——噛みつぶし、刻み、切り、裂くもの——を持つ生物を引き寄せた。こうした生物は、骨や靴やテニスボールでいっぱいの部屋に放された犬の群れと同じようなことをする。

この犬のような土壌生物には、たいていの園芸家にとってなじみ深いもの、ハサミムシ、甲虫類、ミミズなどがいる。こうした生物から、有用な栄養が有機物から引きはがされるプロセスが始まり、最後に炭素、窒素、水素の単純な化合物程度が残る。ミミズは歯もないのに見事な働きをする。鳥のように、ミミズには口と胃のあいだに砂嚢があって、中には細かい岩のかけらが入っている。それでどろどろになった落ち葉やその他の有機物をすり潰して、粒子をどんどん小さくする。ミミズは一日に体重の一〇～三〇パーセントを吸い込み、有機物を混ぜ合わせて、できたものを土の中に放出する。ウシの胃の中のように、ミミズの体内では細菌が魔法のように働いて有機物と造岩鉱物を栄養分に分解し、宿主が吸収できるようにする。ミミズが利用しないものは土の中に排出される。

もっと小さなダニやトビムシ（一〇倍の拡大鏡で見ることができる）が行動に加わる。枯れ葉を葉脈以外すべてかじりとって、レースのような細工物を残しているのは、これらの生物だ。このような活動により有機物は顕微鏡サイズにまで切り刻まれ、水分と養分を含んだ糞粒と混ざって、菌類や細菌にとっての栄養たっぷりな餌となる。ミミズと違い、微生物には歯もあごも、細かい岩のかけらが入った砂嚢もない。微生物に口は必要ない。酸と酵素で有機物をしゃぶるのだ。

こういった小さな働き者たちは、ミツバチよりもいそがしく、ウシの第一胃で起きていることに似た仕事をしている。それは有機物を分解しているだけではない。植物が必要とする栄養、微量元素、有機酸の供給と分配という役割も果たしている。つまり、植物は有機物を直接吸収していなくても、有機物を養分として分解する土壌生物の代謝産物を吸収しているのだ。ハワードは、この変換の技の細かい部分を完全には把握しておらず、ユストゥス・フォン・リービッヒは、有機物は重要ではないという認識にほぼ生涯を通じて満足していた。しかしそうではないことを、現在のわれわれは知っている。土壌有機物は、土壌を肥沃に保ち植物に栄養を与える重労働を担っているのだ。

菌類と細菌は土壌生物集団の土台であり、地下世界の仲介者の中心だ。菌類は先頭を切って死んだものを生物の中に戻し、ある種のものは枯れ木を食べるように専門化していて、自然の経済活性化に特に重要な役割を果たす。菌類の持つ豊富な化学物質は、木材を構成するとてつもなく頑丈な炭素と水素に富む分子の長鎖を、時間をかけてばらばらにする。植物の木質部を分解するうえで、これほどふさわしいものは微生物界には他にほとんどいない。そして丸太にしろ小枝にしろ消化すれば、菌類は代謝産物を排出する。それは別の土壌生物を養い、それがまたさらに多くの土壌生物の餌となる。

農家は長いあいだ菌類を、植物の病気の媒介者として嫌ってきたが、それは実は植物の健康と生存にとって重要なものであり、昔からそうだった。しかし、ヒトに伝染病を引き起こす微生物のように、病原性の菌類ばかりが注目されている。役に立つ菌類がようやく評価されるようになったのは、近年になってのことだ。植物と菌類の共生関係には、どちらか片方だけでは生きられないほど強固なものもある。訓練したブタを使って掘り出す有名なフランスのトリュフは、ある特定の木にしか生えず、そのため栽培できない。さらに多くのこのような関係が地面から伸び、生物圏に広がっている。

菌類の多産さと粘り強さは、その菌糸の繊細さを考えると、驚くばかりだ。この地下に伸びるキノコの根のような部分はきわめて細く、数千本たばねてやっと糸の太さになるほどだ。アンは木材チップの山を、予定を二、三ヵ月過ぎても置きっぱなしにしていたことが何度もある。そしてようやくフォークを突っ込むと、クモの巣のようなものが集まったゴルフボール大の塊が出てきた。ただし塊はクモの巣ではなく、菌糸が絡みあったものだった。

科学者は菌類を微生物と考えているが、菌糸はどこまでも長く生長する。菌糸による森林のネットワークは地球上で最大の生命体で、数キロメートルにおよぶ網目を地下に張り巡らせる。ティースプーン一杯の肥沃な土壌には、八〇〇メートルもの菌糸が含まれることがある。

菌類は菌糸の生長点から、ホースの先から水が滴るようにして、木をぼろぼろにする有機酸を分泌する。この酸を浴びると、すでに細かい破片になっている落ち葉や木の分解がさらに促進されて、細菌が参加できるようになる。そして菌類と同じように、細菌は自前のさまざまな化学物質で、有機物をさらに分解する。土の中で菌類と細菌がやっている仕事をするためには、地上の世界なら、犬のあごか回転ノコギリの刃が必要だろう。このダイナミックなコンビは自然の清掃リサイクル業者だ。それがなければ私たちは動植物の死骸に首まで埋もれてしまう。

植物の世界では、相応の菌類と細菌が土壌にいるかぎり、岩さえも食物として利用できる。林床の石をひっくり返すと、裏側を探索菌糸が覆って、むき出しの岩から無機栄養素を吸収しているのを見ることがある。中には、植物は多量に必要とするが比較的まれな元素——たとえばリン——を探し出すのが特にうまい菌類もいる。

小さな仲介者の世界は、細菌と菌類の顕微鏡的領域と、目に見える土壌生物の世界とのあいだに存在する。仲介者の例にもれず、こうした生物は通路として機能し、互いを、または一次分解者（菌類や細菌）を捕食している。ペイズリー（勾玉）形をしたゾウリムシのような原生生物は、このような仲介者の一例だ。彼らは密生した繊毛を回転させて土の中を進み、細菌を狩ったり菌糸をかじったりする。アメーバも原生生物だ。これは細胞壁で保持された液体を集中させて、仮足と呼ばれる一時的な構造を作り、形を変えながら土壌粒子の表面やあいだにある水膜づたいに食物を探し、捕食者から逃げる。線虫は、ミミズに似た顕微鏡サイズの多様な生物の集団で、砂粒より小さく、細菌のほか原生生物も捕食している。微生物間のこうした重層的な捕食・被捕食の関係は、植物が利用できる窒素――植物の三大栄養素の一つ――の重要な源泉となることがわかっている。細菌の細胞は窒素を豊富に含み、ということはそれを食べた捕食性の原生生物や線虫の糞にも窒素がたくさん入っている。この微生物の堆肥は、土壌中で植物が利用できる窒素のかなりの部分に寄与することができる――細菌が食物源として手に入るかぎりは。

微生物は動植物の死骸を分解するとき、生命の構成要素を循環に戻す。その中には三大栄養素――窒素、カリウム、リン――のほかに、主要な栄養素すべてと、植物の健康に必要なさまざまな微量栄養素が含まれる。さらに、微生物は栄養素を必要とされるところ――植物の根――に運んでいる。

最近まで科学者は、土壌中の有機物はすべて枯れた植物質由来だと考えていた。温帯あるいは熱帯林を歩き回ると、この見方に合点がいく。文字通り何トンもの植物の部位――種、果実、樹皮、葉、小枝、大枝――が一面に落ちているのだ。だが、研究者が安定な炭素同位体（^{13}C）で細菌に標識して、一年ほど試験圃場に放置したところ、それが土壌有機物の量に驚くほどの寄与をしていることがわかった[1]。あとで土壌サンプルを採取すると、細菌の死骸が粘土、砂、シルトの粒子一つひとつに大量に積み重なっていることが明らかになった。それどころか、死んだ微生物は土壌有機物の最大八〇パーセントを占めているのだ。

これを知ってしまうと、朽ちた落ち葉の山を今までどおりには見られなくなるだろう。料理があふれんばかりに載った宴席の食卓に見えるかもしれない。晩餐会の客たちは土の中に棲み、食べたものを植物が使える栄養にもう一度戻す独特の能力を持っているのだ。土の中で生きるものはすべて、やがては他の生き物の餌になり、食べて、死んで、排泄するという終わりのないサイクルが、新しい生命が芽生える肥沃な土を作る。

土壌生物は有機物の炭素をおよそ半分だけ消化、呼吸し、残りを腐植の名で知られる色が濃く耐腐朽性のある炭素化合物として残す。成長を続ける私たちの庭では、たった二、三年で無機質土壌と地表の朽ちかけた有機物のあいだに、薄い腐植の層ができ始めた。菌類はせっせと腐植の分解を続け、落ち葉や木にわずかに含まれる蠟や樹脂のようなもっとも分解しにくい有機物から、養分を最後の一滴まで絞りつくす。腐植自体は処理と変質が進んで、元の有機物の面影はほとんどなくなる。その化学的組成は一定せずわかりにくいものの、腐植は豊かで肥沃な土壌の目印であるということでは、科学者は一致している。

植物の世界は、人類が登場するはるか昔から自給していた。植物は不要になった部位を地上に落とし、あるいはそれが枯れた根であれば地中に残す。飢えた土壌生物はこの有機物の恵みを食べ、その過程で死を、植物が必要としながら光合成では得られない元素や化合物に変える。これは壮大な規模の共生だ。自然の隠れた半分は地球の皮膚に働きかけて、土から植物、動物まで広がる生命の絨毯を織りなしている。そして動植物が死ぬと、それは微生物界の繁栄の礎となる。陰陽で言えば地下の土壌の生命は陰であり、対して地上の生命は陽だ。

太古のルーツ

私たちの庭が生い茂り、変わっていった様子は、地球上の生命の進化を反映していた。自然は、土から出発して地上の世界へとみずから成長した。近年の地質学と土壌生態学上の発見により、土壌生態系は地上のものよりはるかに古く、あらゆる点で同じくらい多様で複雑だということが明らかにされている。

微生物は、少なくとも六億年前に海から上陸し、乾いた土地に定住した最初の生命だった。しかし残っている直接証拠はほとんどない。オルドビス紀（四億八五〇〇万年～四億四四〇〇万年前）にさかのぼる初期の土壌生物の痕跡は、色のついたしみ（斑紋）で、これは細菌が有機物を変化させたことを示す。乾燥に耐えるように適応し、陸地に定住した最初の生命体には、細菌マット、藻類、菌類、地衣類がある。そのあとに続いたのが棒のような、根も葉も持たない湿地の植物で、よどんだ水の中でしか繁殖できなかった。

維管束植物はシルル紀（四億四四〇〇万年～四億一九〇〇万年前）に進化した。その結果、朽ちた有機物が供給され、最初期の陸生動物の餌となった。動物はほとんどが、外骨格と節のある身体と関節のある脚を持った節足動物だった。腐った植物を餌にするデトリタス食動物か、菌類や微生物を餌にする微生物食動物かのいずれかだ。肉食のクモ形類動物やムカデ、ヤスデのような節足動物の化石は、太古の土壌食物網を物語る。光合成植物を基礎として、死んだ植物を再循環させる分解者、微生物やデトリタス食動物を食べる動物で構成されていたのだ。節足動物は非常に長きにわたって繁栄をきわめてきた。今日、その現代の近縁種——その中には昆虫類、クモ形類、甲殻類などがいる——は、わかっている現生の動物種の八〇パーセント以上を占める。

節足動物は植物と共に多様化し、デボン紀（四億一九〇〇万年〜三億五九〇〇万年前）には陸生動物のほとんどすべてを占めていた。土壌生物は主に捕食しあうか、死んで腐った植物を食べていた。デボン紀初期の植物群集は、きわめて単純で、単一の階層しかなく高さ一八〇センチに満たない均一な植生だった。そして奇怪な夢のように、高さ六メートルを超える巨大なキノコが、腐った植物質と細菌の被覆の上にそびえたっていた。植物と動物の主な相互作用は、デトリタス食を通じた間接的なものだった。

デトリタス食動物は土壌の発達に寄与し、栄養分を植物群集に戻した。発達して肥沃さを増した土壌は、より大規模な植物群集を支えた。すると日陰ができ、水を効率よく保持できるようになり、乾燥の危険性が低くなった。その見返りとして、よく茂った植生は土壌生物に隠れ場と餌を提供した。この基本的な共生関係はその後永く続くこととなった。

草食昆虫が石炭紀（三億五九〇〇万年〜二億九九〇〇万年前）に登場すると、動物の食物網は一新された。動物が、枯れたり枯れかけたりした植物ではなく生きているものを食べるようになると、二つの生命の領域が分かれ始めた——地上の世界と地下の世界に。

その後、植物はシダ、針葉樹（裸子植物）、花の咲く植物（被子植物）と進化したが、海から生命が出現してすぐにできた様式が、陸上生態系の基礎として定着した。食物網の頂点となる動物は、大量絶滅によって何度か入れ替わったものの、地上と地下の基本的な共生関係は保たれた。今にいたるまで、これら自然の半分ずつは、土壌生物が植物と土壌自体に及ぼす影響を通じて緊密に結びついている。

この進化の道のりを通して、植物は草食動物と病原体の一歩先を行くために、新しい構造的および生化学的防衛機能を絶えず作りだした。この生態学的競争で、植物を餌とする昆虫の、さらにのちには哺乳類の進化が続いて起きた。植物が地上で新しい敵と出会うたびに編みだした戦略——ひりひりする化学物質、とげ、丈夫な被膜など――は、たしかに大したものだが、植物と土壌生物のあいだにはたらく適応と選択の力を考えてみよう。果実や花や葉とは違い、根は初期のころからすべての植物が必ず持っている部位だ。地下の敵の一歩先を行く競争は、途方もなく長く続いている――陸生生物が登場したとき、五億年前から。

植物の根と土壌生物との特殊化した大昔からの関係を、私たちは理解しはじめたばかりだ。長い時を経て、土壌微生物と植物は、花粉媒介昆虫と顕花植物の関係と同じくらい洗練された関係を結んでいる。土の中で何が起こっているか観察するのは難しいので、地質学的時間という金床の上で鍛えられた地下の関係についてはまだわかっていないことが多い。ある推定では、土壌に棲む生物の一〇分の一についてしか、私たちはまだ知らないという。ごく最近まで土壌生態学の分野は、肉眼で見える星だけを観測していた古代の天文学のようなものだった。

根圏と微生物

二〇世紀の初頭、また一人ドイツ人科学者が、植物研究の世界に名を響かせた。農学者で植物病理学者のローレンツ・ヒルトナーは、植物の抵抗力に関するいくつかの重要な――だが長く無視されていた――発見をした。一九〇二年、ヒルトナーはミュンヘンに創設されたバイエルン農業植物研究所（ドイツ南東部の農業支援を主な目的としていた）の初代所長に就任した。ハワードのように、ヒルトナーは圃場試験を根気強く行ない、微生物個体群が植物の健康に及ぼす影響を明らかにした。ヒルトナーは、自分の研究が一般の人々にも役に立ち、利用できると強く感じて、園芸家や農家（つまり当時のバイエルン住民ほとんど全員）向けに冊子を書いて配布することまでした。

微生物が植物の健康に有益であるかもしれないという型破りな発想を試験する中で、ヒルトナーは植物の生長を促進する微生物改良材を開発し、植物栄養に微生物が与える影響の研究の草分けとなった。その鉢植えの植物による実験は、土壌中の有用な細菌の個体数を増やせば植物の健康の衰えを食い止め、逆転すらできることを示した。不運なことに、第一次世界大戦と続く戦後の混乱期のせいで研究は頓挫した。

それでもヒルトナーの研究は、植物の健康の鍵が——少なくともその一部が——土の中に広く棲む微生物にあることを認めさせた。すべての土壌には有害な植物の病原体が含まれているのに、すべての植物が病気にやられるわけではないことに、ハワードと同様ヒルトナーも気づいていた。今日なお受け入れられているその一般概念は、非病原性の微生物の密度が高い土壌は、土壌生物の密度が低いものと比べて、植物の生長や健康に有利に働くというものだ。そうした生物の多い土壌が「発病抑止」土壌と呼ばれるほど、この効果は強く普遍的だ。

科学者は今では、経験的にも実験的にもヒルトナーの結論を認めている。何度も追試された古典的な実験に、植物を二種類の土壌で栽培するというものがある。一方の土は消毒して微生物をすべて殺し、もう一方は消毒せずにおく。それから既知の病原体をそれぞれの型の土に入れる。消毒した土で栽培した植物は病原体にやられ、消毒しなかったほうの植物は健康に育つ。発病抑止が微生物の活動によるものであることは、別の方法でさらにくわしく実証されている。土壌を消毒すると発病抑止力が破壊され、反対に消毒した土に、体積にして一〇分の一からわずか一〇〇〇分の一の微生物が豊富な土を混ぜると、発病抑止力が与えられる。

ヒルトナーが直感的に理解したように、発病抑止土壌のもとになるメカニズムは、微生物群集と関係している。微生物と植物の関係が、害虫と病原体が支配する一方的なものではないことを、現代科学は立証しつつある。有益な微生物が土壌中の根の近くにいるとき、それは植物にメッセージを送って、全身誘導抵抗性という免疫のような反応を引き起こすことがわかっている。ヒルトナーにとって依然謎だったのは、非病原体が使う言語と、それを植物がどうやって「聞く」かだった。

今日の私たちは、微生物の言葉が、それぞれの微生物のゲノムによって暗号化された多様なタンパク質、ホルモン、その他の化合物であることを知っている。植物は根を「耳」として使い、土壌生物の声を聞く。この双方向コミュニケーションの結果、植物が害虫や病原体を避けるために利用している代謝経路が刺激される。このように生命に満ちた土壌の植物は、攻撃をはねのける準備をしているので、攻撃に備えていないものに比べてはるかにうまくやっていけるのだ。

すべての植物にはマイクロバイオーム、つまり根、葉、芽、果実、種子を覆う微生物の宇宙に似た集合体がある。植物はそれぞれ、唯一無二の微生物群を住まわせている。それでは動物にマイクロバイオームはあるのだろうか？　ある。それどころか、微生物以外のすべての生物が蒸発したとしたら、あらゆる動植物の体の内外を写した、微生物が作る影のような像が見られるだろう。

ヒルトナーが植物科学に果たした主な貢献は、微生物、特に細菌と植物の根との関係を中心としている。土壌微生物は根のまわりで数が多いことにヒルトナーは気づき、この非常ににぎわっている範囲に、根圏という特別な名前をつけた。根圏はクモの糸ほどの植物の根毛一本一本を、生きている後光のように取りまいている。根毛は一本の根から数百万本生え、それにより表面積が増えて、植物と土壌微生物の相互作用が大幅に活性化される。根圏は植物のマイクロバイオームが、多様性と数においてもっとも豊富になる部分だ。

当時ヒルトナーは知らなかったが、根圏に集まる微生物の数は、最大で周囲の土壌の一〇〇倍になる。根圏には、植物の根から放出される化学物質の作用を受けた微生物の個体群がいて、微生物群集の特定の組成が、今度は植物の耐病性に影響するのだとヒルトナーは正確に仮説を立てた。以来科学者は、きわめて専門化した独特の微生物群集が根圏にはたしかに棲んでいることを発見している。間違いなくそれは、私たちの庭にあるどの植物の根圏にも棲息しているのだ。そして、植物は微生物を根に集めるのに、われわれの知るもっとも古い策を使っている——無料の食べ物だ。

食べ物の力

土壌の炭素の量は微生物の数に大きく左右される。植物は炭素を、炭水化物の豊富な滲出液の形で根圏に流し込み、ほとんど尽きることのない食欲を持つ有益微生物に餌を与える。微生物にとっては、まるで誰かが作物を育てて収穫し料理を作って運ぶところまで、すっかりお膳立てをしてくれるようなものだ。それは植物には、いともたやすいことだ。何しろ大気から直接炭素を取り入れて、光合成で炭水化物を一から作れるのだから。地下経済のために紙幣を印刷するようなものだ。

滲出液に含まれるのは炭水化物だけではない。そこにはあらゆる栄養が混ざっている。根圏の微生物は滲出液に含まれるアミノ酸、ビタミン、フィトケミカルをもごちそうになる。人間もフィトケミカルを食べている。植物には特有の色や味をつける分子がある。たとえばナスの皮の紫色や、芽キャベツなどアブラナ科植物のぴりっとした風味のように。もっともよく研究されている植物の一つ、タバコは、二五〇〇種を超えるフィトケミカルを作りだす。

土の中の後光
植物は土の中に栄養豊富な滲出液を分泌し、有益な微生物を根に引き寄せる。

植物が根から滲出液を放出すると、細菌や菌類が根圏に群がる。地下の食堂のメニューは滲出液だけにとどまらない。根は成長につれて粘液を放出し、死んだ細胞を落とす。根圏の微生物にとって、これらもやはりすぐ食べられる炭水化物だ。

初めのうち科学者は、滲出液は根から消極的に漏れだしてくるのだと考えていた。ところが根の表面の細胞をさらにくわしく調べると、ほかの細胞より多くのミトコンドリア、細胞内膜構造、小胞が詰まった、いわゆる境界細胞が見つかった。こうした余剰の細胞器官は、境界細胞が滲出液を作り、根から根圏へ押し出すのを助けていることがわかった。言い換えれば、根の細胞は資源をだらだらと垂れ流しているわけではないのだ。生き残るために必要なものを手に入れる上で、植物も動物と同様それなりに抜け目なく戦略的なのだ。

植物が栄養豊富な滲出液を土壌に放出していることを発見して、土壌科学者は驚嘆した。ある調査では、植物が光合成した炭水化物の三〇から四〇パーセントを、根滲出液が占めることがわかったのだ！それはまるで、農家が収穫の三分の一ほどを畑の端に置いて、道行く人に持っていかせるようなものだ。なぜ植物はこんなに気前がいいのだろう？

気前がいいわけではない。植物は自分では作れないもの、できないことと滲出液を交換しているのだ。腹を減らした微生物が頼りにする炭素固定は、決してただではないのだ。

微生物を糖などの物質でおびき寄せるというと、無駄なように聞こえるかもしれないが、それは植物界の防衛戦略の中心だ。植物は逃げ隠れできないが、剣（とげ）や盾（葉を覆う蠟質のクチクラ）のような別の防衛戦略を持っている。勧誘された微生物は地下で仕事に就き、盟友である植物を守る衛兵の役目を務める。植物の根系を、微生物の盗賊と侵略者が棲む地下景観の城だと考えてみよう。植物が木の葉の手で蛇口を開くと、滲出液が城壁をしたたり落ち始め、根圏へとしみ出す。このように植物は炭水化物（と、その他の物質）を使う。敵となる微生物を追い払い、食い止め、滅ぼす微生物のボディガードを呼び寄せて群集を形成するために、植物が作れるのはこれだけだ。

植物は、病原体に殺されるのをのんびり待っているような、無防備でひ弱な被害者などでは決してない。少なくとも、根圏に植物にとって有益あるいは無害な生物がたくさん棲んでいれば。その場合、病原体には、堀のような根圏を渡って植物の城壁を突破できる可能性がほとんどない。

温度、湿度、ｐＨのような要素は、植物が利用できる栄養の種類を左右する——そして滲出液は、ある植物の根圏に最終的に集落を作る微生物を決める役目を果たす。根圏の研究により、同じ土壌に生える植物のあいだで、ついている微生物種に相当な違いがあるのは、植物が排出する根滲出液の特定の成分が原因だということが明らかになった。言い換えれば、植物には特定の微生物を引き寄せる力があるのだ。

滲出液に誘引された非病原性細菌が、病原性の土壌菌類や細菌を抑制する方法にはいくつかある。非病原性の細菌と、ある種の菌類は、たいてい滲出液をただちに消費してしまい、病原体には与えない。また有益微生物は根の表面に集まり、根を覆う生きた保護被膜となって、病原体を根圏から締め出す。

有益微生物が病原体を根圏に寄せつけないようにするもう一つのメカニズムが、いくつかの研究で特定されている。有象無象の細菌が植物の根に忍び寄り、飛び移ることができないというだけではない。共生菌と病原菌のゲノムの違いが、根の表面にうまく集落を作れるか作れないかの違いとなるのだ。別の研究では、ある条件の下では病原体として、別の条件下では植物に協力する共生菌としてふるまう微生物がいることが明らかになった。遺伝子分析で病原体らしいものと共生菌らしいものを区別することはできるだろうが、微生物群集の力関係は複雑で、生物学的および非生物学的条件に影響を受ける。地上の生物群集と同じように、ある種の生態学的な役割と重要性は付き合う仲間で決まることがあるのだ。

植物と根圏微生物の多彩な相互作用

根圏の微生物は植物のマイクロバイオームでも特ににぎやかな部分だ。さまざまな微生物種が独自の好みを持ち、すべて取り込む根滲出液をえり好みする。そして滲出液を改変しもする。それはもちろん、自分自身のためだが、時には植物の利益になるようにすることもある。たとえば、アミノ酸の分泌液であるトリプトファンは、根圏の細菌に捕らえられると、まったく新しく生まれ変わる。面白いことに、細菌はトリプトファンを植物成長ホルモン（インドール酢酸）に変えることができる。これによって、根は長く伸び、支根が生え、根毛の密度が高くなり、植物全体の健康が増進される。このように、地下のバイキング・レストランで食べられるものに応じて違った客が顔を見せることを利用して、植物は微生物の嗜好を自分に都合よく使っているのだ。

植物と根圏の微生物のあいだには多彩な相互作用があるので、作付けされた畑と裸の土地とで、根圏の群集の構成に際だった違いがあることを科学者が見つけたのは意外ではない。たとえば、エンドウやオート麦の根圏には、コムギの根圏や何も植わっていない土に比べて最大で五倍の土壌生物が棲んでいる。またエンドウの根圏には特に菌類が豊富であることが多い。

植物が根滲出液の中に放出するフィトケミカルは、もう一つの植物の防衛戦略だ。こうした化学物質は地上・地下の脅威に幅広く対抗する。人間はフィトケミカルから、独特の風味と健康効果を受けるが、植物は自分のためにそれを作っているのであって、人間のためではない。フィトケミカルの中には根滲出液の中に普通に見られ、細菌の遺伝子の発現を刺激したり妨げたりして、有益な細菌を根に引き寄せ、根につく病原体を防ぐものがある。ある種の植物では、発芽したばかりの苗が硫黄を含むフィトケミカルを出して、菌根や細菌の成長を促す。フィトケミカルが交通整理の役割をして、特定の細菌や菌類を根圏に招き入れる場合もある。植物は、近づいてくる微生物に「進入禁止」のメッセージを送るフィトケミカルを放出することもできる。厄介な微生物が警告を無視すれば、もっと強い下がれという信号を発する。それでも無視されたら、侵入口をふさぐために矢継ぎ早の化学防御が開始される。

植物は抗菌物質を作って病原体を殺したり弱らせたりすることもできる。たとえばトウモロコシは、根のすぐまわりに多くの土壌微生物を抑制できる量の抗菌物質ベンゾキサジノイドを放出する。時には根圏の有益細菌が、病原性の菌類を食い止めるのに役立つ代謝産物を生産することもある。根圏細菌の主要な三グループ——放線菌、フィルミクテス、バクテロイデス——の中で、放線菌は特に病原性の細菌、菌類、ウイルスを阻害するさまざまな物質を生産する。

上から来る厄介ごとを避けるために、植物が根圏に棲む細菌の力を借りるという興味深い例もある。葉の病原体が攻撃してきたとき、植物はそれを感知し、化学物質による長距離通信を根の細胞に送る。すると今度は根の細胞が滲出液を放出し始める。たとえばリンゴ酸というきわめて特殊な滲出液が、犬を呼ぶ羊飼いのように作用する。枯草菌が駆け寄ってきて、数時間で根にぎっしりと集落を作り、さらに植物と化学コミュニケーションが始まる。細菌と植物の対話を引き金に、植物は葉の病原体に対抗する浸透性の防御物質を生産して循環させる。さらに驚くことに、枯草菌は植物に働きかけて、病原体が葉の内部への侵入路とする葉の表面の小さな開口部（気孔）を閉じさせる。

微生物は、植物の自己防衛を巧妙なやり方で助けているが、もう一つの、同じくらい印象的な役割を植物の健康に果たしている。しかし、この研ぎ澄まされた技に踏みだすのは、特別な植物だけだ。マメ科植物は、フラボノイドというフィトケミカルを作りだして、窒素固定細菌を誘引する。ヒルトナーは、フラボノイド自体は知らなかったが、ある種の細菌が窒素を植物が利用できるようにしていることに気づいていた。

もっともよく知られる窒素固定細菌の一つに、リゾビウム属がある。この細菌は、根粒菌とも呼ばれ、植物が根滲出液の中にフラボノイドを放出すると、根圏へと入ってくる。根粒菌はつき合う植物のえり好みが激しい。植物が適切な化学的メッセージを送ったときだけ、この細菌は植物への贈り物──「ノッド因子」(nodule-forming factor 根粒形成因子の略)と呼ばれる特殊な分子──で応える。ノッド因子は身分証明書のような働きをし、その細菌が間違いなく根粒菌であることを植物に保証する。植物が歓迎しさえすれば、誘引された細菌は根毛に取りついて、プロセスを続ける。ノッド因子の流れはすぐに根毛細胞を操って、それを細菌のまわりに丸めて膨らませる。小屋のようなこぶの中に無事に収まった細菌は、宿主のために窒素を固定する家畜の群れとなる。見返りとして、植物は新しいパートナーに食物を絶え間なく供給する。より多く窒素が必要なら、植物はしかるべきフラボノイドを分泌して、さらに多くの細菌を勧誘する。やがて、根粒菌のコロニー全体が、土壌というむき出しの辺境から安全な根の中へと引っ越してくる。窒素固定細菌が棲む根粒は、植物にとって不可欠な部分であり、付属器と考えられている。

フィトケミカルによる招待とノッド因子の返答は、植物が有益細菌を求め、栄養の入手や病原体の撃退に利用するための数ある手段の一つに過ぎない。根粒に棲む細菌のほかにも、何と植物の内部に棲み、エンドファイト(内生菌)と呼ばれている種(エンドは「内側」、ファイトは「植物」の意味)がある。

樹冠から根まで、このような細菌が植物の細胞のあいだに収まって、植物の生長を促進したり病虫害への耐性を向上させたりする物質を放出しているのだ。このような関係は植物にはありふれたものだが、解明が進んでいる事例は数少ない。

窒素の必要を満たすために細菌に頼る植物は、マメ科植物だけではない。ハンノキ、ポプラ、ヤナギは根粒菌を勧誘して、植物が生えない川の砂洲のような窒素に乏しい土地に群落を作るのを手伝わせる。やがてこうした最初に群落を作った植物が落とした葉が十分に積もって土壌ができ始め、他の植物が定着して成長できるようになる。窒素固定細菌は、コーヒー、トウモロコシ、サトウキビのような重要な作物の組織内や根圏でも棲息しているのが見つかっている。

窒素固定細菌が供給する植物が利用可能な窒素の量は相当なものであり、土壌の条件にもよるが、年間一エーカー（訳註：約〇・四ヘクタール）あたり九〇キログラムに達する。これはコムギやトウモロコシに使われる化学肥料（通常エーカーあたり四五〜九〇キロの範囲内に収まる）を十分埋めあわせるものだ。サトウキビの茎の中で繁殖するアゾトバクター・ジアアゾトロフィカスは、エーカーあたり最大六八キロを固定し、やはり十分化学肥料の代わりになる。工業的に生産される窒素肥料が発明されるまで、植物内のほとんどすべての窒素は、大気中の窒素を植物が利用できる形に変える細菌に由来するものだった。そして植物に取り込まれてしまうと、細菌によって得た窒素は植物から土壌へ、そして動物へとくり返し循環したのだ。

菌類を呼ぶ——植物と菌類のコミュニケーション

有益な細菌がいるように、有益な菌類もいる。それどころか、一般に土壌の発病抑止に寄与する主要な要素の一つが、菌類の多様性なのだ。そして菌類と植物の共生は、窒素固定細菌とマメ科植物とのものよりはるかに古く、広く行きわたっている。そうした協力の太古の起源は、菌根共生が約八〇パーセントの花の咲く植物と、すべての裸子植物（針葉樹のような花が咲かない植物）で起きることで知られる理由を説明している。

菌根菌と植物との化学信号のやりとりは、窒素固定細菌のものに比べてよくわかっていないが、似たような相互作用を伴っている。菌糸にもミック因子というノッド因子に相当するものがある。植物と菌根菌とのコミュニケーションは、ほんの二、三〇年前に大半の科学者が想像していたものよりはるかに複雑だ。このような化学信号の発信は相当前から推測されていたが、原因となる化学物質は、ようやく記録されたばかりだ。

菌根菌と植物の根との共生結合を成立させる第一歩は、根のような菌糸が枝分かれを始め、宿主の根と接触することだ。分枝を開始するために植物はフラボノイドを放出する。菌根菌は植物という城の細胞のあいだにある中庭のようなスペースに入ることを許されるが、それ以上は入れない。このレベルの接触でも、菌類と植物のあいだに生きている橋をかけるには十分だ。これに勝る配送システムはない。郵便配達が小包を家の中まで運んできて、中身を置いて欲しいところに並べてくれるようなものだ。そしてフィトケミカルやその他の防御化合物を作るために必要なミネラルや分子がすぐ手に入る植物は、病原体に対して優位に立つ。

菌糸の網目の反対側には、共生菌根が極細の菌糸を土の中に伸ばしている。根毛の延長として機能する菌根菌糸は、根系の有効表面積を一〇倍にも増やし、それがなければ小さくて入れない土壌の小穴や割れ目にも入れるようにする。菌根は植物が土壌からより多くの栄養と水をしぼり取れるように手助けをする――根の単位長さあたりでリン（および他の栄養）の吸収量は二倍から三倍になる。見返りに、植物は菌類に炭水化物を出前する。

菌根菌は植物の栄養摂取を直接助けるだけではない。土壌の質の向上にも役立っているのだ。菌糸の網目は土壌が侵食されにくくし、大幅に水が浸透しやすくする。このような土壌へのプラスの効果は、植物の生産力と渇水時の回復力を向上させる。

菌根菌が土壌構造と栄養獲得に及ぼす影響は、ハワードが探したが見つけられなかったメカニズムの一つだ。そのような物理的接続が存在することや、植物と菌根菌が栄養を交換していることを知っても、きっとハワードは驚かないだろう。このほとんど探究されたことのない地質学と生物学の交差点は、地下の世界と日の当たる世界とが出会うところだ。ここで自然の商品――植物が作る炭水化物と菌類が手に入れた無機栄養素――が交換され、地下経済が形作られるのだ。

今日の科学者の目から明らかなのは、根が有機化合物を分泌も吸収もするので、根圏での炭素と窒素の流れはきわめて複雑で双方向的であるということだ。根はイオン、酵素、粘液、多様な有機化合物を発散する。意外なことに、植物の根は有機酸、糖質、アミノ酸を取り込みもするのだ。根からの炭素の吸収が植物の炭素収支に果たす役割は小さいが、ある種の植物の根は土壌から吸い上げた炭素化合物を有機酸に変えて、再び土壌に放出し、有機酸は根圏で植物のリン吸収を向上させる。さらに、共生細菌の中には滲出液を取り入れて代謝産物を作りだすものもいる。それが今度は根圏から鉄とリンをキレート化して、これらの元素を植物が利用できるようにする。

要するに植物と土壌生物――特に細菌と菌根菌――の相互作用は、以前に想像されていた以上に複雑だということだ。植物は能動的に栄養を根圏へ広げ、植物が病原体から身を守るのを助けたり主要な栄養素を根に導いたりする、特定の微生物に餌を与える。それだけでなく、植物のマイクロバイオーム全体が、宿主のためにまるで生態学的な薬局であるかのように機能し、生命の通貨が循環し続けるのを助ける。この植物と土壌生物のつながりへの理解が深まるのは、ニュートン力学から量子物理学への思考の進化に似ている。前者は五感で知覚できるものごとに基づいて、現実を極度に単純化したものであり、後者は、現実の根底にあって自然の本当の働きを説明する複雑な流動性にかかわる、もっと深い話なのだ。

沈黙のパートナー——土壌生態学が解明する地下の共生・共進化

土壌科学分野での相次ぐ発見により、植物の健康について新しい見方が現われ、自然についての——そして農業についての——私たちの考え方も変わっている。何世紀にもわたり、園芸家や農家は、足元で何が起きているのか完全にはわかっていないにもかかわらず、堆肥、畜糞、その他の有機栄養源を使って健康な植物を育て、収穫量を増やし、土壌肥沃度を補充していた。そしてリービッヒのような時代を代表する科学者は、土壌生物が、特定の土壌の化学成分と呼応して働き、土壌の肥沃さに大きく貢献していることを見落としていた。

土に化学肥料を加えても、それが植物の中に入るという保証はない。栄養素を植物が利用できる形に変換する微生物の力がなければ、大事な元素は、港の外で動かなくなった貨物船のように、植物の根の外に無駄に置かれたままだ。土壌微生物と植物とのあいだのきわめて緊密な関係は次々と明らかになっており、土壌肥沃度の見方を根本から書き換えている。植物の栄養と健康はたしかに化学物質を基礎としているが、土壌肥沃度を複雑な生態系とするハワードの見方は、今となっては予言のように思われる。

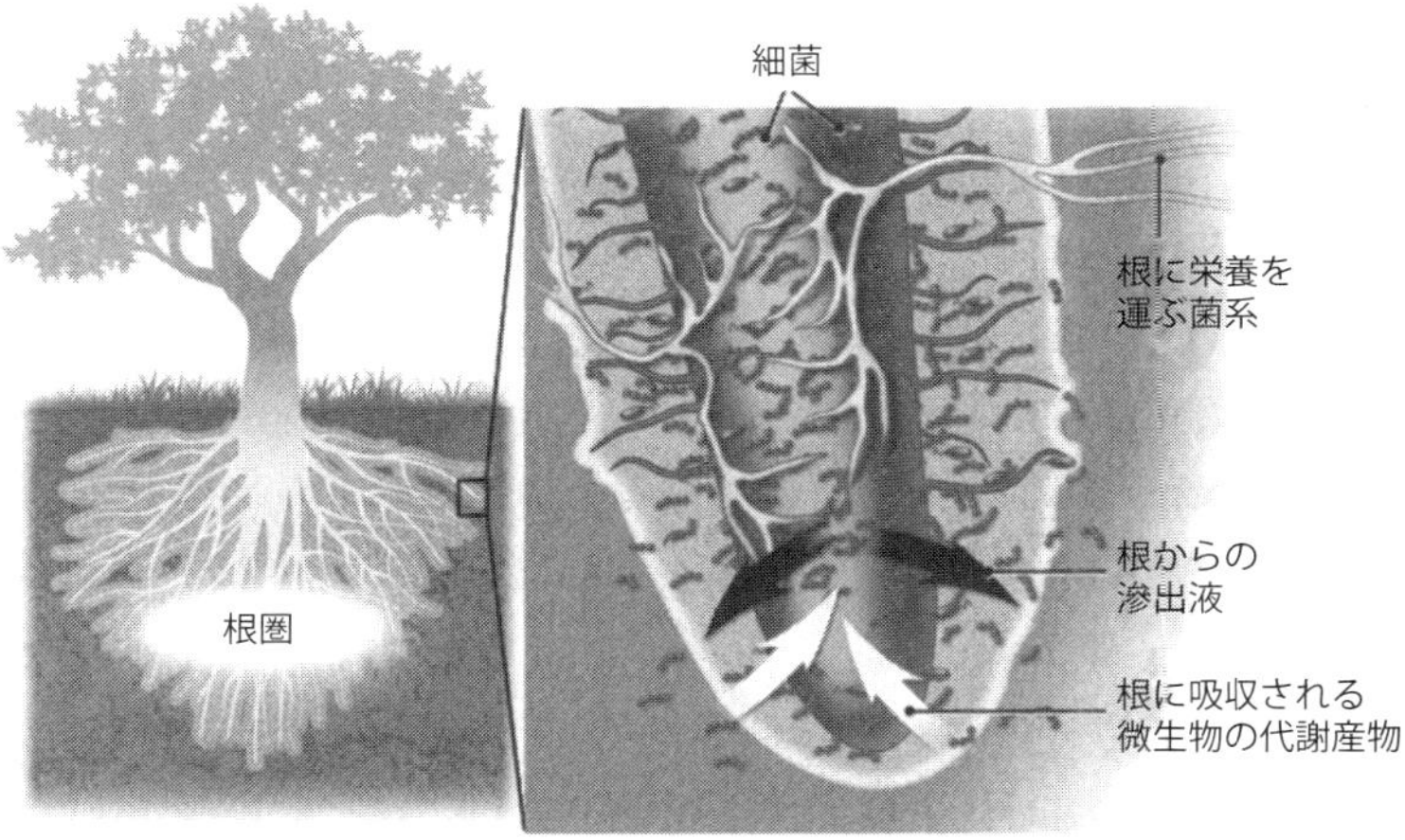

地下の経済

植物の根を取り巻く根圏は、植物と土壌微生物のあいだで無数の取引が行なわれる場所だ。菌類と細菌は植物の滲出液を消費し、見返りとして植物の生長と健康に必要な栄養および代謝産物を与える。

土壌生態学は、土壌物理学や土壌化学のようなはるかに確立された分野に比べると、まだ幼年期にある。ここ数十年でやっと、生物学者は土壌微生物の主要な分類群と、地下群集の成員としてどのような機能と関係を持つかを解きほぐしだした。植物と花粉媒介者のあいだに見られる見事な共進化と、同じくらい複雑だが、知られることがはるかに少ない関係が地下にあることを、科学者はすでに突き止めている。目に見えないから気づかれることもないが、有益な微生物は、植物の健康維持を助ける縁の下の力持ちなのだ。

微生物が自然の土壌肥沃度に生物学的な触媒としてはたらいているとする新しい解釈は、現代農業の哲学的基礎に異を唱えるものだ。農芸化学が短期的に収穫量を高めるうえで効果的だったことは、誰にも否定できない。しかし除々にそれによって、長期的な収穫を危うくしてしまったと思われるようになってきた。養分移行の阻害に加えて、農薬の過剰使用は植物の防衛機構を低下・無力化させ、弱った作物を病原体が攻撃する隙を作ることがある。うかつにも有益な土壌生物を激減させてしまったことで、植物が微生物との適応的な共生によって築き上げた栄養と防衛のシステムを、私たちは邪魔しているのだ。

土壌を生物学的システムと考えれば、少数の植物病原体に「対処」する農芸化学的手法が、現代農業を悩ませている問題の根っこにある理由を把握しやすい。広範囲に効く殺生物剤がよいものも悪いものも一緒に殺してしまうと、真っ先に復活するのは悪者や雑草のようにはびこる種だ。この根本的な欠陥によって、農薬を基礎とした農業は中毒性を持たされている——使えば使うほど必要になるのだ。販売店や中間業者にとって、これは商売としてうまみのあるものだが、客にとっては長い目で見て逆効果だ。そして農業の場合、私たち全員に影響が及ぶのだ。

地下の共進化的関係がいかに重要かを、先日私たちは地球の裏側ではっきりと見た。本書執筆中に私たちは南アフリカを旅行し、そこで小さなシロアリが地上の生態系全体にどれだけ大きな影響を与えているかを見て驚いた。一面見わたすかぎり、蟻塚が小さな山城のように点々とそびえ、それ以外は真っ平らな地形を見下ろしている。奇妙なパターンに気づくまでに、それほど時間はかからなかった。キリンやゾウが日陰や餌を求めて寄ってくるような大木は、決まって使用中のものであれ捨てられたものであれ、蟻塚の上やすぐそばに生えていた。

　実はシロアリには微生物の協力者がいるのだ。シロアリは枯れた植物質を蟻塚に運んで菌類の養分にし、菌類は植物の組織を分解してシロアリが消化できるようにする。そして園芸家がするように、シロアリは菌類を収穫して食べているのだ。[2] この面白く工夫された農業を営むことで、シロアリは蟻塚を栄養分のオアシスにして、アフリカの象徴的な野生生物を支えるのに一役買っている。

　私たちがアフリカに行ったのは、一つには見応えのある大型動物に驚嘆するためだったが、旅の終わりにはシロアリの、至るところで見られながらあまりよく知られていないはたらきにも心奪われていた。シロアリたちは植生の基礎を築き、それは草食動物を支え、草食動物は一番の呼び物と誰もが思う肉食動物の餌となるのだ。

　シアトルに帰ると、わが家の小さな庭はアフリカで見たものを思い起こさせた。土の上の植物を躍起になって世話するよりも、足元に――土と、そこをすみかとする微生物と無脊椎動物たちに――目を向けるべきだ。そうしたとき、ほとんど気づかれることなく、どちらかといえばあまり知られていない土壌生物相が、自分たちのために働いてくれる、目に見えない大勢の協力者に思えてきた。なにしろ、地上の生き物を活性化させる秘訣は、地下の生き物を活性化させることだということを、私たちはこの目でじかに見たのだから。しかし私たちにはまだ学ぶことがあった。動物——人間を含めて——の健康を支えている多くの微生物についてだ。

第7章　ヒトの大腸——微生物と免疫系の中心地

がんが見つかる

私は目を開け、部屋の中を見回した。夫のデイブ（訳註：共著者のデイビッド・モントゴメリー）がベッドの端のほうに置いた椅子に座って、読書に没頭していた。彼の頭上で、時計の針が五時少し前を指している。頭を巡らせて、ドアの外の明るく光る床と、忙しいナースステーションを見る。安心感が全身にみなぎった。五時間の手術を終えて、その元となったがんは取り除かれたのだ。そう思いたかった。

上体を起こそうとする。あたた！　私はまた枕に沈み込んだ。薄い寝間着ごしに、幅の広い絆創膏の波打ったへりがわかる。寝間着を腰まで引き上げると、絆創膏の下で頑丈な金属のステープルの輪郭が、腹部を線路のように下っているのが見えた。へそを迂回する最初の数個の上に指を滑らせ、それから数えていった。一五個まで数えたところでやめ、目を閉じた。

その三週間前、二〇一一年五月初めの金曜日、私の主治医がメッセージを残していた。少し前に受けた子宮頸部細胞診のことで電話が欲しいとのことだった。医者からの電話がいい知らせであるはずがない。だから私は週末のあいだ、彼女がなぜ話したがったのか、なるべく深く考えまいと無駄な努力をしていた。

「衛生検査所の病理医から、わざわざ電話がありました。あなたの子宮頸部細胞診の結果が返ってきたんですけど、細胞に大きな異常があるんですよ」月曜日の朝、電話口でグリーニー医師は言った。

私は茫然として言葉もなく、台所のテーブルに座って電話のコードに指を絡ませていた。

「病理報告では上皮内腫瘍となっています」

「腫瘍？　それはがんのことですよね？」

私は彼女が好きだ。率直で、ごまかしがなく、いつもしっかりと説明してくれる。だが今回は質問に答えなかった。私の胃は震え、吐き気がこみ上げてきた。きっと検査結果が間違っていたんだ、何か取り違えのようなことがあったんだと思った。自分の細胞であるはずがないと。

「なるべく早くコルポスコピー検査を受けてください」

「なんですって？」私の耳には「大腸内視鏡検査《コロノスコピー》」と聞こえた。年に一度の健康診断のとき、受けるように主治医から念を押されるやつだ。

彼女は一音ずつ区切って発音してくれた。「コ・ル・ポ・ス・コ・ピー。子宮頸部を低倍率で拡大して調べる検査です。これを受ける必要があります」

嫌な感じがした。本当に嫌だ。コロノスコピーよりも。

「今すぐ」彼女はつけ加えた。

その強い口調に疑う余地はなかった。名前はどうあれ、この検査を逃れることはできない。

ＨＰＶは「ヒトパピローマウイルス」の略で、その中のあるウイルス株に、子宮頸がんのリスクを高めるものがある。数年前、いつもの子宮頸部細胞診で、私はこの株を一つ持っていることがわかった。

そのとき主治医は、女性の八〇パーセントが、生涯のある時点で子宮頸がんにつながるＨＰＶ株を一つ以上持っていると言った。

たいていの人はウイルスを追い出してしまうのだと、彼女が上機嫌でつけ加えたのを私は覚えている。指を鳴らすくらいわけもないことだと、言っているようだった。だから私は、自分の身体もウイルスを追い出すと思っていた。なにしろわが家で風邪を引くのは、私ではなくデイブなのだ。私は病気になったことがない。だから私はＨＰＶのことを顧みることがなかった——今までは。

婦人科腫瘍専門医にコルポスコピーの予約をしてから、自分の子宮頸部細胞診の結果が他人のものと取り違えられたのだという一縷の可能性に全力でしがみついた。腫瘍専門医は、私の子宮頸部のすぐ内側に病変が見られるようだと言い、取り違えの希望は消え失せた。一週間後、衛生検査所は病変が小さな悪性腫瘍であることを確認した。子宮頸部細胞診で見つかったおかしな細胞は、私の青い目と同じくらいたしかに自分のものだった。私は取り乱した。デイブはいつもどおりにしっかりと私を抱きとめてくれ、そうすると数時間か半日のあいだ気を取り直したが、また落ち込むことを繰り返した。

悪性腫瘍は取り除かなければならない。そして私には選択肢が二つあった。一つ目は化学療法と放射線療法、二つ目は広汎子宮全摘出術《ラディカル・ヒステレクトミー》だ。一般的に言って私は「ラディカル」という言葉が好きだ。だがあとに「ヒステレクトミー」がつくと、それは自分が子宮頸部とその相棒、子宮と卵巣を失うということだ。

化学療法と放射線療法にも悪い面がある。他の重要な器官にダメージを与えるのだ。何であれ身体の一部をなくすのは嫌だが、生殖器官か、脳と心臓と腸か、どちらか選べと言われたら？　あとの三つなしで、私はやっていけない。しかし外科手術は感染や失血死のリスクを引き起こす。毒かナイフか？　それに比べれば例のコルポスコピーのほうがはるかにましなように思えた。結局、私は手術を選んだ。

確実に起こる手術の副作用が一つあった——閉経だ。それについてくわしく調べる時間は、一ヵ月もなかった。私は本を読み、これでもかというほど、さまざまなウェブサイトに当たった。単なる正常な生物学的プロセスが、どうしてみんなからこんなにひどいもののように言われるのだろう？　私が読むものほどんど全部が、それをダンテが描くような狂気と健康問題の地獄への転落にたとえていた。しかもそれは、運よく自然のペースで閉経に至ったときの話だ。私はホルモンの崖から飛び降りようとしていたのだ。

子どもを産む能力は、女性の身体をよくも悪くも複雑にしている。そしてこの複雑さが、商品と現代医学の販売促進に絶好の条件となる。突然の閉経に直面している今、本当にびっくりするほど多種多様な薬、サプリメント、ホルモン注射が、誘うように私の目の前にぶら下がり、顔のほてりや抑鬱やその他数え切れない生理的変化への対処を約束している。

しかしことはそう単純ではない。どの治療法についても、過剰な警告と相反する研究がやたらと目につくように思われた。エストロゲンの量が低下すると、骨はカルシウムを手放し始めるので、カルシウムのサプリメントを飲むべきだ。とは言えカルシウムには色々な形態があるので、吸収されやすいものだけを摂取したほうがいい。しかし動脈を詰まらせるので、摂りすぎてはいけない。だが、代わりにホルモンを摂取すれば、カルシウムは飲まなくてもいい。ところが気がかりな研究がいくつかあって、ホルモンをあまり長期間摂取すべきでない、さもないと将来さまざまな問題を引き起こすことになり、その中には乳がんや脳卒中のリスク上昇などがあるというのだ。いや、そんなことはないかもしれない。こうした研究は閉経したばかりの女性を不必要に脅すものだと、また別の研究はいっている。被験者は高齢の閉経後女性だったからだ。もちろん、がんについてのどんな記述も、私の不安をかき立てるだけだった。ほどなく私は涙に暮れるようになり、庭に逃げ場を求めた。

手術のあと、私は少なくとも八週間は寝込むことになるので、その夏どれだけ庭仕事の機会を逃すことになるか計り知れなかった。だから運命の日までの数週間、私は半狂乱だった。ヒノキにからませようとしているクレマチスのつるを、ひもで支柱に結びつけてやり、幸運を祈った。生け垣をひと夏分刈りこんでどうにか形を整え、きっとまた元通りになるからと話しかけた。パティオのまわりに置いた鉢植えの木々のコレクションも、年に一度の手入れが必要だった。私は必死に剪定《せんてい》、植え替え、マルチングを一つひとつ施した。忙しい庭仕事に没頭しようと懸命に努めたが、先のことを思いわずらわずに過ごせる時間はほとんどなかった。

刻々と時は過ぎ、六月六日、私は剪定ばさみをロック位置にして、ガーデンカートに下げた革ケースに差し、カートをガレージまで押していった。それからスコップとピッチフォークと熊手を片づけ、がたがたするガレージの扉を閉めた。夜の一〇時をとうに過ぎていたが、最後にもう一回りして、地平線の残照が、頭上の暗い群青色の夜空とゆっくり交代していくのを見ていた。たそがれの中で、庭はとても美しく見えた。空気は少しもそよがず、静かだった。しかし私はその平穏をちっとも感じていなかった。軟らかい地面にがっくり膝をつき、私はまたとめどなく涙をほとばしらせた。数時間後、まだ暗いうちに、私とデイブは病院へと出発した。

手術後に考えたこと——がんと食生活

二週間後、外科の医師が私たちの前で病理報告書をくわしく検討していた。腫瘍は大きく余裕を持って切除され、がんがほかに転移している徴候はなかった。私の悪性腫瘍は過去のものになった。私は心から喜び、感謝した。

予後はよかったものの、私はまだ動揺と不安を感じていた。がんにかかった友人や家族のことを考えた――おば、デイブの母、読書会のメンバー二人。私の母は五二歳で悪性黒色腫《メラノーマ》と診断され、たった二年で死んだ。

私はがんが心底怖かったが、同時に好奇心も覚えていた。できるだけがんのことを知りたいと思った。手術が終わってから私は調査を再開した。私がかかったタイプのがん、子宮頸がんは、全世界で女性のがん死の原因第四位だ。アメリカでは、検診が普及していることと、幸い私が受けられた積極的な治療のおかげで、第一四位に落ちている。一九七六年にドイツのウイルス学者ハラルド・ツア・ハウゼンが、HPVが子宮頸がんに重大な役割を果たしていると提唱したことも知った。この仮説は当初疑問視されたが、ツア・ハウゼンは一九八〇年代に、HPVと子宮頸がんを疑問の余地なく結びつけることに成功し、この発見によって二〇〇八年にノーベル賞を受賞している。ツア・ハウゼンの発見はHPVワクチンへの道を開き、二〇〇六年から二六歳未満の人々を対象に導入されている。

たいていのウイルスと同様に、HPVにはサブタイプ（亜型）があり、そのうちの二つ（サブタイプ一六と一八）が子宮頸がんの半分以上と関連があるとされている。だが、HPVはずる賢いことがわかってきた。二〇一三年にデューク大学とノースカロライナ大学の研究者は、サブタイプ一六と一八に加えて、ほかに六つほどのHPVのサブタイプがアフリカ系アメリカ人女性の子宮頸がんと関係することを発見した。

もう一つの興味深い発見は、HPVと頭頸部がんとを結びつけるものだ。『ジャーナル・オブ・クリニカル・オンコロジー（臨床腫瘍学会誌）』で発表された二〇一一年の研究で、アメリカではHPVに関連する中咽頭がん（鼻、口、喉のがん）が著しく増えていることがわかった。中咽頭がんの中にこのタイプが占める割合は、一九八〇年代後半の一六パーセントから、二〇〇〇年代初めには七二パーセントにまで増加している。奇妙なのは、このようながんが急激に増えている層が、それ以外の点では健康な三〇代から四〇代の非喫煙者の白人男性だということだ。この傾向が続けば、二〇二〇年までにＨＰＶを原因とする口腔がんの数は、子宮頸がんの件数を抜くだろうとこの研究は結論している。二〇一三年の別の研究では、似たような傾向が他の先進工業国でも見つかっている。ＨＰＶは、肺がんや食道がんなど他の粘膜組織のがんにも関与していると考える研究者もいる。

がんを引き起こすＨＰＶ株についてはある程度わかっていても、ＨＰＶ感染と完全ながんのあいだにあるすべての段階を、研究者はまだすべて解明しているわけではない。二〇一三年のまた別の研究によれば、ウイルスが自分の遺伝子を宿主のＤＮＡに滑り込ませることが、ある程度関係しているらしい。どうもＨＰＶの遺伝子は猛烈な勢いでやってきて、近くの遺伝子をめちゃめちゃにするようだ。中には配列が直るものもある。そうでないものは排除される。問題が起きるのは、引き裂かれた遺伝子が腫瘍を抑える役割を持っていたとき、あるいは、がんを促進する可能性を持った他の遺伝子が混乱によって活性化したときだ。

私の個人的な仇敵はＨＰＶだが、がんの原因となる微生物はほかにもいる。ヘリコバクター・ピロリという細菌は胃がんと関係があり、Ｂ型およびＣ型肝炎ウイルスは肝臓がんを引き起こす。ＨＰＶを合わせたこれら三種の微生物が、全世界で発生するがんの原因の約五分の一を占める。

がんの原因になる微生物は私にとって驚きだったが、すべてのがんの三分の一強（閉経後の女性の乳がん、大腸がん、前立腺がんなど）が食生活に原因があると考えられると知ったときには、別に意外ではなかった。食生活とがんの関係には強く共感した。昔から私は、人は食べたものでできていると信じてきた。と言ってもそれは、自分がいつも正しい食生活を送ってきたということではないのだが。

たいていの子どもがそうであるように、私は店で、あれ買ってこれ買ってと親にせがみ、時には我を通していた。ざらざらした砂糖の結晶を飾ったパステルカラーのフルーツループや、キャプテン・クランチの黄金色の小さな塊が私は大好きだった。この手のシリアルは、家に持ち帰ったとたんに消えうせた。私が兄たちと、朝食にそれを平らげてしまうからだ。学校から帰ってくると私たちは戸棚をあさり、さくさくの甘いシリアルを手に一杯、台所で立ったまま箱から直接食べていた。

子ども時代を過ごしたコロラド州のリトルトンでは、ピザハットが私が通う中等学校《ミドルスクール》からすぐ丘を登ったところにあった。友人たちも私もここが大好きだった。ピッチャー一杯のルートビアが、ピザと一緒に注文すれば半額だった。暗い内装と赤い合皮の半円形のブースは、私たちを違う世界へと連れて行った。自分たちが大人になったように、そして目と鼻の先の先生と教室が、はるかかなたに遠ざかったように思える世界に。

高校に入って二、三年経ったころ、食べ物に対する考え方が変わり始めた。仲のいい友達の父親は、教え子の大学院生のために毎年開く宴会で、グアカモーレとエンチラーダを作っていた。私はいつも自分の母や父が料理するのを見ていたが、この大イベントは段違いだった。ある年、私は準備の手伝いに誘われた。二ダース近いアボカドをむいて潰し、無限とも思える数の紫タマネギとニンニクを刻むような大がかりなことは初めての経験だった。新鮮な材料を全部混ぜ合わせるのは、ほとんど催眠術のようだった。ダークレッド・チリパウダーを手のひら一杯、明るい緑色のアボカドの山に混ぜる。たっぷりのライムジュースで材料をゆるめると、柑橘の香りがボウルから立ちのぼる。クミン、塩、オレガノで風味を加え、それからタマネギ、ニンニク、少量の細かく刻んだトマトとキュウリが入る。この経験のあと、私は友人とたまに彼女の台所に立つようになった。私たちはエンチラーダソースを一から作り、いろいろな詰め物を考え出しては試してみた。大学へ行くころには、私は料理が大好きになっていた。私を含めハウスメイトたちは一緒に食事をし、各自が週に一回、夕食の料理を担当した。私たちは誰よりもおいしいものを作ろうと競いあった。二冊しかない手持ちの料理本、モリー・カッツェンの『おいしいベジタリアン料理』と『たのしいブロッコリーの森』のレシピはすぐに尽きてしまい、私は新しいレシピの開発を始めた。

サケの遡上と川の環境

月日は過ぎ、がんの診断を受ける数年前、私は公衆衛生分野に転職した。シアトル＝キング郡保健所は、環境計画の経験を持ち、環境政策の知識がある人材を求めていた。「建造環境」と呼ぶ新しいプログラムに従事させるためだった。全国の保健所が、都市計画と景観設計の分野からこの用語を借用していた。この考えは、都市の設計法が、個人の健康と福祉の基礎となる選択と機会に影響するというものだ。

私はこの考えに興味を持った。公衆衛生についてはあまりよく知らなかったが、自然環境が動植物におよぼす影響についてはよく知っていた。私は大学卒業後、カリフォルニアで野外生物学者として働き、絶滅危惧種とその生息地を調査して目録を作成していた。デイブとシアトルに引っ越してくると、天然のサケと、それが棲息する河川が私たち二人の仕事の一つになった。

一〇年以上にわたって、私はシアトルの南東二〇キロほどを流れるシーダー川下流で研究を続けた。

生態学者と工学者の同僚と共に、堤防を撤去して川沿いに天然の樹木を植え直すことができるように、ひんぱんに洪水に遭う家の買い上げ制度を整備した。これにより、川が再び氾濫原の中を自由に流れる道が開かれた。私たちの哲学は、サケを支える自然のプロセスを復活させ、産卵場の砂利を回復したり深い淵を洗い流したりといった大変な仕事を川にやらせようというものだった。実際、私たちが手を入れたほとんど直後、サケは新しい生息地を利用するようになった。

私は、水系とサケの生息地の研究から得た経験を、すべて新しい仕事に応用した。面白いことに、保健所の同僚たちは私にとってなじみの用語を使ってさえいた。彼らにとって「上流」アプローチとは、病気や不健康の根本的原因を手当てすることだ。氾濫原の質や流域の状態に代えて、私は別の要素――市街の空気の質、近隣の犯罪や暴力の水準、さらには住宅の近くの公園の数、歩道や食料品店の有無まで――について考えるようになった。住民のあいだで平均すると、これらを含めた上流の要素は、遺伝子や医者にかかるかどうかよりも、一般に人の健康に与える影響が大きいことがわかって、私は驚いた。するとシーダー川とその支流で見たように生息地の回復がサケ個体群の健康を改善するなら、同じ手法が人間とその居住地でもうまく行かない道理はない。

プロジェクト会議のたびに、逃れられない新たな事実が私の目に触れた。全国的に、子どもの三人に一人が肥満または体重過多であり、その多くは二型糖尿病や心臓病のような慢性的健康問題を抱えている。公衆衛生のことなど知らなくても、こうした異常は成人の寿命を縮める病気であって、子どものものではないことは言われるまでもなかった。将来、慢性病罹患率が高まって、それさえなければ上昇傾向にあるアメリカ人の平均寿命が急下降すると、疫学者は言った。何かが変わらなければ、現代の若者は、平均すれば親の世代ほど長生きはできないのだ。

コーヒーとスコーンの朝食

自分はこのような統計の範囲に入っていないと、おおむね私は考えていた。少なくとも、がんに直面するまでは。診断を受けたときから、私は自分の健康についてもっとよく考えるようになった。数センチメートルサイズの腫瘍を取り除くのは、間違いなくやらねばならないことだったが、それは健康の手段の一部分でしかないように思われた。身体のそれ以外の部分はどうなっているのだろう?

答えを求めて、私は広く遠くまで網を張った。友人に相談し、調査し、紹介をたどり、がん自然療法医のハイジに会うようになった。私は自然療法医学の経験がなく、どういうことになるのかよくわからなかった。最初の予約は手術の二、三日前だった。彼女は私に次から次へと質問をした。というより、一時間の面接のあいだ、ほとんど私がしゃべっていた。なかば気さくな質問者として、なかば信頼できる健康相談の相手として、ハイジは質問のたびに温かい茶色の目をメモ帳から上げ、私と視線を合わせた。彼女は「なるほど、それについてくわしく話してくださいね」と言いながら、安心させるように微笑んだ。話すうちに、私には質問の方向性が見えてきた。ハイジは三つのテーマに照準を絞っていた。何を食べているか。生活の中でストレスのレベルはどのくらいか。どのような運動をしているか。こうしたことについて、これほど単刀直入に、あるいは徹底的に話をした医師はそれまでいなかった。

私は自分のいつもの朝食を説明した。トール・サイズのカフェ・ラテと、もしコーヒーハウスが置いていれば、マクリーナかエッセンシャル(大好きな地元のパン屋)のスコーン。家で朝食を食べると時間がかかりすぎるのだと、私は話した。それに私は朝が弱く、通勤のバスを捕まえるために、たいてい慌てて家を飛び出す。昼過ぎには、カフェインとスコーンの効き目は切れ、猛烈に空腹になる。昼食はだいたい残り物だ。しかし昼食が遅いと夕食も遅くなる。あとで考えれば、朝に食欲がないのはそのせいだった。

決まった時間に食事をして、スコーン、コーヒー、ワインは毎日摂らないほうがいいことをハイジはほのめかした。私は憮然として言葉が出なかった。一瞬ののち、私は反発した。コーヒーを飲まないで、いったいシアトルでどうやって暮らせというのか。マクリーナやエッセンシャルに行ったり、午後に休憩を取ってカフェ・ヴィータに行ったりせずにいられるわけがない。それにワインだ。ワインは夕食の一部だ。ワインはフードピラミッド（今はなんて呼ばれているか知らないけど）から外されていた。ワインを飲まずにいられようか。

ハイジは根気よく、こういうことを毎日はしないほうがいいと説明してくれた。カフェインは自然な食欲を妨げるのだそうだ。それに身体はスコーンの精白小麦粉を、さらにワインも糖分として認識する。一見底抜けに機嫌良く、ハイジはこうつけ加えた。ほかに食べるものはたくさんありますよ！　しっかりと朝食を摂ってコーヒーを減らすというのは、二度とコーヒーを飲んだりスコーンを食べたりできないという意味ではない。ワインを禁止すべきではないけれど、毎日飲んではいけない。習慣をたまの楽しみにする必要があるのだ。

がん予防の食事——ハイジの皿

ここにきて、私は耳の痛いことをもう少し受け入れられるようになっていた。それでもまだ私は逃げ道を、変えずに済む方法を探していた。ラテを毎日ではなく、一日おきではどうだろうかと私は提案した。ハイジは、望みどおりの「いい」も望まない「だめ」も巧みに避けて、もっと長い間、なしで済ませられないか様子を見ましょうと励ましてくれた。

ハイジは、デイブと私が夕食に何を食べているかも知りたがった。答えが口から出てくる間にも、だいたい毎晩食卓に野菜が上がるというのでは足りないことに私は気づいていた。ハイジはノートの新しいページをめくると円を描いた。それから円の上から下まで垂直に線を引いた。この皿の半分を、植物性の食品、特にアブラナ科の野菜、その他の野菜、果物で埋めるように言われた。ハイジは円を半分に分ける線から枝分かれする線をもう一本を引いた。皿はピースマークを半分にしたようになった。精白していない全粒の穀物が、私のディナープレートの一番小さな区画に入る。残った第三の部分には、豆類のような植物性のタンパク質が載る。動物性タンパク源でもかまわないが、多すぎないように。そして皿の上に何を載せるにしても、縁から転げ落ちてはいけない。ほてりを抑えるのにもっともいい方法は、食べるものと食べ方を変えることだとも、ハイジは言った。カフェイン、アルコール、糖分を控えるととても効果があるという。本当にこんなに変えられるだろうかと私は思った。

ハイジが決して譲らないことが一つあった。毎日三食きちんと食べること。一日三食だって？　もうずいぶん長いことやっていない。第一に、きちんとした朝食は準備に時間がかかり、朝はそんな時間がなかった。第二に、一日に三食しっかりした食事を摂ったら、牛みたいに太ってしまうのは目に見えている。反発して、私は尋ねた。「なぜ三食なんですか？」

私のような食べ方――不規則な食事時間――は血糖をピンボールにしてしまうとハイジは言い、丁寧に説明してくれた。血糖値が急激に上下すると内臓や細胞にストレスがかかり、体内のブドウ糖濃度を一定に保つために、それらを余計にはたらかせることになる。血糖値が上昇と下降をくり返すと、炎症が引き起こされる。砂糖をそのまま食べても、同じことが起きる。炎症？　子どものころから腫れているリンパ腺のことしか頭に浮かばなかった。しかし、本当に気になったのはその次にハイジが言ったこ

ハイジの皿

全体的な健康を促進し、免疫系を維持し、がん予防に役立つ食事見直しの出発点。

とだった——炎症はがんを活性化させる。私の意識はそこに釘づけになった。

ハイジの忠告が幹線道路ぞいの看板くらいの大きさになって頭の上に現われ、私の首をクレーンで吊り上げてすっかり取り込んでしまうところを私は想像した。これまでこのようなことを誰も教えてはくれなかった。ハイジと話したあとで、私はグリーニー医師への電話を切ったときと同じような動揺を覚えた。

食事と炎症は、自分がかかったようながんの直接の原因ではないとわかっていたが、無用な炎症ががんやその他の病気に油を注ぐなら、それは避けたかった。がんとの戦いは一度でたくさんだ。皿を描いた紙をもらえないかと、私はハイジに頼んだ。何とかして変わろう。

何度かハイジと面談するうちに、それまで見えなかった食物の二面性を、私は認識した。シアトルに住んでいれば食べるものについてあまり考えなくてもいいと、私は決めつけていた。ここでは何でもヘルシーに見えた。コーヒーは有機栽培。小麦粉も有機栽培。パスタは全粒小麦でしかも有機、お好みならグルテンフリー。白砂糖は遅れていて、流行はキビ砂糖。牛は雨水だけで育った牧草を食べている。ニワトリは放し飼いにされ、緑の野原で丸々太った地虫を掘り出して食べる。シアトルの素晴らしいパン屋と肉屋とその豊かな産物――甘い焼き菓子、おいしいパン、固いチーズ軟らかいチーズ、思いつくかぎりのあらゆる肉――に、私は何度も何度も引き寄せられてきた。

今日、アメリカじゅうに、あらゆる好みと懐具合に応じて、驚くほど多彩な食品の選択肢がある。私たちは、家の近くで作った食べ物でも、地球の裏側で穫れたものでも選ぶことができる。自然食品マーケットでも安売りスーパーマーケットでも買い物ができる。住んでいる場所にもよるが、週末に、あるいは毎日、直売所を訪れることができる。自宅の台所で一生懸命料理してもいいし、テイクアウトしても、屋台に並んでも、コンビニエンスストアで買ってきてもいい。ファストフードでもグルメな料理でも、その中間の何かでも選ぶことができる。世界中の料理を、時には家から数ブロックの店で楽しむことができる。飢えや食料の入手難に直面している五〇〇〇万人近いアメリカ人にとっては、事態は明らかに違っているだろうが、私たちの大部分は美食の海で溺れかけている。

美食の海で溺れる

幅広い食品の選択肢の中からどれを食べようが――あるいは社会経済的階層のどこに所属していようが――私たちのほとんどは糖と脂肪、特に前者にまっしぐらに進んでいくように生まれつきできている。昔、人間が都市に住んで台所で料理する前、農耕さえ存在しなかったころ、このような先天的な嗜好は有利にはたらいた。糖は、果物に含まれるものを除けば、どちらかといえば珍しかった。そして季節により、消費量ははるかに制限されていた。吸収の早いエネルギー源に対する欲求と必要性はきわめて大きく、そのため人間は、命がけで木のてっぺんにあるミツバチの巣から蜂蜜を盗むこともした。農場と工場の産業化は、かつて珍しかった人間の生存を助ける食物源を、アヘンのように魅惑的なものへと変えた。

私の食物バランスが完全に間違っていたことを、ハイジは気づかせてくれた。量よりもむしろ組み合わせが問題で、野菜と果物が少なすぎ、それ以外が多すぎたのだ。

何より皮肉なのは、私は実は果物と野菜が好きなのだ！　しかし私の行動ソフトウェアがいつも裏でうなっていて、私の行動を決定している。進化が磨き上げた好みに従うと、ある種の食品が私の口にまぎれこみ、精神の奥深くにもぐりこんだ。穀物由来の炭水化物は精製されてより単純な糖になり、私の脳の快楽中枢に火をつけて、幸せな気分にさせる。ちゃんと作ってトーストしたベーグルを、誰が愛さずにいられるだろう？　クリームチーズか、バターとおいしいジャムを厚く塗ればなおよし。コーヒーがつけば、一つ平らげられる。何ならもう何個か、そんなことを私はずっとやってきた。

私の味覚は、ミネラルとフィトケミカルたっぷりの植物、特に葉物野菜を好むようにはできていない。それはデイブも同じだ。こうした物質は野菜（と一部の果物）に渋みと苦みを持たせる。オエー。甘さと芳醇な脂肪の次に、いったいどうしてこうした食べ物に魅力を感じるだろうか？

野菜と一部の果物は、ウェストミンスター・ドッグショーでのラブラドール・レトリーバー――発足以来、優勝したことがない――と同じ問題を抱えている。プードルと同じようにして、ラブをおしゃれにすることはできない。耳はいつも垂れているし、毛は短くて、カールしたり束ねてリボンを結んだりできない。見かけは頑固で扱いにくそうだ。

肉や乳製品や穀物と違い、野菜や果物は調理しても簡単には変化しない。カブ、キャベツ、インゲン豆などを魅力的な料理にするためには、ある程度の技術と想像力がいる。果物は、もともと糖度が高いので、売り込みが簡単だが、それでもカバーするものが必要だ。みんな本当は果物が、つまりたいていは繊維質が集まったぐちゃぐちゃのかたまりが食べたくてパイを食べるわけではない。パイ皮と砂糖がパイの命だ。それではデニッシュロールは？　真ん中のどろっとした果物を食べてパンを捨てるような馬鹿な真似を誰がするだろう。マクドナルドが作っているアップルパイみたいなものは？　子どもたちが買って買ってと親をせっつくのは、リンゴが大好きだからではない。

結局、人類と文明を担保するものは、大量に栽培でき、長期間貯蔵が効き、みんなが欲しがるおいしいものに加工できる食料なのだ。パン屋や屋台やレストランは、リンゴ、ケール、メロンなどを専門に売ってはいない。それらはおおむね、穀物の粉、肉、乳製品を中心に成り立っているのだ。

野菜と果物は過去の遺物、かつて主食だったものだ。ヒトの進化の初期、このようなミネラルとフィトケミカルに富むごちそうが、食事の中心だった。人類の原型になった祖先は頭頂部に巨大な矢状稜を持っていたことからそれがわかる。この頭蓋骨の隆起から太い筋肉が垂れ下がり、あごをしっかりと結びつけている。この筋肉により、彼らは自然のテーブルのあるもの——筋っぽい葉、太い根、乾いた果肉が詰まった革のような果皮——を食べることができた。植物質を嚙み砕き、すり潰し、呑み込むためには毎日最大六時間かかった。しかもそれは、泥の中から食べられる根を掘り出し、あるいは枝葉のあいだに隠れた果実を探して一日の大半を過ごしたあとのことだ。食べ物を見つけて嚙むのは一日がかりの仕事だった。

私たちも狩猟採集民として、大差ないことをしていた。それから私たちは、このあごが痺れる重労働と際限ない食物探しから逃れる道を見つけた。人類は大きな脳を使って動物を捕まえ、火を（それから何種類かの動物を）手なずけ、畑を耕し、貯蔵が効きカロリーの高い食物を栽培した。さらに楽しみとして、すばらしく独創的な作品――パン、キャンディ、ビーフジャーキーなど――を互いに交換したり売ったりすることができた。私たちはそのようなものを落ち着いてたらふく食べるようになった。もちろん飢饉のときをのぞいてだが。

食事をラディカルに見直す

先祖から受け継いだ回路に、現代の世界で食べ物の選択を任せた結果、私は難しい状況に陥った。私は、長い目で見た健康のためにもっとも役立つ食べ物を、常に避けていたのだ。中でも一番理解しがたく混乱を覚えたのは、私の食べ方と食べたものが、自分の信じていたものと一致していなかったことだ。食べ物と食べるという行為は、身体と心をはぐくむはずだと、私は考えていた。不健康と病気への道に自分を連れて行くとは思っていなかった。

手術のあとの何ヵ月かで独学したことと、ハイジから学んだことがきっかけで、私は食事を根本的に見直すことにした。そして、料理をするのは主に私なので、それはデイブの食事も見直すということだ。デイブは気乗りがしなかった。まあそうだろう。ほんの少し前まで、私だって気乗りがしなかったのだから。私は悩み、いらだち、むきになっていた。しかしハイジが考えた食事法を見て、私は納得した。絶対に禁止というものは一切ない。変える必要があるのは、カフェイン、アルコール、精白した炭水化物と糖分を毎日摂る習慣だけだ。

私は新しい勅令をデイブに伝え、野菜と豆と果物を食べる量を増やし、精白した穀類と肉と乳製品を減らすことを高らかに布告した。私の宣言に対してデイブはうなずき、「ふーん」と返事したが、明確な承認はなかった。私は自分が払うことになる犠牲を話した。ちゃんとした朝食を食べる時間を作るために早起きする。午後の砂糖爆弾《シュガーボム》（訳註：カロリーばかり高くて栄養価の低い食品）、個人経営のパン屋通い、ラテ、ワインを控える。ずーっと。

何かを口に出して言うと、実現しやすくなる。たとえそれが突拍子もないようなことでも。コーヒーハウス通いをやめると、自分が本当にデイブに向かって言っているのが、信じられなかった。デイブは最初、私の言うことを信じていなかった。それでもゆっくりと、だが着実に、毎日の習慣はたまの楽しみになっていった。少しずつ私はデイブを誘いこみ、デイブも新しい食べ方を（だいたい）受け入れた。

私は楽天的な人間ではない。がんから何かいいことがもたらされるなど思ってもみなかった。最初、私に下された診断は、死が間近に迫っているという宣告に感じられた。絶望と無力感とどう戦ったらいいのか見当もつかなかった。だが、私の健康状況を変えるために、自分の力のおよぶもの、自分にできることが本当にあるのだとわかり始めた。私は、美食の海に溺れてしまうことなく、その中を進むための海図を作ることにした。

本当の園芸好きに、何か苦しいとき主にどんなことをするか尋ねると、植物に向きあうという答えがたいてい返ってくる。人間は花で関係を改善したり自分を励ましたりするし、眺めを変えるために木を植える。そこで私は昔ながらの体にいい食品を、食事の中心に戻す大計画を考え出した。それらを栽培するのだ。

それは自然なことのように思えた。私たちは野菜畑を二、三年前の夏に作ったばかりだった。最初は、見かけが好みで、ほどほどに暑いシアトルの夏に向く植物を選んでいた。肉厚の莢《さや》が太陽のゴールを目指して空に伸びる、ロマというインゲンマメの一種を見つけた。私が作ったバジルの葉の大きさは、自分でも驚くほどだった。観葉植物のように茂り、一枚の葉で私の手のひらは覆いつくされた。

私たちはインゲンマメとバジルを飽食したが、私はタマネギの収穫を拒んだ。それは海松色をしたヒノキの新芽を背景に、見事に映えていた。桃色を帯びた小さな花が集まってできる球体は、妖精のように花壇の上に浮いていた。淡い青緑色の筒型の葉は、先へ向かって美しく尖り、かすかな風にもそよぐ。花房はミツバチ、寄生バチ、ハナアブの群れを引き寄せる。あんまりすてきなので、私はこういう植物を食べずにおいた。

しかしこんな野菜畑は過去の、がんを患うまでの話だ。これからは情け容赦なし——育てた野菜は全部食べるのだ。そして私は栽培する植物を、アブラナ科のもの主体に切り替えた。がんに対抗するフィトケミカルを満載したアブラナ科植物には、葉がごつごつした恐竜ケール、ロシアンレッドケール、紫ケール、ケールキャベツ、チンゲンサイ、ブロッコリーなどが属している。

食べる薬を栽培する菜園

庭は私の心をはぐくんできた。今から私はその一部を使って、地面から生える食べる薬を栽培する。庭が私たちを助けるのを手助けするために、私は貴重なミミズコンポストを菜園に与えた。これで土壌生物がたくさん育ち、菜園をフル回転させて、きわめて重要なミネラル、ビタミン、フィトケミカルを野菜にたっぷり含ませる。土から抜いてしまうと、野菜はすぐに栄養価を失い始めることを私は知っていた。もちろん、私の中の生物学者は、それが死んで土へ還る旅が始まり、台所と庭のあいだのわずか一〇歩をよりいっそう意味深いものにすることも知っていた。がんの診断を受ける前、土曜の朝のユニバーシティ・ディストリクト農産物直売所で野菜を買うことはめったになかった。今では私は常連客になり、家で栽培するものの不足を補なうために利用した。そこで買ってくる葉物やその他の野菜は、庭で穫れたものでないにしても、同じくらい新鮮だった。

植物性食品は、わが家の冷蔵庫内の大部分を占めるようになり、そしてハイジの皿を念頭に、私は実験を始めた。ウッドチップをマルチの配合の基礎に使ったようにして、何らかの青野菜を料理の主材料にした。ハイジが描いてくれた皿を思い浮かべながら、何らかのタンパク質と少しの全粒の穀物を加えた。タマネギやニンニクのような野菜とオリーブオイルやココナッツオイルのような脂肪が味の土台になった。マルチを作るときのように、私はありあわせのものを、そのとき思いついたものと組みあわせた。ハーブ、スパイス、調味料、さらにほかの野菜で、昼食と夕食にアジア風、西アフリカ風、地中海風、中東風、アメリカ中西部風といった違う方向性を与えた。ハイジの言葉が私の脳裏にこだましていた。たしかにほかにも食べるものはたくさんあった。

がんを予防する食事はほかにもいいことがあった。一〇年来つきまとっていた余分な体重が落ち、少しずつ上がっていた血圧が戻ったのだ。私の血液生化学検査、コレステロール、中性脂肪の数値は正常値に下がった。

手術にともなって起きるほてりは、評判どおりのものだった——大騒動だ! だが、以前の日常食——精白した炭水化物、ラテ、ワイン——をたまの食べ物にしたら、ほてりはささやき声程度に抑えられた。ヨガ、ウォーキング、それに庭仕事での掘ったり担いだりといった身体運動が加わると、一年ほどで私の症状はほとんど沈黙した。食べるものと食べ方を変えたことは、これまで経験したことのない特効薬のような効果を、心と体にもたらした。

手術のあと数ヵ月、私はそれまでになく自分の健康を意識した。私はがんのことで頭が一杯にならないようにしたが、それは絶え間ない戦いだった。三ヵ月に一度、腫瘍専門医による検査があった。最初の検診のとき、看護師に付き添われて検査室までの長い廊下を歩いていった。廊下の途中に、窓がやたら大きな部屋があり、ワシントン湖を前景にしたレーニア山の眺めがすばらしかった。五、六人のさまざまな年代の女性が、ある人は友達と、またある人は一人きりで大きなリクライニングチェアにもたれて、日光浴をしながら景色を眺めていた。わきに立っている点滴スタンドを除けば、ヨーロッパのスキーリゾートをぶらついている人たちのような、くつろいだ気楽な光景を思い起こさせるものだった。だがこの女性たちの何人かは頭髪がなく、青ざめてやつれた顔をしており、その一方でまったく健康に見える人もいた。彼女たちはみんな化学療法を受けていたのだ。私があの中にいて窓の外を見つめながら、どこかへ行きたい、ここ以外のどこかへと思っていたとしてもおかしくはなかった。

戸口から中を覗いても、平然としていられることもあった。そうかと思えば別の検診日には、不安が高まることもあった。私はさまざまなシナリオを想像したが、一つとして明るいものはなかった。もし腫瘍の周囲の余裕が、実は執刀医が思っているほど十分でなかったら。がんが腫瘍部位からほかへ転移していたとしたら。どこか身体の奥深くでがんが発生していたら。

こういった「たられば」のシナリオは、不快ではあったけれど、私の針路を保つ役割を果たしてくれた。ハイジは、私が食生活を大幅に変えたことをほめる一方で、免疫系の強さを維持し、過度な炎症をできる限り抑えることが重要だと強調した。私はすでに、食物が健康に与える影響について相当学んでいたが、免疫と炎症の知識はお粗末で、その二つの関係についてはほとんど何も知らなかった。何も見えず、さわれず、匂いもせず、具体的にどの方向に進めば免疫を高めながら炎症を食い止められるのか、示す手がかりはなかった。あるのは、私の免疫系がすでに二回働かなかったことを思いださせるものだけだった。それはＨＰＶとがんを追い払えなかったのだ。

ヒトマイクロバイオーム・プロジェクト

手術からほぼ一年後、私は最初の道しるべに出会った。短い休暇を取ってベイエリアに行ったデイブと私は、サンフランシスコの喧噪を避けて、市街の北のミュアウッズにいた。午後遅く、私たちは、ひなびたマーリン郡の海岸砂丘に囲まれた草ぶき屋根の英国調パブ、ペリカン・インに立ち寄った。ゆっくりと座ってお茶を飲んでいると、テーブルの上に置き忘れられていた『マーリン・インディペンデント・ジャーナル』紙が目に留まった。記事はウイルスとヒトマイクロバイオーム・プロジェクトについて触れていた。

ウイルスだって？

その単語は、この先いつまでも私の注意を引くだろう。何しろＨＰＶが原因であんなことになったのだから。私は新聞を手に取って、最初の段落を読んだ。数百人の科学者が、微生物に関する国勢調査のような調査結果を発表したところだった。大量の微生物が人体の内外に棲んでいて、そこで餌を食べ、排泄し、繁殖し、死んでいくのだ。別の生命体が自分の表面や中で食べたり排泄したりしているだって？　この生物学上の認識は、気味悪くも興味深く響き、私の園芸家の脳に引っかかってむずむずと刺激しはじめた。

家に帰ると、留守中溜まった郵便物の中に、私の父からの手紙があった。航空宇宙技術者を引退して風景画家に転じた父は、定期的に新聞記事の切り抜きを送ってくれていた。今回のは『デンバー・ポスト』からで、細菌にはよい面があり、人間の健康のために重要な役割を果たしていることを高らかに告げるものだった。

新聞記事に書かれていたヒトマイクロバイオーム・プロジェクトについて、私は漠然と知っていたが、プロジェクトを運営している科学者が結果を公表したとは知らなかった。そこで私は『ネイチャー』と『サイエンス』で初公開された論文を読んで、それらの論文に文献として挙げられていた論文、さらにそこに挙げられていた文献をいくつか探し出した。

私はわくわくしていた。細菌、ウイルス、さらにさまざまなものが、私の体内で、デイブの体内で、想像もしなかったような形ではたらいているのだ。全部が全部HPVのような厄介物ではない。まったく逆だ。免疫とは微生物の生息環境の質——私の身体やあらゆる身体の状況——に一部関係していることがわかっている。ヒトマイクロバイオームの研究者は、微生物と宿主の絶え間ない対話ということを言う。分子がその共通言語の単語だ。そしてこの会話は単なる無駄話ではない。微生物、特に腸内ではたらいているものは、人間の免疫反応、炎症の程度、その他の生理的状況をあらゆる方向に変えることができる。

私は、自分の中に棲む微生物という新しい世界に踏み込み、デイブも一緒に引きずり込んだ。私たち二人とも、マイクロバイオーム研究者たちの型破りな発想を見えにくいものにしている、ほとんど理解不能な細胞・分子生物学の専門用語を解読しなければならなかった。私たちの読んだものは、リン・マーギュリスの三〇年以上昔の発想と思想をなぞっていた。人体は一つの広大な生態系だ。それどころか、人体はむしろ多彩な生態系を持った一つの惑星なのだ。生態系の一つひとつはセレンゲティとシベリアほど違い、それぞれに数多くの微生物が宿っている。論文を読むたびに私たちは衝撃を受けた。

人体の中の微生物

微生物の目から見れば、私は生きている丈夫な格子垣――が裏返しになったもの――で、そこに無数の微生物がからみつき、はい上がり、成長する。細胞の一つひとつに、少なくとも三個の細菌細胞が棲んでいる。[1]それは私の身体の内外いたるところ――皮膚、肺、膣、爪先、ひじ、耳、目、腸――にいる。私は彼らの故国だ。

私は自分で思っていたようなものではなかった。読者もそうだ。私たちはみんな、別の生物の生態系の寄せ集めなのだ。しかし、私たちの身体に加わるのは微生物そのものだけではない。微生物は人間の遺伝子レパートリーを増やしているのだ。細菌だけで約二〇〇万個の遺伝子を人間の体内に持ちこんでいる。ヒトゲノムにあるおよそ二万のタンパク質コード遺伝子の一〇〇倍だ。マイクロバイオームのほかの構成員――ウイルス、古細菌、菌類――のゲノムを合わせると、私たちの体内にある微生物の遺伝子は六〇〇万にものぼる。たいていの場合これはいいことだ。微生物の遺伝子のおかげで、人間は免疫、消化、神経系の健康に重要な何十種類もの必須栄養を吸収できるのだ。

分類学が少しわかると、ヒトマイクロバイオームの多様さをしっかり把握する上で役に立つ。「門」は「界」のすぐ下、生物の分類群の三番目であることを思い出してほしい。今までのところ、約五〇の細菌の門があることがわかっている。全人類の腸の中だけで、そのうち一二門に属する種が棲息しているのだ。比較のために挙げると、地球上のすべての植物は一二の門に当てはまり、動物の大多数はわずか九門に属している。これでも違和感を覚えたり、自分が取るに足りない存在のように思えてきたりしないなら、人間をはじめ脊椎動物――魚類、両生類、爬虫類、鳥類、哺乳類――はたった一つの門、脊索動物門にきれいに収まってしまうことを指摘しておこう。

ヒトマイクロバイオームの研究者は、ヒトの腸で優位を占める二つの細菌の門――バクテロイデス門とフィルミクテス門――を特に強調している。腸内マイクロバイオームを構成する他の一〇門の中で代表的な細菌は、先進国に住むヨーロッパ人の場合、一般にプロテオバクテリア、放線菌、ウェルコミクロビウムに属するものだ。しかし狩猟採集民やアフリカや南アメリカの農村住民では、腸内マイクロバイオームの構成がまったく違い、もっと多様だ。

少なくとも一二の門から配役を連れてくれば、私たちの一人として、種を同じ割合と相対存在量で持ってはいないということになる。細菌に関しては、種概念を固定するのが難しいのだが、欧米人の腸内マイクロバイオームには全体で約一〇〇〇前後の細菌種と、それらの細菌のさまざまな変種が含まれていると推定されている。

これまでのところマイクロバイオーム研究はほとんど細菌だけに集中しているが、ほかのタイプの微生物を加えると、ヒトマイクロバイオームはドメインと界にまたがるのだ！ もう一つ、生命の樹に居場所のないウイルスを加えれば、私たちが本当は奇妙きわまりないキメラであることが、たやすく理解できる。

私たちの身体にあるすべての生物生息地で、量と多様性においてもっとも豊かなのは、長さ七メートルの消化管だ。特に最後の一・五メートル――大腸――には、腸内マイクロバイオームの約四分の三、何兆個もの住人が入っている。腸の最下部に棲む顕微鏡サイズの生物が、地球そのものの目に見える生物多様性に匹敵するなどと誰が思うだろう？

さらに驚くべきことに、私たちの腸内に棲む微生物の大多数は、培養されたことがない。人間の身体の外では生きられないのだ。だからごく近年まで、腸内微生物相だけでなく、ヒトマイクロバイオーム全体を構成する微生物の種と株について、私たちはほとんど知らなかった。遺伝子シークェンシング技術は、しかし、微生物の世界に新しい窓を開いた。

免疫系の約八〇パーセントは腸、特に大腸に関係していることを知って、私はやはり驚いた。免疫学者は免疫系のもっとも大きな部分に、あまり面白みのない名前──「腸管関連リンパ組織」あるいはGALT──をつけている。ここに、それまで考えたことのなかった、私の健康を支えるもう一つの大きな要因があった──大腸内の微生物だ。私はこれを知って愕然とした。

大腸はなぜ免疫系の中心なのか

知れば知るほど、私は自分のGALTを、生物学的なハリー・ポッターの組分け帽子のように想い描くようになった。あの帽子がどんなに奇妙なものだったか、覚えているだろうか。毎年、居並ぶホグワーツの新入生のあいだを回転しながら跳ね回り、その性格を分析して、ふさわしい寮に割り当てる。組分け帽子は、誰が何に向いているかすべてお見通しなのだ。

組分け帽子の形をチューブ状に変えて、胃が小腸へと変わるところにはめこみ、肛門までずっと引っ張ったとしてみよう。組分け帽子の力は魔法によるものだが、GALTには免疫細胞と免疫組織が力を与えている。免疫細胞は一部で大腸の壁自体を構成してさえいる。

腸がなぜ免疫系の中心なのかがわかり始めた。見方によっては、口は玄関──グランド・セントラル駅（訳註：ニューヨークにある巨大ターミナル駅）、とエリス島（訳註：アッパーニューヨーク湾の島。かつて移民局が置かれ、アメリカの入り口とされていた）を合わせたものの生物版だ。チューブ状の腸は外界の広大さを私の中に収めて、免疫系がそれに届くようにする。GALTは、私が飲んだり食べたりしたものすべてを、より分けなければならない。なぜなら私が病原体を摂取したかもしれないからだ。どんなものであれ腸内に突破口が開かれたら、私は非常に困ることになる。外界——病原体にしろ、消化しかけの食べ物にしろ——が体内を行きあたりばったりに循環したら、免疫系は働き過ぎで燃えあがるか燃え尽きてしまうだろう。

大腸の壁はおそろしく薄い。細胞たった一個の厚みだ。幸い、大腸の細胞を支えるものがいくつかある。内腔（大腸内部の空間の呼び名）を向いた細胞の上には、粘液が保護土の分厚い層のように載っている。大腸の壁の外側にあるのが、加圧ソックスのような特殊な粘膜で、体内で病原体発生源となる可能性がもっとも高い部分に、ＧＡＬＴをきちんと収めている。

大腸細胞は粘液を常時大量に生産している。粘液はいくつもの役目を果たす。大腸の内容物がとどこおりなく流れるようにする。細菌がＧＡＬＴに近づきすぎないように盾になる。また必要なときには、大腸細胞は粘液に、病原体が大腸の壁に付着するのを防ぐ物質を加える。化学的には、粘液は炭水化物だ。根が根圏に放出する滲出液のように、粘液も細菌の餌になる。

この世界を感じ取るために、自分が身長一ミリほどに縮んで、ウェットスーツを身に着け、大腸の中に入っていったとしよう（とりあえず内腔にものがあまり入っていないということにしておく）。頭上と足元には、粘液に覆われた単層細胞が大腸壁を形成しているのが見えるだろう。持ってきた極小のシャベルで足元の地面を掘ってみよう。

二、三度掘れば、巾着袋のような構造の入り口が見られるはずだ。これが腸陰窩《ちょういんか》の最上部で、その一つひとつは大腸壁の小さな陥入によってできている。腸陰窩は最上部でもっともせまく、底では広くなっている。大腸の内腔表面には数多くの腸陰窩がちりばめられている。新しい大腸細胞は腸陰窩の底で

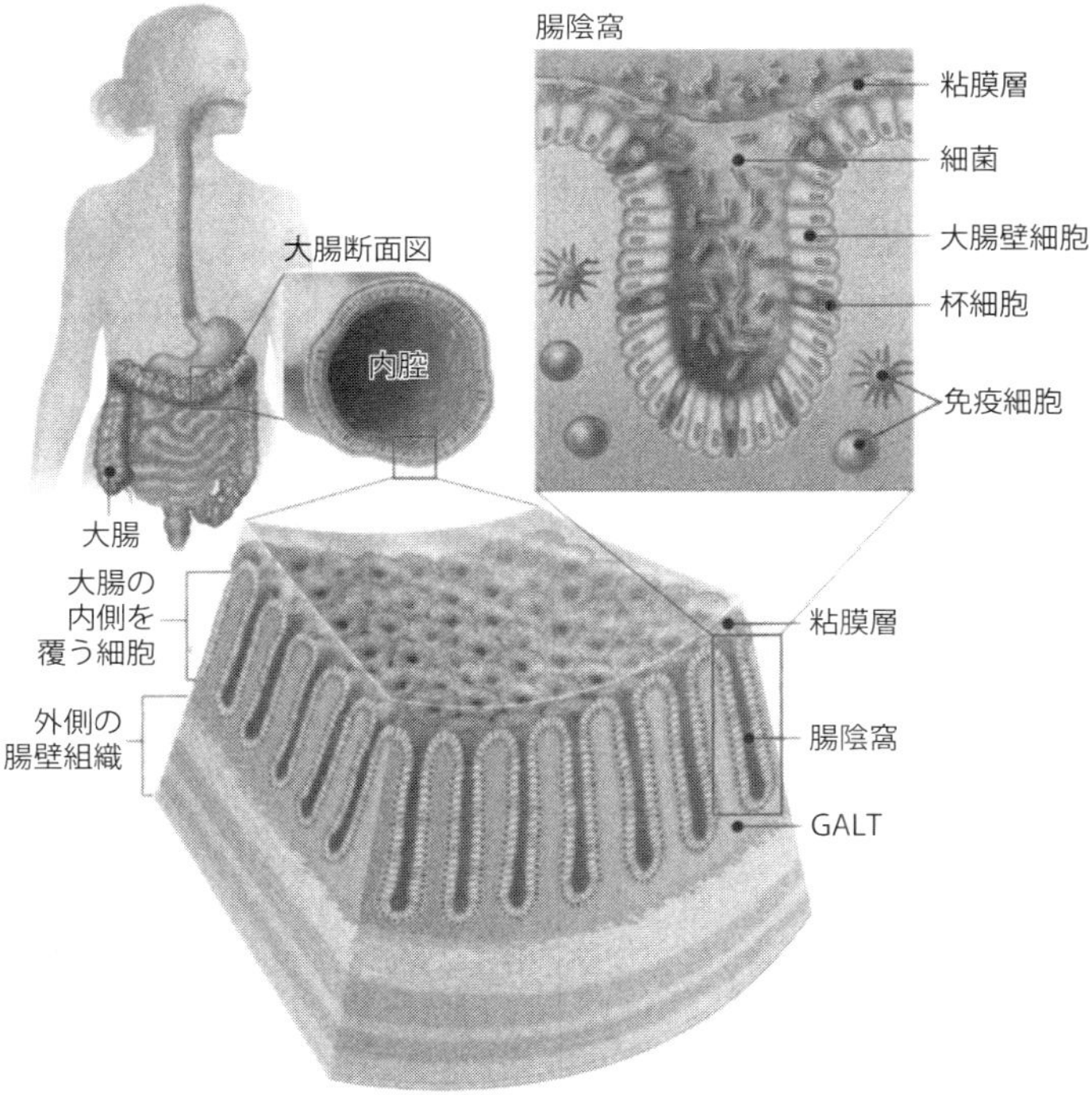

体内の生命

マイクロバイオームは人体内のどこよりも大腸に多く棲んでいる。ほとんどの細菌は内腔に棲息するが、ある種の細菌は大腸陰窩や腸壁を覆う粘膜層の中にいる。免疫細胞はGALT（腸管関連リンパ組織）に集まっている。

発生し、ベルトコンベアー方式で内腔表面まで上がってくる。小さくなった身体でも、腸陰窩に落ちることはない。腸陰窩は身長一ミリの身体よりもはるかに小さいのだ。

私がマイクロバイオームについて調べてわかったことで、たぶん一番奇妙なのは、マウスを使った実験で大腸の腸陰窩の内部奥深く、大腸の磨耗でできた渦のようなくぼみに、ある種の細菌が大量に棲息しているのが見つかったことだ。研究者もこれは奇妙だと思った。粘液と腸陰窩は共に、大腸細胞が分泌する抗菌物質のために、細菌の棲息に適していないと長いあいだ考えられてきたのだ。

しかし大腸陰窩での生活は、粘液中の抗菌物質を逃れる方法を見つけた細菌にとっては快適なものだ。腸陰窩と大腸壁を覆う粘液は、餌だけでなく捕食者からの保護も提供してくれる。腸陰窩の側面や底に見られる特殊な細胞は、杯細胞と呼ばれるが、これ以上ぴったりの名前はない。この細胞は炭水化物を豊富に含む粘液を分泌し、腸陰窩に棲む細菌はそれを食べることができる。細菌の中に、粘膜に入りこむだけでなく、大腸細胞やGALTの近くで何ごともなく棲息できるものがいるという発見は、微生物とそれが人間の健康と幸福に与える影響について新しい考え方へと通じている。

デイブと私は、マイクロバイオームについて熱心に学ぶにつれて、このテーマに関する最新の研究のほとんどが、免疫と炎症を中心にしていることに気づいた。そして、足元にある微生物の世界を発見して土壌肥沃度に対する古くさい見方を捨てたように、免疫学の興味深い世界におそるおそる足を踏み入れると、自分自身の健康の基礎に対する見方が変わり始めた。ある意味で、私たちの母親がいつも言っていたことは、正しかったようだ——人間は中身が肝心。

第8章　体内の自然

ロキは黒い小さなラブラドールレトリーバーだ。その果てしなく見境のない食欲のせいで、本書執筆中にも何度か大きな災難に見舞われている。いつもなら彼は、熱烈な好奇心で世界と接するのだが、その数日は無気力で、アザラシのように荒い音を立てて呼吸していた。そしてある朝、散歩の最中に突然立ち止まったかと思うと、いっこうに足が動かなくなった。直後、ロキは歩道をしょんぼりと見つめていた。食べたばかりの朝食が、足のまわりに水たまりを作っていく。それをもう一度がっついてしまわないうちに、私たちは回れ右して家へ向かった。帰り道、ロキの呼吸はさらにおかしくなり、大きく深い呼吸と息切れが交互に起きるようになった。

その日のうちにロキは集中治療室行きとなり、膿胸と診断された。獣医師によれば、ロキが吸いこんだか食べたかした小さな粒子が、何らかの理由で肺か食道から漏れ、胸腔に入りこんだのだという。だが問題は粒子そのものよりも、それに付着していた細菌だった。粒子に乗った細菌がロキの身体に侵入して居着いてしまい、増殖を始めたのだ。一個が二個に二個が四個にという具合に。一週間とたたないうちに、もとの細菌は数十億もの自己の複製を生み出していた。

炎症は、ロキの免疫系が侵入した細菌の大群に対処したことを意味している。通常、炎症は身体にとってもっとも有益で必要な生物学的プロセスの一つだ。病原体を殺し、それが引き起こした問題をいやす上での要となるからだ。ロキの熱と極度に高い免疫細胞の数は、免疫系がはたらいている証拠だと獣医師は言った。しかしロキの膿胸は度を越した炎症反応を引き起こし、その命を脅かしていた。

炎症に伴う膿、リンパ液、免疫細胞がロキの胸腔に蓄積し、徐々に肺を押しつぶしていた。沈痛な面もちの獣医師は、私たちに選択を求めた。窒息死する前にロキを安楽死させるか、すぐに治療に取りかかるか。しかし治療しても助かる見込みはわずかだった。進行した膿胸によって暴走機関車と化した炎症から来る敗血症性ショックで多くの犬が死んでいると、獣医師は警告した。

ロキは盲導犬協会からわが家にやってきた。一時は盲導犬としての生涯を送る運命だった。ところが、ロキはうれしいと歯止めが利かず、歩道も信号もなくなってしまう。ほかの犬を見ると喜んで、ブラッドハウンドのように吠えながら一目散に走っていくのだ。盲導犬訓練士は、この性質が（ほかの何よりも）傷害事故につながりやすいことを知っていて、ロキを将来の任務から解いた。そのすぐあとに私たちが里親になった。膿胸に襲われたときロキはまだ三歳で、それ以外は健康だった。私たちはこの変わり者の落ちこぼれ犬を心から愛していた。私たちは獣医師に、この子を免疫系の亢進から何とか救えないか、やってみてほしいと言った。

ロキに施された治療は抗生物質、抗炎症剤、輸液のカクテルを経口と点滴で投与することだった。だがロキの肺は十分に膨らまず、入院三日目に第二の感染症にかかった――肺炎だ。

動物病院で見たとき、ロキはほとんど動けなかった。フレキシブルチューブが両の鼻孔から酸素ボンベにつながっているが、まだ息をするだけで苦労していた。この小さなラブの特徴を表わすものは、みんなすっかり消えていた。意識がもうろうとした状態で毛布の上に横たわり、私たちが名前を呼ぶと目がぴくぴくと動いたが、すぐまた閉じてしまった。何とかできるのは、ぱたんぱたんと太く黒い尻尾を振ることだけだった。太い排膿管がロキの肋骨のあいだから突き出している。これまでに見た中で一番幅広のエース包帯が胴にきっちりと巻かれ、管を定位置に固定していた。二、三時間おきに動物看護師がこのチューブを使って、胸腔に溜まった液体と膿を吸引していた。

ロキが生死の境をさまようあいだ、私たちは何もできずただ待っていた。肺炎が襲ってから三六時間後、追加の抗生物質が効いてきた。ロキは持ち直し、私たちは躍り上がって喜んだ。獣医師は目を丸くしていた。

減った病気と増えた病気

抗生物質ができる前、感染と感染症は人間の健康にとって最大の脅威だった。何世紀にもわたり、結核、天然痘、腸チフスは世界中で主要な死因の座を占めていた。黄熱病の大流行が、一八世紀末から一九世紀初めにかけてニューヨークとフィラデルフィアを襲った。感染者の五パーセントから一〇パーセントほどが死亡した。生き残った人々も苦痛——熱、痛み、一目でわかる皮膚と白目の黄変——にさいなまれている。一八二二年までに、蚊の駆除が功を奏して、北部の都市では黄熱病はおおむね収束した。しかし南部の都市は一九世紀末まで悩まされ続けることになる。

北部では黄熱病が下火になり始めたころ、新しい病気がアジアから船で到来した。一八三二年、コレラがニューヨークで発生し、数十年にわたってアメリカじゅうの大都市を席巻した。流行のたびに都市はがたがたになった。田舎に逃げる手段がある人々はそうしたが、貧しく、ほとんどが来たばかりの移民は街にとどまり、苦しみ続けた。

アメリカ人の感染症による死亡者数は、上下水道、ゴミ収集などの衛生対策が広く行なわれるようになると、徐々に減少した。一九四〇年代には、抗生物質とワクチンの開発が本格化し始めていた。公衆衛生対策が引き続き行われたことと相まって、これら新しい治療法は、悪名高い病原体を一つまた一つと制圧していった。

しかし現代病、つまり関節炎、若年性（一型）あるいは成人発症性（二型）糖尿病といった、いわゆる慢性疾患は、第二次世界大戦後の数十年間も増え続けた。慢性疾患は人から人へ移ることはないが、子どもから大人までどの世代にも襲いかかる。そして、いったんかかってしまうと縁を切るのは難しい。アメリカ疾病予防センターによれば、慢性疾患は二〇一〇年のアメリカにおける成人の死因で、上位一〇項目中七項目を占める。全成人の約半数が少なくとも一つの持病を持つと、二〇一二年に同センターは報告している。

継続的な軽度の炎症は慢性疾患の特徴だ。しかし、ロキのような進行の速い細菌感染による明らかな炎症の症状とは違って、軽度の炎症には普通気づかないものだ。しかし、気づかない炎症は無害なわけではない――やがて、命にかかわる問題を引き起こすこともあるのだ。

慢性疾患の多くには自己免疫の要素もある。自己免疫は、人間の免疫系が自分の組織を体内にあってはならないものと勘違いしたとき発生する。普段は役に立つ炎症反応が暴走して、健康な組織を壊したり痛めたりするのだ。自己免疫疾患は身体のほとんどどの部分にも発生する。多発性硬化症は神経系を損傷する。ある種の喘息は肺組織を傷つける。クローン病は腸の中間部から下部を襲う。

自己免疫疾患には八〇を超えるさまざまなタイプがあるが、すべてが十分に研究されていたり常に追跡されていたりするわけではなく、そのため罹患率の推定値には幅がある。アメリカ国立衛生研究所は、人口のおよそ八パーセントが自己免疫疾患を抱えていると推定しているが、アメリカ自己免疫疾患協会では、その数字の二倍以上としている。

慢性疾患と自己免疫疾患の発生率の増加には、感染症による幼児期の死亡が減ったことと、かかったとしてもよりよい治療が受けられるようになったこともある程度関係している。そして今日、喘息のような一部の病気には、それまでの数十年間には存在しなかった治療法がある。さらに、多くの自己免疫疾患の発生率増加は、一部の慢性疾患が自己免疫疾患に割り振りなおされたことはもちろん、発見と診断が共に向上したことも原因としている。しかし、こうした要因は、ここ数十年で慢性疾患や自己免疫疾患にかかる人が、特に子どもや若者に増えていることの説明に依然としてなっていない[1]。

二〇世紀後半の数十年間に、先進国では自己免疫疾患が劇的に増加し、衰えるきざしは見られない。先進諸国では一型糖尿病がこの三〇年で二倍以上増えており、より若くしてかかるようになっている。慢性的炎症に関係する現代の健康問題は、もっとも古い敵、病原体と今や肩を並べる脅威となっている。

免疫の二面性

慢性疾患と自己免疫疾患が不可解な増加を続けることへの説明と対処法を求めると、必然的に免疫系とその二面性に行き着く。それは私たちを助けるものでありながら、害を与えることもあるのだ。だが免疫系は想像しにくいものでもある。神経系における脳や、循環器系における心臓のような大きくて派手なものは、免疫系にはない。その多くはリンパ管とリンパ節の分散したネットワークとして体じゅうに広がっている。免疫細胞はこのネットワークを伝わって、人体が広大な海であるかのように全身を巡る。

GALT以外にも、私たちの免疫系に大きな役割を果たすものがある。自分の免疫細胞が生まれる場所——胸腺と、不思議なことに骨髄——を知っている人がどれほどいるだろう。クルミ大の胸腺は胸骨のすぐ下に位置し、免疫細胞を一種類作りだす。骨髄はそれ以外の免疫細胞の源だ。そして左上腹部の肋骨の下には、こぶし大の脾臓がきっちり収まり、血液を濾過して異物の分子を取り除いている。

たいていの人は免疫系だけが人体の防衛システムだと思っている。この標準的な見方を「門前の蛮族」と呼ぶ。さまざまな免疫細胞が病原性微生物とどう戦うかを単純に説明するものだ。免疫系には優れた検出と認識の能力がある。蛮族が自分の身体の一部でないことを知り、たいていは制圧してしまうのだ。

しかし私たちの繁栄のためには、野蛮人を撃退するだけでは十分ではない。それ以上のことが必要なのだ。何しろ、広大な世界が門の中にはあるのだから。その世界は体内環境と、その主要な部品である心臓、肺、肝臓、腸、腎臓、脳などで成り立っている。そしてこちら側、門の内側でこそ、免疫系はもう一つの重要な役割を果たしている。身体の炎症のレベルを全般的に調節し、すべてのシステムが互いに途切れなく円滑に機能するようにしているのだ。

炎症の力という諸刃の剣を免疫系がどうやって最大限に活用し、どう継続的に操縦するのかを正確に突き止めるのは厄介であることがわかっている。免疫細胞群は役割や外見がおそろしく多様だ。しかもまぎらわしいのは、蛮族と戦うのと同じ免疫細胞の中に、門の中の秩序も保っているものがあるのだ。

生物学者は、人間にこうした特に複雑な免疫系が発生した理由を、いくつか考えている。

すさまじい威力を持つ免疫系は、人間や寿命の長い哺乳類に必要だと確信する者もいる。一生のうちに私たちは、例えばバッタやカエルなどよりも、多くの病原体や寄生生物に遭遇するからだ——時には何度も。したがって、私たちはより頑丈で高度な防衛システムを必要とするというのがその主張だ。しかしこの考えでは、比較的単純な免疫系を持つ無脊椎動物の中に、細菌だらけの泥をこし取りながら一〇〇年以上生きられるホンビノスガイのようなものがいる理由を説明できない。

新しく出てきたもう一つの免疫系の見方は、ある観察結果にもとづいている。それは、脊椎動物の腸内微生物相が比較的安定した多様性の非常に高い群集からできていて、ほかにはいない種が数多く棲息しているというものだ。これらの性質は、無脊椎動物の体内に棲み外部の環境条件に応じて絶えず変化する、きわめて一過性の微生物群集とはまったく対照的だ。複雑な免疫系のおかげで、私たちを含めすべての脊椎動物は、接触する微生物すべて——蛮族と生涯体内に棲んでいる微生物相——を識別することができるのだ。

自分の身体が完全に自分だけのものではないことを受け入れるなら、免疫系の二重性を矛盾なく説明できる。いくつもの微生物景観から自分の身体ができていると考えてみよう。腸の河川流域、髪の毛の森、乾いた足の爪の砂漠、目の空。これらの場所には相互に影響しあう住人が多数いて、地球上のあらゆる生態系と同様に活発に動いている。それは同時に、目に見える生態系で起きているいつもの自然のプロセス——資源の不足と充足の循環、激変、捕食と被捕食の関係、温度と湿度の勾配など——に支配されている。

私たちにとってもっとも利益にかなうのは、身体の生態系に棲息するものたちが、焦土作戦を採用するために免疫系の引き金を引かないことだ。そんな事態は人間にとっても微生物にとっても災難だ。そこで、正当に評価がされていないけれど、免疫系の本業は、体内外に無数にある生態系と、その居住者の健康を保つことだと考えてみる。もちろん時には、急激な炎症を引き起こして、門の前に現われた蛮族を撃退する必要もあるだろう。しかし全般的に見て免疫系の最優先目的は、身体の生態系が正しく

——私たちのために——はたらくようにすることだ。

このような見方は、マイクロバイオームに関する新しい発見ときわめて一致する。哺乳類の免疫系は、身体に長く棲んでいる微生物との関係を監視し、良好に維持するように進化したという証拠が積みあげられている。そしてあらゆる共生関係と同じで、微生物が繁栄するとき、私たちも繁栄する。メカニズムや細かい部分はまだ完全にはわかっていないが、マイクロバイオームの混乱が、多くの慢性疾患と自己免疫疾患にかかりやすくなる根本的原因の中にあるようだ。

過ぎたるはなお……

ヒトマイクロバイオームに関して、科学者たちが——まるで毎日のように——発見していることがどれほど重要か完全に把握するためには、免疫系がどうはたらくか、ある程度基礎的なことを知ることが肝心だ。身体じゅうに広く散らばってはいるが、免疫系は分電盤に似た接点のようなもので、私たちの遭遇するすべての微生物が私たちに、また私たちが微生物に情報伝達する場である。

リンパ節の腫れ、痛み、発熱は、免疫系が病原体と戦っていることのわかりやすいサインだ。そしてすでに述べたように、炎症は普通は健康のしるしなのだ。夕食用のニンジンを刻んでいて、指を切ってしまったとする。どんなにきれいでも、包丁やニンジンやまな板は細菌の巣だ。刃が皮膚を破ると細菌がなだれ込み、免疫系も同時にはたらき始める。近くの血管は意図的に漏れだし、免疫細胞が血流から飛び出して、皮膚に常駐する別の免疫細胞と合流できるようにする。傷口の免疫細胞はサイトカインという物質を分泌して、情報伝達をしあうとともに、離れた免疫細胞にも情報を伝える。[2] 傷口に招集された免疫細胞のあるものは身体に侵入した細菌を殺し、またあるものは傷を治す工程に取りかかる。

炎症は、傷のまわりの赤みと痛みとして現われる。血液と免疫細胞が傷に引き寄せられるからだ。その後、ある種のサイトカインが、傷口のまわりの皮膚細胞と血管に、包丁で切られた部分を再生してふさぐことを促す。炎症を起こす免疫細胞は、解体作業員と改装作業員と清掃作業員を兼業したようなもので、全速力で一心不乱に建物を出たり入ったりする。だから急性の炎症は、要するに、治癒過程の重要な一部なのだ。

だが軽度の慢性的炎症はまた別の話だ。この場合免疫系の攻撃力は、まったく正常で健康な組織に向けられている。免疫細胞は傷が治癒を必要としていると誤って思いこみ、サイトカインを絶え間なくほとばしらせて、さらに免疫系の活動を引き起こす。炎症部の免疫細胞は破壊物質を放出し続け、やめ時がわからない。興奮が興奮を呼び、一種の生物学的な無秩序状態が発生する。やがて、おそらく数年後には、慢性的な炎症にさらされた組織はぼろぼろになってしまう。

傷口や感染箇所に集まったサイトカインと免疫細胞の大群は、局所の環境を細胞レベルで非常に活発な場所にする。このプロセスに来る日も来る日もスイッチが入ると、癖になる。修復する傷がなく、したがって炎症プロセスの終点がないので、免疫細胞とサイトカインは居座って、細胞分裂の速度を異常に高くする。細胞が分裂するたびにDNAがコピーされる。しかしそのうち、コピーミスが発生する。問題のないミスもあれば修復できるものもあるが、中には重大な結果をもたらすものもある。たとえば細胞の増殖が抑制できなくなる——つまり、がんへと進行してしまうような。

二つの免疫

免疫学者はよく、免疫系には二つの部分——自然部門と獲得部門——があると言う。それぞれはっきりと違う形ではたらく。「白血球」という言葉はきっと読者にもおなじみだろうが、これは自然部門と獲得部門のどちらから発生したものであれ、すべての免疫細胞を指す総称だ。だが個別の型の免疫細胞はいずれかの部門に関わっており、自然免疫細胞、獲得免疫細胞と総称される。どちらの型の免疫細胞も、相互に接続されたリンパ管と血管の網を通って体じゅうを循環する。

免疫細胞の最初の仕事は、出会った多種多様な分子を調べて正体を突き止めることだ。その目的はただ一つ、その分子が自己か非自己かをはっきりさせることだ。この分子は蛮族なのか？　それとも自分の微生物共和国の市民なのか？

免疫細胞は身体の全細胞を見張ってもいる。ときどき、がんのように、細胞が悪くなるからだ。万事順調に動いているとき、免疫系は自分自身の細胞に由来するものと同時に、病原体と非病原体に関係するさまざまな分子指標を認識・識別する。

自然免疫細胞と獲得免疫細胞には根本的な違いがいくつかある。免疫系の自然部門を構成する細胞は、一般的な病原体のほとんどを即座に認識することができる。自然免疫細胞は私たちの最初の防衛線だ。「自然」は、生まれつきこの細胞が人間の身体の一部であることを表わしている。

これまでのところ免疫学者は、多種多様な微生物を検知できる特殊な受容体を十数個、自然免疫細胞の表層に発見している。それぞれの型の受容体は、備えつけのバーコードリーダーとよく似ているが、一つ決定的な違いがある。自然免疫細胞の受容体は幅広い模様――さまざまな病原性および非病原性微生物に関連する分子指標――を読みとるのだ。

受容体のこのようなはたらきによって、自然免疫細胞は、対象の匂いを正確に捉える災害救助犬のような第一級の探知能力を持つことになる。そしてこれは、ある種の自然免疫細胞が行なう精査を思い起こさせる。そうした細胞は、認識できる分子指標に出会うと、サンプルを集めて、それを獲得部門から の免疫細胞に示す。樹状細胞が集めた分子サンプルはきわめて重要で、そのため特に名前がついている——抗原だ。抗原がなければ免疫の獲得部門は、何をすればいいのか途方に暮れてしまうだろう。

マクロファージと樹状細胞は、食細胞と呼ばれる自然免疫細胞の一種だ。どちらも一般的な病原体の分子指標を検知するが、理由はそれぞれ異なる。マクロファージは、捕食動物のように、食べるために狩りをする。その過程で呑み込んだ不運な微生物を殺す。樹状細胞はまったく違う。その目的は病原体を殺すことよりも、侵入者から抗原を手に入れることだ。樹状細胞もマクロファージも、人間にはないが病原微生物に見られる特定の分子指標を認識することができる。

自然免疫細胞とは対照的に、獲得免疫細胞は自動的に認識して殺す力を持たない。それらは作用する前に自然免疫細胞からの情報を必要とする。獲得免疫細胞には主に二種類がある——T細胞とB細胞だ。T細胞とB細胞の特に注目すべき性質は、いったん自然免疫細胞がそれらに抗原を提示すると、人間の生涯にわたって覚えていられることだ。同じばい菌をもう一度拾うと、T細胞かB細胞がすぐさま病原体に気づいて症状を大幅にやわらげ、時には生死を分けることさえある。獲得免疫細胞の不思議な性質は、ワクチンが効く理由だ。

免疫系は優秀だが、だまされることもある。がん細胞は頭にくるほどうまい技を持っている。がん細胞は、自分が異常な細胞であるというわかりやすいサインを発することがあり、それに免疫細胞は全力で反応する。しかしがん細胞は、ときどきサイトカインの伝達を混乱させる物質を分泌して免疫反応を狂わせ、いつも免疫細胞から逃れることができる。また、場合によっては免疫細胞が、がん細胞をなかば自己、なかば非自己と判断することがある。そうするとある免疫細胞はがんを攻撃し、またあるものは攻撃をやめるということになる。

ヒト免疫不全ウイルス（ＨＩＶ）はいっそう致命的な攻撃を免疫系にしかける。これは、人間の免疫レパートリーにあるほとんどあらゆる型の反応が依存している要のような免疫細胞に感染する。最終的にこれが災いとなり、ＨＩＶに感染した人はありふれた病気に対してどんどん無防備になっていく。

恐れ知らずの探検家

一九七〇年代初め、ロックフェラー大学の若き免疫学者ラルフ・スタインマンは、樹状細胞の研究を始めた。とはいえ最初のうち、スタインマンはそれが何だかわからなかった。しかし実験の過程で、さまざまな長さの腕のような構造を持つ奇妙な細胞を見つけた。同じ形の細胞は二つとなかった。あるものは星のようで、またあるものは広がったしみのようだった。さらに驚くことに、この細胞は腕のような構造を伸ばしたり引っ込めたりして、アメーバのように形を変えることができた。スタインマンはこの驚くべき新発見に樹状細胞と名付け、数十年にわたって研究を続けた。

やがて、この奇妙な細胞が恐れ知らずの探検家で、人体という抗原の海を巡って、免疫反応を開始するのに中心的な役割を果たすサンプルを集めていることをスタインマンは知った。それどころか、樹状細胞がなければ、免疫系の二つの部門で情報伝達が途絶えてとんでもないことになると、今日の免疫学者は知っている。

晩年に膵臓がんを患ったスタインマンは、自分自身を実験材料にした。知己の免疫学者と協力して、自分のがんの実験的な治療法を開発したのだ。この試みの中でもっとも頼れる仲間が、スタインマンが発見した樹状細胞だった。スタインマンは診断から四年半生きた。一般に、このがんにかかったほとんどの人の余命は数週間から数ヵ月なので、それよりはるかに長い。

二〇一一年一〇月三日、その死の三日後、ノーベル委員会はスタインマンに電話をかけ、樹状細胞の研究に対してノーベル賞を共同授与することを告げようとした（共同受賞者は自然免疫の活性化について研究していた二人の科学者だった）。一世紀以上のノーベル賞の歴史の中で、このような事態は初めてだった。規則では死後の授与はできないことになっているが、委員会はスタインマンの受賞は有効とした。電話をかけるまで、スタインマンは生きていると思っていたのだから。

スタインマンによる樹状細胞と、のちにはそのがん治療に果たす役割の研究からさかのぼること約一世紀、ウィリアム・コーリー医師はがん治療に細菌を使う方法をたまたま思いついた。コーリーはニューヨークがん病院（現・メモリアル・スローン・ケタリングがんセンター）の外科助手で外科講師だった。コーリーの同僚の一人が、三一歳の患者の驚くべき回復について話していた。その患者は首にがん性の腫瘍ができ、五年間に三回も手術を受けていた。何度手術しても腫瘍は再発した。五度目の手術で腫瘍を完全に取り除けなかったため、コーリーの同僚はさじを投げ、この患者はもう助からないと確信した。ところが、最後の手術のすぐあとで、この患者は丹毒にかかった。がんとは関係のない皮膚の感染症だ。丹毒は悪化し、軽減し、少しして軽い症状で再発した。驚いたことに、患者の腫瘍は縮小して、やがて完全に消えた。七年後、コーリーと同僚はこの患者を再検査した。首の腫瘍は再発していなかった！

皮膚の感染と腫瘍の消滅の関係に、コーリーは大いに興味をそそられ、同じような種類のがんにかかったほかの患者を丹毒に感染させたら、どのような効果があるだろうかと考えた。一八九一年五月二日、それを確かめる機会が訪れた。手術できないほど大きくなった首と扁桃の腫瘍を持つ患者が、コーリーのもとへ回されてきた。コーリーはこの患者に、丹毒を引き起こすと考える細菌を注射した。これはうまく行かなかった。自分は間違った微生物を使ったのではないかとコーリーは考えた。

最適なものを見つけだすことを決意したコーリーは、ドイツの微生物学者ロベルト・コッホに連絡を取った。コッホは、純粋培養した本当の丹毒を起こす細菌を、大西洋の向こうに送る（当時は簡単なことではなかった）手配をした。コーリーの知己の専門家が護送して、病原性連鎖球菌株は無事ニューヨーク市に到着した。コーリーはさっそく患者に接種した。今度は丹毒が発症し、数日後、首の腫瘍は崩れ始めた。二週間後、それは消えていた。そして二年たっても首の腫瘍は再発しなかった（ただし扁桃腫瘍はほぼ同じ大きさで残っていた）。

コーリーはコッホから届いた連鎖球菌株を使い続けたが、結果はまちまちだった。なぜ、どのようにして成果が上がったのか、コーリーは完全には理解していなかったが、丹毒を引き起こす細菌が、腫瘍細胞を探知して殺すことのできる免疫系の一部も活性化したようだった。メカニズムを捉えることはできなかったものの、コーリーは、免疫系が病気と闘う技術と力を利用する免疫療法の黎明期を築いていた。

抗原という言語

スタインマンの発見により、コーリーの成果はより深く理解されるようになった。

鳥の翼が飛ぶために完璧な形をしているように、樹状細胞の奇妙な形は、その目的のためには完璧だったのだ。免疫系を構成する細胞や組織の多くは、消化管を包み込んでいることを思い出してほしい。さまざまな種類の免疫細胞があるなかで、樹状細胞だけが大腸の外側から内側へ入ることができる。そ

読者カード

ご愛読ありがとうございます。本カードを小社の企画の参考にさせていただ
存じます。ご感想は、匿名にて公表させていただく場合がございます。また
より新刊案内などを送らせていただくことがあります。個人情報につきまし
適切に管理し第三者への提供はいたしません。ご協力ありがとうございまし

ご購入された書籍をご記入ください。

本書を何で最初にお知りになりましたか？
□書店　□新聞・雑誌（　　　　）□テレビ・ラジオ（
□インターネットの検索で（　　　　　）□人から（口コミ・ネ
□（　　　　　　）の書評を読んで　□その他（

ご購入の動機（複数回答可）
□テーマに関心があった　□内容、構成が良さそうだった
□著者　□表紙が気に入った　□その他（

今、いちばん関心のあることを教えてください。

最近、購入された書籍を教えてください。

本書のご感想、読みたいテーマ、今後の出版物へのご希望など

□総合図書目録（無料）の送付を希望する方はチェックして下さい
＊新刊情報などが届くメールマガジンの申し込みは小社ホームペー
（http://www.tsukiji-shokan.co.jp）にて

郵 便 は が き

取人払郵便

局承認

422

有効期間
4年 8月
まで

104 8782

905

東京都中央区築地7-4-4-201

築地書館 読書カード係 行

	年齢	性別	男・女
〒			
号			
（お勤め先）			

入申込書 このはがきは、当社書籍の注文書としてもお使いいただけます。

ご注文される書名	冊数

書店名 ご自宅への直送（発送料300円）をご希望の方は記入しないでください。

tel

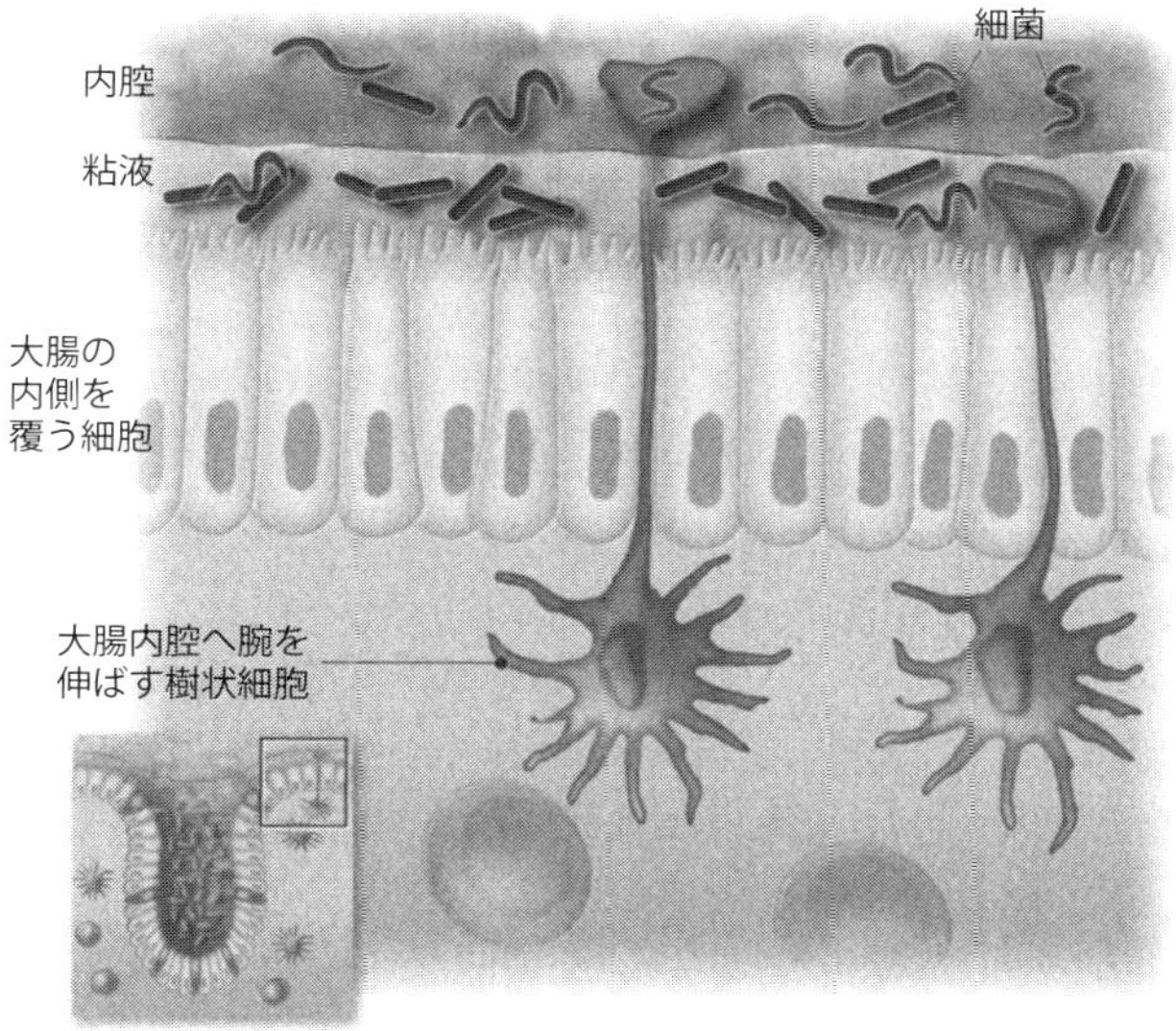

生きた潜望鏡

樹状細胞は大腸から抗原を集めて他の免疫細胞に提示する。

れはヒトデのような腕の一本を、二個の大腸細胞のあいだにすばやく滑りこませ、探索を始める。腕が粘液層に達すると、それは潜水艦の潜望鏡のように突き抜けて、大腸の内側に現われる。樹状細胞の腕は大腸内腔や粘液から抗原を集め、入ってきたときと同じように出ていく。

樹状細胞は、細胞表面から立ち上がる旗竿のように機能する特殊な分子も備えていて、抗原をその旗竿に掲げて提示する。研究者が樹状細胞の機能に気づいたとき、これによって免疫系の二つの部門が相互に、そして微生物と情報伝達できる秘密が明らかになった。樹状細胞とT細胞は共通の言語を使っている——それが抗原だ。

大腸は、樹状細胞が監視している数ある場所の一つにすぎない。樹状細胞は、外界の微生物が私たちの身体に入ってくる可能性のある場所に集まっている——たとえば皮膚、肺、膣（もしあれば）などだ。このように、樹状細胞は単なる探検者ではなく、人体の海を巡航してT細胞に提示する抗原を積みこむことに長けているのだ。

すべてのT細胞は胸腺で生まれるが、そこで樹状細胞とT細胞が出会うわけではない。また、T細胞は胸腺から出てすぐ活性化するとも考えられていない。T細胞の生涯の第一段階は、人体の大海原を放浪することだ。T細胞にはさまざまな種類の抗原に特殊化した受容体があり、脾臓やリンパ節の港にたびたび停泊して樹状細胞と出会い、積み荷の抗原を調べる。

一連の特定のできごとが起きて初めてT細胞は活性化する。まず、T細胞と樹状細胞がリンパ節か脾臓の迷路の中で、実際に相手を見つけなければならない。次に、それに合わせてT細胞受容体が作られるように樹状細胞は抗原を提示していなければならない。この両方が起きるとき、T細胞は活性化する。そしていったん活性化すると、それが幼少期でも成人してからでも、T細胞は通常一生ついてまわり、くり返し同じことをする。

T細胞には少なくとも六種類あり、それぞれの型が私たちの免疫系に独特の形で寄与する。たとえばキラーT細胞は、自分を活性化させる抗原の大元——主にがん細胞やウイルスに感染した細胞——を探し、それを殺す。

樹状細胞のキラーT細胞活性化能力は、ある種のがん免疫治療の基礎だ。樹状細胞は、人体から取りだして腫瘍の抗原を積載させることができる。人体に戻すと、この樹状細胞はキラーT細胞を活性化させる。キラーT細胞は抗原の元（腫瘍細胞）を探して殺す。

T細胞とは対照的に、B細胞は骨髄から誕生する。T細胞と同様に、B細胞も体内を放浪して、それを活性化する抗原を探しながら絶えず脾臓とリンパ節を通り抜ける。B細胞の活性化により、最終的に抗体が生産される——必要とあれば一日に何千個でも。抗体は血液とリンパ液に乗って体じゅうを自由に循環し、元のB細胞を活性化させた抗原と分子指標が一致する微生物に「標識」をつける。背中に抗体の標識がついた微生物は、すぐに他の免疫細胞の標的となり、殺される。B細胞の強みは、比較的速く抗体を生産できることにある。これは動きの速い病原体の感染に対抗する上で、大きな違いを生む。

炎症のバランス

B細胞は免疫系の重要な一部だが、T細胞がヒトマイクロバイオームと相互作用する上での、特に驚くべき、そして面白い方法を研究者は発見している。

これまで私たちは、主に免疫系と病原体との相互作用に注目してきた。しかし、すべての微生物が病原体であるわけではないことを覚えておく必要がある。それどころか、ヒトの腸内微生物はほとんどが有益であって、有害ではないのだ！　この事実は、免疫細胞と非病原性微生物の相互作用が、通常の免疫反応にとって重要であることを、マイクロバイオームの研究者が発見しつつある理由を説明するのに大変役に立つ。

特に、T細胞の中の二種類——制御性T細胞（Ｔｒｅｇ）とＴｈ17細胞（インターロイキン17というサイトカインを分泌することから名付けられた）——が、非病原性細菌からきっかけを得ているようだ。この二種のT細胞は、人間をキラーT細胞とは違う方法で守っている。この二つは病原体や腫瘍を攻撃しない。かわりに、免疫系の第二の大きな役割をそれは実行する。来る日も来る日も、炎症を加減し続けることだ。Ｔｒｅｇは炎症を抑え、Ｔｈ17細胞は炎症を激しくさせる。

普通の免疫系を持つ人においては、この二種類のT細胞は、シーソーの両端で完璧にバランスを取っている二つの重りのように描写され、一体となって主要制限因子としての役割を果たしている。共同で免疫の火力レベルを上げ下げして病原体と戦ったり、有益な微生物を許容したり、傷を治癒したりするのに必要な炎症の最適レベルを達成しているのだ。

ある種の条件下では、炎症を促進するＴｈ17細胞はシーソーの自分の側を押し下げて、バランスを崩す。Ｔｈ17細胞とＴｒｅｇ細胞のバランスが失なわれると、炎症が誘発するがんだけでなく、自己免疫疾患や潰瘍性大腸炎のような炎症性疾患の原因にもなる。

さまざまなT細胞が受容体を作る様子は、もっとも興味深い生物学的プロセスの一つだ。実際にはもっと複雑だが、それぞれのT細胞受容体の先には独特の手のようなものがあるとしてみよう。手の一つひとつは指の数、大きさ、形が違っている。この手が揺れ動き、対になる手、つまり樹状細胞が提示する抗原を探して伸びる。ただしT細胞受容体は、完全にぴったり合うものを見つけなければならない。

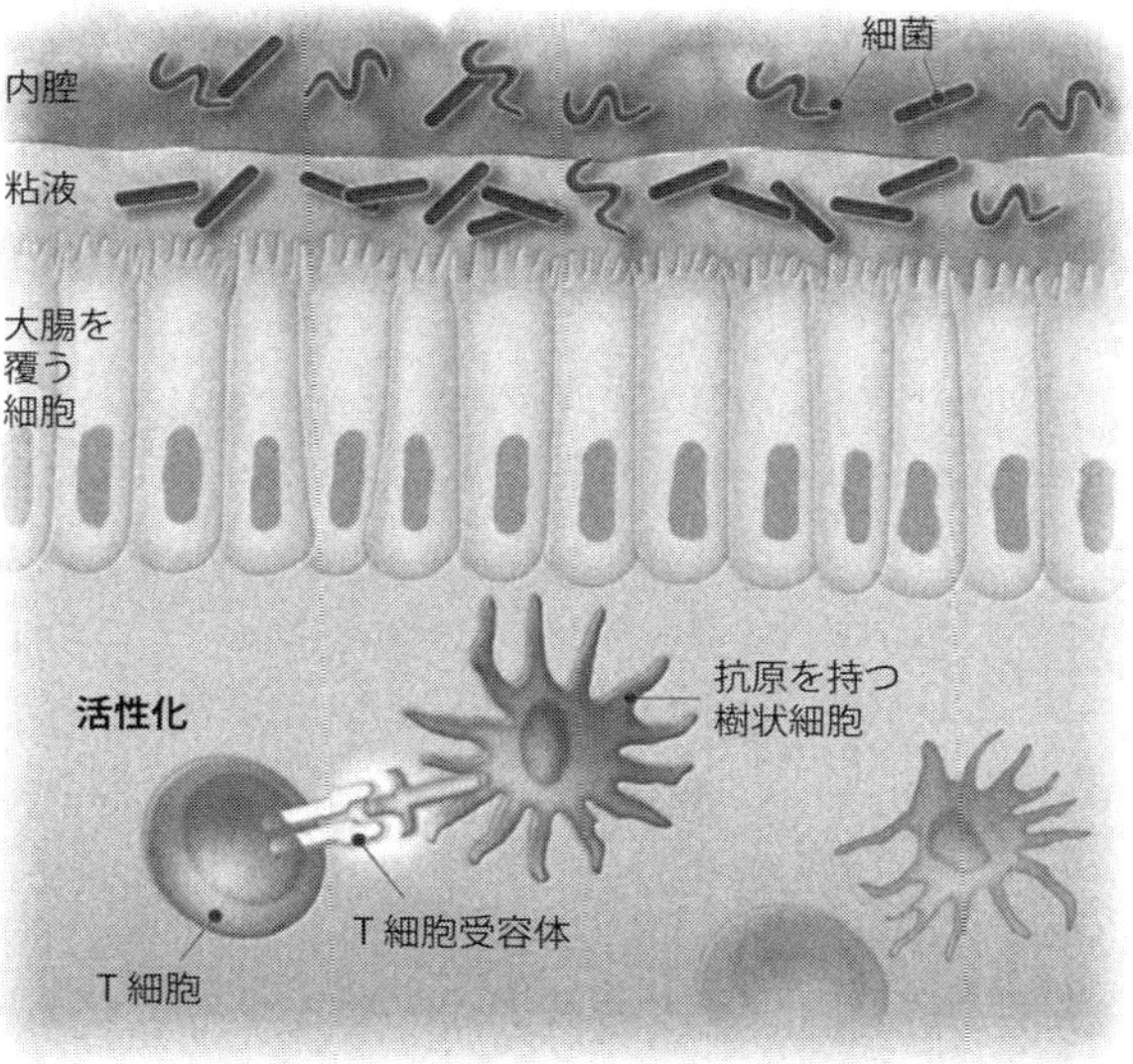

T 細胞の活性化

T 細胞は樹状細胞上の抗原の「適合」を確かめる。正しい種類の抗原だけが T 細胞を活性化させる。

そして合う可能性のある手は世の中にたくさんある——何百万も。だから樹状細胞が抗体を持ってくると、T細胞受容体がいわば手を伸ばし、受容体と抗体の適合を厳密に確かめる。二つのパズルのピースのように完璧に適合すれば、T細胞はすぐさま活動を開始する。

しかしT細胞一個ではがん細胞の大群には、まして病原性ウイルスでいっぱいの細胞には太刀打ちできない。また、TregやTh17細胞一個で、慢性的な炎症の傾向を抑えるように調整することもできない。だから、活性化されたT細胞がまず手をつける仕事は、何度もくり返し自己のクローンを作ることだ。複製されたT細胞は、原型のT細胞と同一の受容体を持つ。

私たちの身体は巧妙なプロセスによってT細胞とB細胞の受容体を生成する。初め科学者は、T細胞とB細胞の受容体をコードしている遺伝子は生まれつきのものだと考えていた。しかし、免疫細胞受容体は信じられないほど多様なので（したがって数が多いので）、その目的には私たちのゲノムのほとんどすべてを捧げなければならないだろう。実際には受容体を作る遺伝子は、もっと少ないDNA断片のランダムな再配列によって、その場その場で組み立てられる。このようにして何十億個という異なる受容体が生成されるのだ。

植物は、味方を引き寄せて維持するために、多種多様なフィトケミカルと滲出液を製造するが、人間には樹状細胞の優れた分析能力と伝達技術がある。私たちは驚くほどさまざまなT細胞およびB細胞受容体を組み立てることもできる。これこそが、生命の樹の端にいる微生物と実りの多い交流をするために必要なものなのだ。

微生物の協力者

アメリカではわずか一世紀前には、微生物を原因とする疾病で日常的に死者が出ていたが、実は人間に感染する病原体は比較的少なく、一四〇〇種ほどだと感染症学者は推定している。対照的に、人間のマイクロバイオーム全体で、非病原性微生物の数は約一〇〇万と推定される。病原体一種に対して非病原体七〇〇種近くだ。さらに、全世界の非病原性微生物の中で、同定されているものはわずか一パーセントほどだと、微生物学者は考えている。そして病原性であれ有益なものであれ、微生物の多くは自己の遺伝子を簡単に調整できるのだ。

免疫系が行なう監視に加えて、微生物そのものに関係する別の工夫がある。人類と共進化した細菌のかなり多くは、複数の顔を持つ。こうしたものたちは、共生の連続体の中を、共生者の側から中立の立場へ移ったり、あるいは病原体へと転落したりという変貌を見せることがある。だがたいていの場合、人体に常駐する微生物の住人は、私たちを助けてくれる。また場合によっては中立であり、害をなすことはめったにない。たとえば食物源の違いや微生物の群集への出入りなどの環境因子も、細菌が顔を変える理由の一つだ。私たちのマイクロバイオームにいる微生物でこのような振る舞いをするものは、共生生物（commensal）と呼ばれる(3)。

前に述べたように、免疫系の大部分は消化管、特に大腸と絡みあっている。では、なぜ大腸の付近の免疫細胞は、こんな微生物の巣窟を攻撃しないのだろうか。この激しく動く大量の半消化物に興味を持った、詮索好きな樹状細胞が、抗原を収集するために腸内に潜望鏡を伸ばしてくるというのに。

一つの説明が、免疫細胞は単純に共生生物を無視するというものだ。この仮説では、大腸の内腔側を覆う粘液の厚い層が、通り抜けられない壁となって、共生生物を大腸細胞自体だけでなく、免疫細胞の網目と大腸を取り巻く組織からも分離しているとされる。微生物の抗原が粘液を通り抜けて、外側の大腸細胞に群がっている免疫細胞に届かなければ、免疫反応が引き起こされることはない。この説明は、二つの不正確な前提――免疫系が病原体とだけ相互作用することと、共生生物が内腔にとどまっていること――に基づかないかぎり、あまり理にかなっているとは言えない。

これらの驚くべき事実をまとめてみよう。われわれ雑食性で大きな脳を持ち寿命の長い哺乳類は、この世に登場して以来、微生物の世界を必死に歩んできた。微生物の細胞は、私たちの体細胞の数を大幅に上回っている。非病原体は病原性微生物を、体内外どちらの環境でも、楽に数で圧倒する。私たちのゲノムは、天文学的な数の生物学的多様性を探知する受容体を、その場で生成する能力を持つ。私たちの免疫細胞は、味方と病原体を選り分ける目覚ましい監視能力を、免疫系に与える。こうした事実が示すのは、私たちが思いこんでいた免疫の話――その目的、由来、はたらき――がひっくり返りそうだということだ。

私たちの免疫細胞が、軍隊というよりも、固く連帯した環境の見張り番であるとしたらどうだろう？その日々の仕事が、全身の主要な組織にとってはもちろん、その機能を助ける微生物相にも最適な炎症を待機させておくことだとしたら？　それなら、たまたま病原体が現われたとき、免疫という番人は適度な炎症反応をすばやく引き起こして侵入者を追い払うことができる。

現代の私たちが直面する生きていく上での課題は、約二〇万年前に現代人の祖先が進化したときとは明らかに違っている。だが、一つ変わらないものがある。私たちは、自分の内側も外側も二面性と複雑さに満ちた微生物の世界に生きていることだ。病原体を中心にした免疫系の見方は、太陽が地球のまわりを回っているとするコペルニクス以前の世界観と同じくらいの考え違いだ。

現代の微生物研究者は、チャールズ・ダーウィンや、それと肩を並べるアレクサンダー・フォン・フンボルトやアルフレッド・ラッセル・ウォレスらの冒険者たちのような、世界を股にかけた一九世紀のナチュラリストの時代に匹敵する全盛期を迎えている。彼ら探検家は大自然の驚異を――アンデスの高地からボルネオのジャングルまで――次から次へと発見した。ヨーロッパに戻ると、彼らが持ち帰った標本と着想は、世界の見方を永久に変えた。二〇〇年が経った今、科学者たちは内なる景観――人体内の生態系と住民――を探検し、再びわれわれは何者かという概念を揺るがせている。

共生生物の種

植物と同じように、私たちは周囲の環境を利用してマイクロバイオームを集め、培養する。しかし人間の獲得計画はもう少し複雑だ。出産の数時間前、母親は特殊な膣粘液の生産量を増やし、特有の微生物を育てる――子どものためにだ。赤ん坊が子宮をするりと抜け、この世に向けて下降を始めるとき、その微生物が取りつく。私たちと微生物は切っても切れない関係になる。それは色々な意味で一生の準備だ。誕生の旅路もまさに終わりに近づいたとき、母親の便にまみれて、私たちの最初のマイクロバイオームに仕上げが完了する。科学者の中には、胎盤と、おそらくは子宮さえも、最初のマイクロバイオームの種をまくのを助けているのではないかと考える者がいる。母親の細菌は臍帯血《さいたいけつ》と羊水からも見つかっているからだ。

共生生物の本当の重要性は、やはり数字を検討することで明らかになる。微生物の細胞の数が、特に腸内では、われわれ自身のものを大きく上回ることを思い出してほしい。そして細菌の重さは一〇〇万分の一グラムのそのまた一〇〇万分の一にすぎないが、人間のマイクロバイオームを全部合わせると数キログラムになる。ヒトの皮膚一平方インチに約五〇万個の微生物が棲んでいる——ワイオミング州の人口とほぼ同じだ。人間の体内には天の川銀河の星の数よりたくさんの微生物がいる。私たち一人ひとりが微生物の銀河を持っているのだ。そして細菌の場合、ある人のマイクロバイオームを構成する微生物の組み合わせ全体は、指紋のように固有であるだけでなく、時とともに変わる。五〇歳になってからのマイクロバイオームは、二歳のときのマイクロバイオームと似ても似つかない。

そして面白いのが、根圏に棲息する細菌が病原体の存在を植物に知らせるのと似た活動が、大腸の中でも起きている形跡があることだ。粘液層に棲む細菌は、内腔の病原体が粘液層に定着しようとすると、化学的メッセージによって大腸細胞に警報を鳴らす。

共生生物の中には有益なあまり、それなしでは人間が病気になるものがある。病原体が免疫反応の引き金を引くことは昔から知られているが、共生生物が免疫系と相互に作用する——ときどきではなく、常に——ことも今では明らかになっている。それどころか共生生物は免疫細胞に準備をさせ、訓練する上で、病原体と同じくらい大きな役割を果たしているようだ。ある意味で、その役割はいっそう重要である。と言うのは、共生生物は体内の炎症の全体的なレベルを調節する上で中心的な役割を果たしており、一方で炎症は人体のすべてが順調に動き続けるために必要であることを、マイクロバイオームの研究者は発見しつつあるからだ。

バクテロイデス・フラギリスの奇妙な事例

カリフォルニア工科大学の微生物学者、サーキス・マズマニアンは、共生生物が炎症の調整を助けていることを示す説得力のある事例を集めているマイクロバイオーム研究者の一人だ。その研究グループの実験によって、腸に棲むバクテロイデス・フラギリスがどのように免疫系と相互作用するかが解明されている。マウスを使った実験ではあるが、その結果は、ヒトの大腸内で見られるB・フラギリスなどの粘液に棲む細菌が、私たちの免疫反応にどう影響するかを示している。だが、マズマニアンの発見をくわしく検討する前に、発見当時の考え方を振り返ってみよう。

長い間、樹状細胞が提示できるのはタンパク質断片でできた抗原のみだと推測され、したがってT細胞受容体——キラーT細胞、Treg、Th17細胞に無数にあるすべて——はタンパク質断片にしか適合できないと考えられていた。なにしろ科学者が抗原を分析して見つかったのが、タンパク質断片だけだったのだ。だがB・フラギリスは、そうでないことを証明した。

B・フラギリスはポリサッカライドA（PSA）という特殊な分子を作る。ポリサッカライドはタンパク質ではない。それは炭水化物だ。樹状細胞がPSA抗原を旗竿に掲げられるという発見は、樹状細胞が以前考えられていたよりも幅広い抗原を探知して、T細胞と共有できることを意味した。

それどころか、B・フラギリスと免疫細胞の関係は、PSAが左右しているのだ。そしてここでマズマニアンの発見が登場する。マズマニアンは、樹状細胞がB・フラギリスの抗原をわざわざ提示する以上、それなりの理由があるはずだと考えた。マズマニアンは同僚らと、このありふれた細菌についてくわしく研究を始めた。なぜ樹状細胞はPSAを感知することができるのか、そしてなぜこの分子がT細胞にとって重要なのか？

すでに見たように、炎症は免疫反応の重要な部分であり、まさにそこからマズマニアンらは、B・フラギリスが宿主に与える影響を調べ始めた。標準的な研究スタイルで、彼らはマウスを集め、一連の実験を考案した。使用したマウスは「無菌」になるように繁殖・飼育した特殊なものだ。これによりB・

フラギリスの効果の研究が容易になるのだ。

最初に、大腸炎を起こすことが知られている病原菌を無菌マウスに投与する。大腸炎が起きると、B・フラギリスが投与され、大腸炎にかかったマウスはすぐに回復した。やはり大腸炎を患っていたもう一群のマウスは、違う型のB・フラギリスを投与された。これは遺伝子組み換えによって、PSAを作れなくされていた。こちらのマウスの大腸炎は収まることがなかった。こうした実験結果から二つのことが明らかになった。B・フラギリスは大腸炎を消滅させられること、B・フラギリスが作るPSA分子はその治癒に重要な役割を持つことだ。

だが、B・フラギリスは正確にはどのように大腸炎を治したのだろうか？　マズマニアンらはそのメカニズムを見つけるために探究を続けた。すると、PSA抗原を積載した樹状細胞は、抗炎症性のTregを活性化させることがわかったのだ！　B・フラギリスは、どうやら、宿主であるマウスの体じゅうの平和を保ちながら、自分自身は免疫系の標的になることを避けているようだ。そうすることで、この細菌はすみかを確保しているのだ。これは全員が得をしているということだろうか？

もう一つの実験で、マズマニアンはB・フラギリスの抗炎症効果をきっちりと証明した。マズマニアンはB・フラギリスからPSAを抽出し、不純物を取り除いて、実験的に大腸炎にかからせたマウスに与えた。マウスに現われた効果は、B・フラギリスそのものを投与したのと同じだった。思ったとおり大腸炎は治り、マウスはすぐに回復した。

マズマニアンらはさらに研究を行ない、B・フラギリスが誘導したTregについてさらに多くを知った。問題のTregは、インターロイキン10という炎症を抑えるサイトカインを分泌して、大腸炎を治すのだ。まだ大腸炎にかかっているマウスでは、別のT細胞とサイトカインがはたらいていた。大腸炎のマウスには、比較的高い数値でTh17細胞があり、これが炎症を誘発するインターロイキン17を作っていた。

B・フラギリスは消化管以外の場所に定着した場合に問題を起こすことがあるが、マズマニアンらの実験は、B・フラギリスが少なくともマウスの腸では病気を治す力を持つことを示している。

日本の研究者も、ヒトの大腸粘液に棲む共生生物に関心を抱いていた。B・フラギリス以外の細菌もTregの発生に影響があるのか？　いくつかの実験で彼らは、さまざまな共生生物について大腸炎にかかった無菌マウスを回復させる能力をテストした。このメカニズムは、Tregの発生を誘導することによって起きるという仮説を、彼らは立てた。彼らは驚くべき発見に行き当たった――Treg発生の最大のブースターはただ一種類の細菌ではなかったのだ。それはクロストリジウムという細菌グループに属する特定の一七の菌株の組み合わせだった。

ちょうどよい炎症

中庸の徳という言葉がしっくり来る場面があるとすれば、おそらく今ここだろう。免疫系はちょうどよい炎症を得るために、どのようにTreg細胞とTh17細胞を活性化したり抑制したりするのか。Tregが好ましいものである理由は明らかだ――Th17細胞の生産を阻害する抗炎症サイトカインを分泌して、腸の炎症を抑えるのだから。だが、炎症もまた組織を回復させ病原体を駆逐するために必要なものだったはずだ。だから、病原体が腸に入りこんだときに治癒過程を開始したり、警報を鳴らしたりするために、常にある種の炎症性T細胞が準備されていてほしい。しかし何がTh17細胞を実行可能状態にするのだろうか。

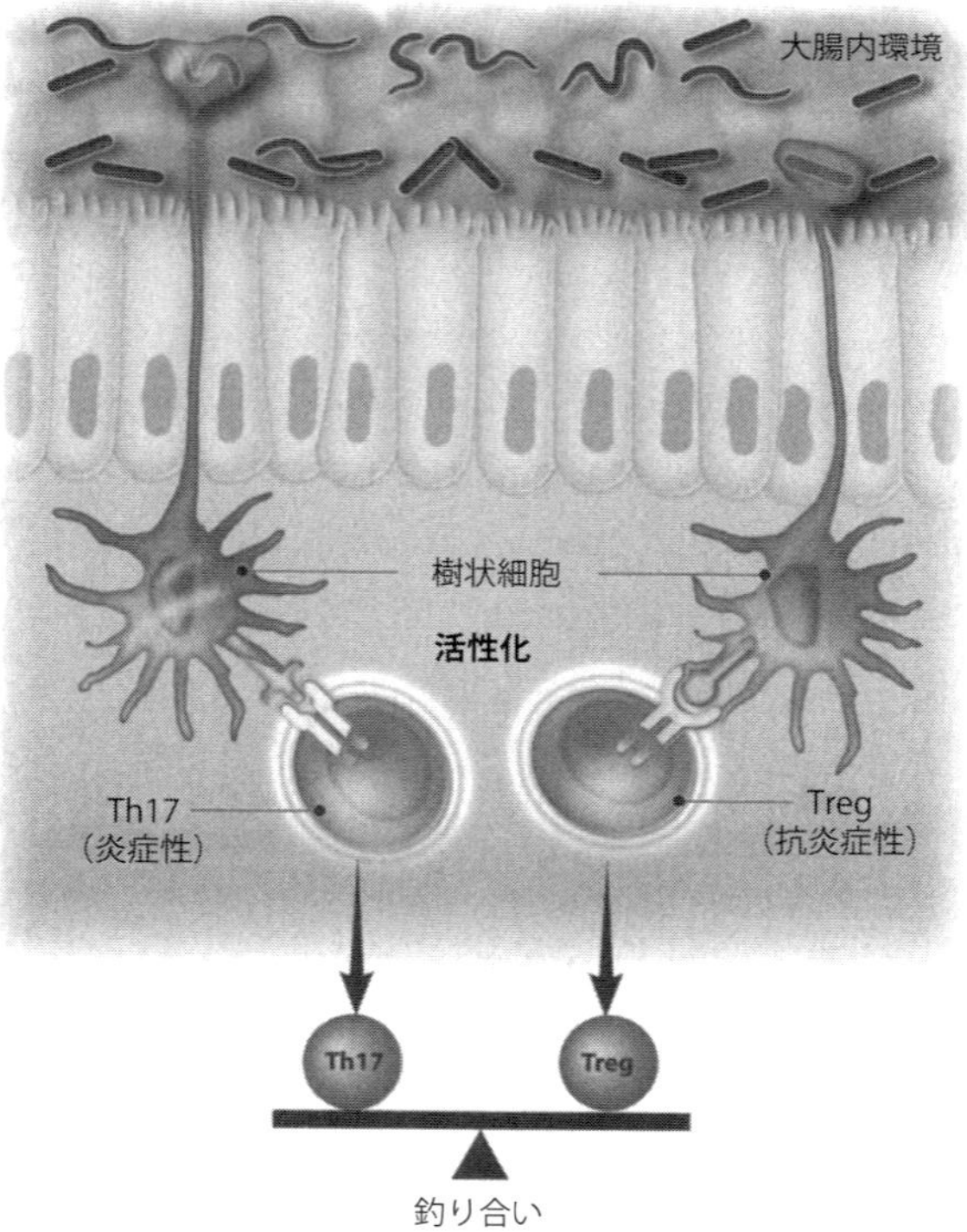

炎症の釣り合い

腸内細菌相は炎症性 Th17 と抗炎症性 Treg のバランスに影響する。

ここでセグメント細菌が登場する。これは腸内共生生物の一グループで、多くの脊椎動物、無脊椎動物の腸壁に付着しているのが見つかっている。(4) この細菌はTh17細胞の発生を促進するが、それであふれかえるわけではない。全面的な炎症反応が起きるかなり手前にとどまっている程度に調節されている。別の実験で、アメリカと日本の研究者はセグメント細菌を無菌マウスに投与した。研究者たちは二週間おいてから、シトロバクター・ローデンチウムという非常に毒性が高い病原菌を投与した。この細菌は、病原性大腸菌が人間の腸に起こすものと似た、重い炎症を腸に引き起こす。セグメント細菌を接種されていたマウスには、目立ってよい結果が見られた。炎症による大腸の損傷がはるかに小さく、C・ローデンチウムは腸壁に侵入していなかったのだ。

セグメント細菌と免疫系の相互作用の基礎となるメカニズムと分子は、まだ完全にはわかっていない。病原体が引き起こす組織損傷をともなう炎症の誘発を避ける能力も同様だ。セグメント細菌は、違う型のTh17細胞（火炎放射器ではなく軽い強壮剤のようにはたらくもの）を促進しているのかもしれないと研究者は推測している。セグメント細菌がTregを刺激して、Th17細胞が分泌する炎症性サイトカインの効力をうち消すサイトカインを生産させ、組織を損傷しないレベルに前者を抑えるということもありえる。

もちろん、Th17を待機させて、蛮族が門前に現われたり門を突破したりしたときに、肝心な炎症プロセスをスタートさせられるようにしておくことは大切だ。病原体がいったん宿主の体内に入ったら、どれほど速く増殖するかを考えると（ロキの気の毒な経験を思い出してほしい）、セグメント細菌は、病原体を排除するための反応を即座に起こすのに役立つだろう。これは感染の重さと結果を大きく左右する。

マズマニアンらの研究が明らかにしたのは、ＴｒｅｇとＴｈ17の両方が健全な免疫反応に必要であること、そして少なくともマウスでは、Ｂ・フラギリスとセグメント細菌が抗炎症プロセスと炎症プロセスの平衡を保つのに役立っていることだ。これらの細菌のような共生生物は、炎症反応を細かく調節して、宿主が慢性的な炎症につながる消耗性の疾患を避けるのを助ける。そうすることで、この種の微生物はすみかを自分自身にとって快適なものに保ってもいるのだ。

これは、健康を作りだし維持する生物学的メカニズムの、まったく違った見方だ。こんなふうに考えてみよう。あなたは二つの生死にかかわる大問題に直面している。身体の外から来る敵（病原体）と内側からの敵（慢性的な炎症）だ。どちらも潜在的に有害だが、ただし違う形でだ。

不必要な炎症と病原体とはまったく種類の違う脅威だが、味方——体内に棲む共生生物——の助けを少し借りれば、免疫系は両方とも解決することができる。慢性的炎症の危険性は、近年までまったくと言っていいほど見過ごされてきた。それは結核やコレラのような伝染病ではないからだ。しかし慢性的炎症と、現在先進国では流行レベルで発生している関連疾患の増加とのつながりを考えると、それはやはり脅威である。

太古からの味方

かつて進化の過程で、私たちは日常的にきわめて多様な微生物と遭遇していた——飲んだり浴びたりする水の中に、土まみれのままかじる塊茎の上に、のちには、食べた動物の肉に。そして、あまり考えたくない出所、自分や他人の糞便からのものも。

もちろん、病原体が私たちを倒すこともあった。しかしいったんヒトの体内に入ってしまうと、微生物の中には私たちの消化管を通り抜けながら、その道中ものを食べるという移動生活を続け、しかし害を及ぼさないというものがいた。こうした共生微生物の一部は、母から子へと決まって受け渡されさえする。また別の微生物は、免疫系との休戦の方向へと進んだ。それらは共生生物となり、私たちの腸内に定住した。内腔の激しい流れを避けて、腸の内壁を覆う細胞に載ったふかふかした粘液層の中にもぐりこんだものもいた。人体内で、あるいは体表で、ほかに棲める場所を見つけだし、免疫細胞の標的になるのを何とかまぬがれたものもいた。

虫垂について考えてみよう。小腸から大腸への変わり目にある、不可解なよどみは、かつて何の役にも立っていないと考えられていた。医師や研究者は、なぜこの奇妙な腸の付属物に、濃密な細菌のバイオフィルムと、それを殺す能力のある免疫細胞の大群が住み着いているのかといぶかしんだ。

答えは虫垂の驚くべき機能にあった。このよどんだ場所は、消化管の洪水のような環境からの安全な隠れ場所を共生生物に提供する。他の生態系では、このような生息地はレフュジア（避難所）と呼ばれている。動植物種の中には、壊滅的な洪水や火山の噴火のあと、無傷でレフュジアから姿を現わし、攪乱された場所に再び定着するものがいる。レフュジアの生物群集は、最初に到着したときに構成を定める。そして、多くの細菌がそうであるように世代交代時間は二〇分なので、共生生物をただちに中に入れてやることが、もっとも重要だ。こうしたことから、虫垂が実際には何の役に立っているのか説明できる。病原体を排除するために下痢が起きたあとで、共生菌を供給してすぐに再定着できるようにしているのだ。

おそらく大腸の陰窩も細菌にとってのレフュジアなのだろう。この栄養分に富んだ窪みは内腔の激動から守られており、共生生物は必要なときにはここから腸壁に出て、すぐに再定着することができる。

どこに棲んでいようと、私たちのマイクロバイオームの共生生物は、免疫系にとって計り知れない価値のあるものとなり、見返りに安定したすみかを手に入れた。もっとも肝心なのは、進化の過程を通じて、共生生物は私たちの免疫系に、自分たちが病原体でないことを教えてきたことだ。代わりに共生生物は、二一世紀の通貨を提供する。つまり情報だ。共生生物が提供する情報は、免疫系が不要な炎症を引き起こさないようにするのに役立つ。

これはつまり、私たちのマイクロバイオームを混乱させれば、困ったことになるということだ。共生生物、樹状細胞、T細胞受容体のあいだで行なわれる高度で厳密なやり取りが、攪乱されてしまうだろうからだ。そして、私たちにとって一番起きてほしくない事態は、相当な威力を持たされた免疫系が、本来守るはずの身体とけんかしてしまうことだ。

植物学者は昔から、すべての微生物が病原体ではないこと、植物が持っている微生物の集団がその植物の運命を左右することを知っていた。くり返し行なわれた実験で、消毒して無菌にした土壌では、植物は病気で弱ってしまうことが証明されている。同じことが動物の世界でも言えるようだ。三つの別個の研究で、赤痢、炭疽《たんそ》、リーシュマニア症（寄生性の原生生物が引き起こす病気で、皮膚の潰瘍や致命的な内臓の腫脹をもたらす）の病原体にさらされた無菌マウスは、通常の微生物相を持つマウスよりもはるかに病状が悪化した。加えて、無菌動物は血中抗体のレベルがかなり低く、脾臓、リンパ節、胸腺で作られるT細胞もずっと少ない。

人間が微生物のまったくいない無菌の身体を持ったことはない。もしそんな状態が実現したとすれば、不健康この上ないことになるだろう。人体内部に棲む微生物群集は、敵の撃退を助けることから、人間の健康維持に役立つ代謝副産物の供給まで、数知れぬ役割を果たしている。たとえば私たちは、神経系が正しく機能するために必要なビタミンB_{12}、血液凝固と骨の健康に関係するビタミンKといった、健康に欠かせないビタミンを作る腸内細菌相に支配されている。だがそれらは、人間が生きるために必要な数ある分子や化合物の中の二つにすぎない。微生物は、私たちの血液中にある代謝産物の、三分の一までもを作りだしているのだ。

免疫系は微生物を殺すために進化したと、かつて私たちは考えていた。それが今では、微生物が免疫系のはたらきを助けていると考えられるようになっている。有益微生物が人間の健康にどのように影響するのか、細部とメカニズムはわかり始めたばかりだが、マイクロバイオームが混乱すれば、ちょっとした体調不良から深刻な病気まで、さまざまな影響が出ることははっきりしている。

つまり、私たち自身をみずからのマイクロバイオームの世話係として捉えなおし、小さな仲間たちに十分な栄養と、すみかと、安全を与えつづけることが必要なのだ。なぜなら彼らが元気なら、私たちも元気だからだ。それはただの自然の隠れた半分ではない。私たちの免疫系のもう一本の腕であり、腰かけの脚のように、どの一本が欠けても安定しないのだ。それでもなお医学界は、一九世紀の微生物学の宣言書――細菌論――に支配され、すべての微生物に今もおおむね敵対的な立場を取っている。

第9章　見えない敵——細菌、ウイルス、原生生物と伝染病

私たち戦後のベビーブームの末期以降に生まれた者は、運がよかったと考えていいだろう。前の世代を苦しめていた病気のワクチンを、私たちは定期的に接種された。ポリオ（急性灰白髄炎・小児麻痺）と麻疹《はしか》の二つは、私たちの親が子どものころには珍しくない病気だった。さらに一世代か二世代さかのぼれば、私たちの先祖は、現代では名前さえあまり知られていないような病気にさらされていた。

伝染病は常に人類を苦しめてきたように思われるかもしれないが、実はそうではない。太古、農耕社会が発生する以前は、人間は最大四〇人から五〇人の小さな移動性の集団で暮らしていた。人々は狩猟や採集で得られるものを何でも食べた。このような生活様式——絶えず移動し、他の集団の人間から長期間隔離されている——は、伝染病の流行を防いでいた。手首や足首の捻挫のような小さなけがのほうが問題だったようだ。食料を集めたり掘り出したりできなければ食べられない。肉食獣から走って逃げられなければ、自分が食べられるおそれがある。

伝染病が初めてしっかりとした足場を得たのは、五〇〇〇年から一万年前、初期の農耕社会の出現にともなってのことだと広く考えられている。当時農耕は、肥沃なチグリス川とユーフラテス川の流域や、中国の一部に存在した。定住して作物を栽培し家畜を育てるようになったことで、食料供給は予測しやすくなり、時には狩猟採集生活よりも豊富になった。

またその結果、女性は短い期間により多くの子どもを産むようになった。絶えず移動し、食物を探し、捕食者を避けながら幼児を育てるストレスはどれほどのものだろうか。定住生活は、三、四年に一度だった出産を、一、二年に一度にした。飢饉は文明を後退させうるし、実際に後退させたが、人口は増え続けた。そして人口が増えるにつれ、私たちは農耕民の生活様式になじんでいき、人口密度は狩猟採集民集団の一〇倍から一〇〇倍に達した。

古代において不潔さは、現代の電子機器のように氾濫していた。汚れた飲み水、動物の死骸や人間の排泄物でいっぱいの家庭環境は、病原体の温床を作りだした。駆けだした文明のあとを、病原体はぴったりと追ってきた。

たぶん意外なことではないが、特に致命的なヒトの病原体の多くは、家畜化した動物、あるいはネズミ、ノミ、蚊のような人間やその廃棄物を餌にしている動物から始まった。DNA解析によって、多くの微生物——天然痘、百日咳、猩紅熱《しょうこうねつ》を引き起こすものを含めて——が、さまざまな動物や昆虫から人間へ、ひと跳びで移ってきたことがわかっている。だがこうした病原体はそもそもどこから生まれたものだろう？

もちろん、自然からだ。木を一本切り倒すごとに、土地にくわを入れるごとに、私たちは微生物とその宿主を追い出してきたのだ。一般に細菌は日和見的で繁殖が速く、遺伝子交換ができる。それがどのように環境中の新しい条件に反応したか、推測に難くないだろう。新しい宿主、豊富な食物、敵からのよりよい保護を手に入れて、微生物は一か八かのチャンスに飛びついたのだ。人間の集中は、細菌など病原体となりえるものにとって理想的な舞台——密度が高く混じりあう集団——となった。初期の植物病原体もほとんど同じことだ。コムギのような穀物が単一栽培され、周辺に自生する植生に病原体の宿主となるものが少なければ、病原体はすぐ作物に飛びついた。

細菌、ウイルス、原生生物が引き起こす病気は、何度となく社会に蔓延し、発熱、死、あるいは食糧不足をもたらして、歴史に大きな影響を与えた。「the plague（疫病）」と言えば、普通は腺ペスト（bubonic plague）――人類最大の災厄の一つ――の話だ。ノミの体内に棲むペスト菌エルシニア・ペスティスが引き起こす、この悪名高い病は、あまたの歴史を作った。アテネの疫病はこの古代都市国家を紀元前四三〇年に荒廃させ、ペロポネソス戦争の帰趨に影響を与え、古代ギリシャの終焉を招き、ローマの台頭を準備した。約一〇〇〇年後、ユスティニアヌスの疫病（五四一～五四二年）がビザンチン帝国の首都コンスタンチノープルを襲い、ローマ帝国の最期を早めた。中でも最悪のものが「黒死病」で、一四世紀のヨーロッパに壊滅的な被害を与えた。一三四六年から一三五三年までの八年間に、ペストはヨーロッパの人口の三分の一から半分を死に至らしめ、その余波として宗教、経済、社会に途方もない変化をもたらした。数世紀後には天然痘をはじめとするヨーロッパの病気が、アメリカ大陸の先住民族に壊滅的打撃を与え、新世界の征服を許した。南北戦争と第一次世界大戦では、戦場での伝染病が直接の敵の砲火より多くの兵士を殺したと言われている。

伝染病がどこから来るのかは、古代社会を悩ませた。ヒポクラテスの時代以来、病気は瘴気、すなわち悪い空気のせいだとされた。このような空気は、よどんだ水や腐敗した死体のような嫌な臭いのする場所から発散すると考えられた。この認識は、ヨーロッパの自然哲学者たちが古典的な考えに疑問を唱え、自然界のはたらきについて独自に調べ始めるまでの一〇〇〇年のあいだは支配的だった。

アントニ・ファン・レーウェンフックが、砂粒の直径に一〇〇〇個入るほど小さなアニマルキュールを発見する一世紀ほど前、あるイタリアの医師が、小さな粒子が病気を起こすという説を唱えた。一五四六年、ジローラモ・フラカストロは、目に見えない接触性感染源が人から人へと直接の接触で、または空気を介して病気を広めると記した。フラカストロはコンタギオンが実は生き物だとは主張しなかったが、それが汚れた布の上に存在することで病と死が広まると推測していた。もちろん当時はわからなかったことだが、フラカストロの考えは細菌論――微生物が病気を引き起こし広めるという理論――へと至る道の基礎となり、それが何世紀もかけて明らかになっていく発端となった。

その途上で、衛生状態の改善が病気の抑制に重要であることがわかってきた。清潔な飲み水や下水道のような基本的な公衆衛生対策は、一九世紀末から現われだした。こうした取り組みは、それまでのどのような方法よりも多くの伝染病を抑制・撲滅した。しかしそれでも、一部の病気は依然として大きな死亡原因だった。ワクチンはもう一つの有効な方策だった。それは微生物を殺すのではなく、免疫力を高めるのだ。あるワクチンは医学革新の基礎として、ひときわ光り輝いている。

ポリオ

二〇世紀初頭、アメリカ中でポリオが流行した。ポリオウイルスは普通、糞便で汚染された食物や水を通じて人体内に入る。免疫系によって排除されなかった場合、ウイルスは消化管から神経系に移行し、一本以上の四肢に生涯続く麻痺を、時には死を引き起こすことがある。一九一六年のアメリカの大流行では二万七〇〇〇人に麻痺が発生し、それ以外に六〇〇〇人が死亡した。こうした流行が数十年続き、夏になるとほとんど毎年のように起きた。

一九五〇年代初めには、アメリカ人はもっとも恐ろしいものの中に、核戦争による絶滅とポリオを挙げるまでになっていた。ソ連が水爆の開発を急ぐ一方、アメリカの科学者は全力でポリオのワクチンを作りだそうとしていた。それはなかなか進まなかった。一九五二年には、アメリカのポリオ患者数は過去最高の五万八〇〇〇人に達した。収入や階層にかかわらず、この病気はアメリカのすべての家庭を脅かした。

ウイルスは生命体とは考えられていないが、ワクチン製造者は「生」「死」という言葉を使う。弱められた生きたウイルスは、一般に同じ株の死んだウイルスより病原性が強いと考えられる。免疫系は神経質であり、十分にして効果的な免疫反応を引き起こすウイルス株を見つけて培養し、あるいは抗原を分離することは、炎症と同様にワクチンメーカーにとっては綱渡りだ。難題の一つが、病原体の抗原と、病原体を有毒にしているまさにその性質が、しばしば結びついていることだ。ポリオワクチンの場合、生きたウイルスを使うか死んだものを使うかの判断が、人々の生命と人生に重大な意味を持っていた。

ジョナス・ソーク博士は、きわめて病原性が高いが、「殺した」ばかりのウイルスでワクチンを作ることを選んだ。一九五四年初め、ピッツバーグ大学医学部のソークの研究チームは、研究室で効果のあるワクチンを作るというゴールに到達した。その四月、約二〇〇万人の子どもたちが全国的な治験に参加した。一九五五年三月には結果が出た。アイゼンハワー大統領始め政府高官は、ソークに惜しみなく賛辞を送り、ポリオの克服は近いと高らかに宣言した。ソーク博士はワクチンの特許取得を辞退し、ワクチンは「人民」のものだと述べた。この態度により、彼はアメリカ国民から慕われた。同僚たちはソークばかり注目されることをひどく憤り、彼がワクチン研究に携わった者すべての労に公平に酬いていないと不満を口にした。

夏まで間もないので、ワクチンの生産は本格的に始められた。四月の中旬までに、製薬各社は数十万人分を分配していた。子どもたちに集団接種が行なわれ、国じゅうが一斉に安堵の溜息をついた。だが数週間後、何か恐ろしい失敗が起きていたことが明らかになった。ワクチン接種を受けたアイダホ州の少女が、ポリオにかかって死亡したのだ。十数件の似たような事例が、西海岸のあちこちに住む子どものあいだで報告された。ジョナス・ソークはものの数日で、英雄から悪漢に転落した。

ソーク批判の中心にいたのが、もう一人の研究者、アルバート・サビンだった。二人は、ソークが初めてピッツバーグに到着したときに出会っていた。ポリオ研究者の有力者集団は小さく、サビンは、年少のソークを経験の浅い新米と考えて、その研究を過小評価した。面白いことに、この二人は非常に似通った背景を持っている。二人とも迫害を避けて亡命してきたユダヤ人家族の出だった。サビン一家はポーランド出身、ソーク一家はロシア出身だ。そんな共通点にもかかわらず、二人のあいだに仲間意識はなかった。二人はポリオワクチンの開発に当たって、まったく違う発想を持っていた。サビンは、病原性が低い株を殺さずに弱毒化したものから、もっとも安全で効果的なワクチンが作れると主張した。病原性が高い「殺した」株から作るソーク・ワクチンに対してサビンが抱いた危惧は、もっともなものに思われた。

ソーク・ワクチンの使用開始と死亡事例が結びつけられたことで、当然ながら親たちは脅え、多くは子どもへの接種を拒んだ。しかし、大規模なポリオの流行が、夏の到来とともに再びシカゴとボストンを襲った。ワクチンへの恐怖から、接種を受けていた子どもは少なかった。ソークは今にも自殺しそうな様子だったと言われている。

あとでわかったことだが、六カ所の民間試験場のうち一カ所が、ソーク・ワクチンの製造にあたってへまをやっていたのだ。サビンが危惧したように、問題は病原性の高い株を使用したことから起きた。製造過程で一部の培養容器が長く放置されすぎて、容器の底に沈殿物ができてしまった。ウイルスを殺すための薬品が、沈殿物の底にいるウイルス粒子すべてに十分届かず、そのため生きたウイルスがワクチンに入ってしまったのだ。見つかってしまえば、問題は簡単に解決された。ソーク・ワクチンを使って接種は再開され、死亡する子どもは二度と出なかった。しかし、一度まかれた疑いの種はどうしようもなかった。

一方、サビンはゆるぎなく、ソークが使った株よりもはるかに病原性が小さい生きたウイルスを弱毒化したものから作るワクチンを開発していた。サビンのワクチンはソークのものより安全で、同じくらい効果があると多くの人が信じていたが、それはまだ検証されたことがなかった。ソ連がそれを喜んで引き受けた。ソ連では、一九五〇年代後半にポリオのすさまじい流行があり、その制圧に必死だった。冷戦のまっただ中に、ソ連の科学者はアメリカを訪れ、両方のワクチンを評価した。彼らはサビン・ワクチンを選び、一〇〇〇万人の子どもで治験を行なうことを承諾した。治験の結果、サビンの夢ははかなった。サビンのワクチンは安全であることが証明され、ソ連政府はさっそく、もう七〇〇〇万人の子どもに接種を行なった。

アメリカでは、どちらのワクチンを使うべきか論争が続いていた。一九六一年、ソーク・ワクチンが使われるようになってから一〇年とたたないうちに、ポリオの発生件数は一〇〇〇分の一以下に減少した。明らかにそれは効果があったのだ。しかし、ソ連での大規模な取り組みが成功したことが、アメリカ人に疑念を引き起こした。なぜ自分たちはサビン・ワクチンの接種を受けていないのか？　ロシア人にとって安全で効き目があるなら、アメリカ人にも効くのではないのか？　このような不満はサビンの思うつぼだった。サビンは政府高官に働きかけた。製薬会社もそれにならった。一九六一年秋には、サビン・ワクチンは相当に儲かるからだ。ソークが抗議してもどうにもならなかった。一九六一年秋には、サビン・ワ

204

クチンだけが医師に推奨されるワクチンとなった。ポリオの件数は減り続け、一九七九年にアメリカでは撲滅が宣言された。しかし世界的には、ポリオはまだ撲滅の瀬戸際で揺れ動いている。ノックアウトされたかと思うと、戦争や社会不安の到来と共に増加するのだ。

天然痘

「まだらの怪物」天然痘は、ポリオよりはるかに長きにわたり文明を破壊してきた。現在生きているアメリカ人の多くが、今でも一九四〇年代から五〇年代のポリオの流行を覚えているが、天然痘はそのころすでにアメリカでは撲滅されていた。開発途上国では流行が続いていたが、一九八〇年までに、天然痘は地球上で初めて撲滅された病気となった。

バリオラ・メジャー・ウイルスは、もっとも死亡率の高いタイプの天然痘を引き起こす。早くも農耕が始まった直後から、人類を悩ませ始めた病原体の一つだ。天然痘の流行は何世紀にもわたり盛衰をくり返し、ウイルスにもっとも長くさらされた集団には、少しずつ免疫が作られ始めた。

流行のあいだは、老いも若きも約三分の一の確率で天然痘に感染し、いったん感染すると約五分の一の確率で死亡した。たいていの伝染病と同じく、子どもは特に感染しやすい。感染すれば、一〇歳未満の子どもの死亡率は八〇から九八パーセントにのぼった。

一八世紀の終わりごろには、ヨーロッパでは毎年四〇万人が天然痘で死亡した。歴史を通じて、初めは旧世界で、のちには新世界でも、天然痘の流行は富者も貧者も無差別に殺した。腺ペストを除けば、天然痘は歴史上おそらく、他の伝染病すべてによる死者の合計よりも多くの人間を死に至らしめている。天然痘の生き延びた者も無傷では済まなかった。体中に水疱ができるひどい症状を想像してほしい。天然痘の膿疱が吹きだしたところが、かさぶたになる。多くの生存者の顔には、硬い噴火口のような醜いあばたが残った。破れた膿疱は目にかさぶたを作ることもあった。一八世紀にはヨーロッパ人の失明原因の三分の一以上を占めたと推定されている。天然痘による病変は非常に重いため、紀元前一五世紀という古いエジプトのミイラにもそれを見つけることができる。若きファラオ、ラムセス五世が、それから数世紀後の紀元前一一四五年に天然痘で死んだという証拠すらある。この病気に関する中国の記録は、少なくとも紀元前一一世紀にさかのぼる。

こうした過酷な流行のあいだ、生存者が新たな病人の世話をした。感染を生き延びれば免疫が得られることが、広く知られていたのだ。なぜ、どのようにして免疫がはたらくのか、誰も正確には知らなかったが、はたらくことはわかっていた。一方で、医療行為はたいてい有害無益だった。九世紀のペルシアの医師アル・ラーズィーは、バグダッドの病院で院長を務めていた際に、初めて天然痘と麻疹を区別した。アル・ラーズィーは、患者に汗をかかせて「悪い体液」――血液の発酵で生じると考えられていたガス――の放出を速め、病気を追い出すことを勧めた。

数世紀にわたり、運悪く治療を受けられた患者は、暖炉に火が燃えさかり窓が閉め切られた部屋に閉じこめられた。ヨーロッパの患者も同じくらい見当はずれの治療法に苦しめられた。血とともに熱を放出するためにヒルが用いられた。裕福な人々の多くは「赤色療法」を受けた。この破れかぶれで不合理な治療法は、患者に赤い服を着せ、赤い毛布を掛けて、赤いカーテンの掛かった部屋に寝かせておくというものだった。この習慣は二〇世紀の初めまで続いた。

天然痘は五世紀から六世紀のあいだにアジアからヨーロッパへ侵入した。中国からシリアに延びるシルクロードのような交易路が、ウイルスが世界中に広まるのを助長した。最初の探検隊がアメリカ大陸に到達した一六世紀には、ヨーロッパ人はある程度の免疫を獲得していたが、アメリカ先住民はこのウイルスに遭遇したことがなかった。その後数世紀のあいだに起きたのは、大惨事だった。天然痘で死んだアメリカ先住民は、入植者との戦闘で殺された者よりはるかに多かった。

天然痘ウイルスのはたらきについて理解が進んだのは一七世紀半ば、イギリスの医師サー・トーマス・シデナムが、もっとも手厚い医療を受けた患者の死亡率がもっとも高いことに気づいたときのことだ。シデナムは伝統的な熱療法を否定し、患者を冷やして身体を疲弊させる熱を解消すべきだと主張した。科学的根拠にもとづく医療のさきがけだ。

一七一六年、新たに任命された駐オスマン帝国英国大使の妻レディ・メアリー・モンタギューが、コンスタンチノープル（現・イスタンブール）到着直後、トルコ人が行なっていた「移植」を目撃したことで、ついに飛躍的な発展が促された。レディ・モンタギューは天然痘の生存者であり、一目でそれとわかるなめし革のような肌をしていた。彼女は、移植——接種のことをトルコではそう呼んでいた——によってほとんどこの病気の影響がなくなるらしいことに非常に驚いた。レディ・モンタギューはロンドンの友人に宛てた手紙に、その過程を描写した。地元住民は子どものためにパーティーを開く。そこで老女が針で子どもに小さな切り傷をつけ、傷口にもっとも軽い症状の天然痘にかかった人のかさぶたから作った粉を一つまみ置く（軽い症状というのはおそらく、バリオラ・マイナーという天然痘ウイルスの変異株によるものだろう。これで死に至ることはめったにない）。八日後、子どもには二〇個から三〇個の膿疱ができ、軽い熱で寝込むが、二、三日で回復して、もう天然痘にかかることはなくなる。

レディ・モンタギューはこの慣習に感心し、大使館の医師チャールズ・メートランドを説得して、自分の小さな息子が接種を受ける一部始終を見せた。年輩のギリシャ人女性が錆びた針を震える手に取り、乾いたかさぶたから作ったものを少年の腕の小さな傷口につけるのを見ていたメートランドは愕然とした。レディ・モンタギューが自分のしたことを夫に話したのは、息子が回復してからだった。

無論、当時は誰一人として、免疫細胞の存在を知らないし、まして樹状細胞が病原体から抗原を拾って獲得免疫細胞を活性化させることなど知るよしもない。しかし、接種によってどのように免疫が得られるのか完全にわからないからといって、それでこの習慣は止むことはなかった。何しろ効くのだから。イギリス人にとっては驚くべきものであったが、接種という行為は直感に反する、決して新しいものではない。何世代にもわたり、インド全土の医師は、天然痘の膿疱の膿に浸した針を子どもの上腕に刺すというやり方で、天然痘の接種をしていた。そして、この手法がコンスタンチノープルに到達したのはレディ・モンタギューがやって来る少し前だったが、中国では一〇〇〇年前から天然痘の接種をすでに行なっていた。中国でのやり方は、伝えられるところでは、天然痘のかさぶたを乾かした粉を子どもの鼻に吹き込むこともあり、男の子と女の子でどちらの鼻孔に入れるかが決まっているという。方法はどうであれ、たいていの場合子どもは軽い熱を出してから回復し、免疫を得る。

レディ・モンタギューとその家族がイギリスに戻ったのは、一七二一年に発生する天然痘の流行の直前だった。再びメートランド医師（この頃には引退してやはりロンドンに戻っていた）を訪問したレディ・モンタギューは、幼い娘に接種してくれるよう頼んだ。証人の立ち会いを条件に、メートランドは承諾した。ジョージ一世の侍医が証人を引き受けた。レディ・モンタギューの娘は軽い熱と少々の膿疱が出ただけで済んだ。

すぐに王の義理の娘、ドイツ生まれの皇太子妃キャロラインがこの奇妙な手法を聞きつけ、自分のもっとも幼い娘二人に接種したいと考えた。長女は一七二〇年に天然痘にかかり、もう少しで死ぬところだった。キャロライン妃自身も一七〇七年の感染を生き延びていた。キャロラインは自分自身と王（その許可が必要だったので）を納得させるだけの情報を集め始めた。レディ・モンタギューから直接話を聞き、接種を受けた娘と直々に会いたがった。しかしキャロラインはまだ疑っており、この手法を自分の子どもにあえて試す前に、さらに証明を求めた。

キャロラインは王を説得して、接種実験のためにニューゲート監獄の囚人六人の協力を取りつけさせた。実験参加と引き換えに、彼らは釈放が許されることになった。全員生き延びたが、キャロラインにはまだ十分な証明ではなかった。この実験熱心な皇太子妃は、医師に面談し、セント・ジェームズ教区の孤児を呼んで、実験的な接種を行なった。囚人と同様、全員が生き延びた。やっと満足した皇太子妃は、証拠を王に差し出して、娘に接種する許可を得た。

天然痘の予防接種がすべてこのようにうまくいったわけではない。投与量は見当で、接種を受ける者の基本的な健康状態について、質問することもわかることもほとんどなかった。接種しているのがバリオラ・メジャーかバリオラ・マイナーかも判断のしようがなかった。ワクチン接種のあと死ぬ者もいて、それが疑念と恐怖をかき立てた。そして、接種を行なう者にさえ、わざと感染させるとなぜ病気を防いだり症状を軽くしたりできるのかは、謎のままだった。医師は依然、天然痘の接種がかえって病気を広める可能性を心配していた。また、接種の際に別の病気、たとえば当時猛威を振るっていた梅毒のようなものを、不注意から移してしまうという現実的な脅威もあった。

そして当然、差別的で愚劣な心配を表明する者もいた。たとえば英国学士院会員ウィリアム・ワッグスタッフ博士による、レディ・モンタギューのトルコでの経験に対するコメントだ。「教育と分別のない民族の無学な女が幾人か行なっている方法が王宮に受け入れられたなどとは、後世はとうてい信じる気にはならないであろう(1)」

医師のあいだにこのような感情と、共通した偏見があったにもかかわらず、王室による暗黙の承認の力で医学界の意見はゆらぎ、それを説得力のある統計値がさらに支持した。数学者としての訓練を受けた学究肌の医師であるジェームズ・ジュリン博士は、大規模実験のデータを集め始め、そこからやがて、天然痘の死亡率は非接種者が二〇パーセントに対して接種者は二パーセント未満に低下したことが明らかになった。接種により、天然痘の生存者の多くを苦しめる醜い瘢痕と失明も大幅に減った。

命を救う予防接種の手法は一七二一年、天然痘が流行中のボストンに届いた。ニューイングランドをこの病気が襲ったのは初めてではなかったが、今回は最悪のものの一つだった。一万二〇〇〇人のボストン住民の約半数が感染し、九〇〇人近くが死亡した。ピューリタンの牧師コットン・マザーは、天然痘流行を深く憂慮し、行動を起こすことを決意した。マザーはイタリアの接種法を知っており、またアフリカの接種法を手に入れたばかりの奴隷、オネシマスから習った。マザーはザブディエル・ボイルストン医師の助力を取りつけた。ボイルストンは自分の息子と二人の奴隷を被験者にして実験を行なった。全員が生き延び、続いてアメリカで初となる伝染病に対する予防接種キャンペーンが行なわれて、ボストン市民の約五分の一が接種を受けた。

成果は否定できなかったが、それは植民地社会で例外なく歓迎されたものではなかった。多くの伝統医学団体や宗教団体が、神の意志を侮辱するものだと憤慨して、予防接種キャンペーンに激しく異議を唱えた。疫病が猛威を振るう中、マザーの家には爆弾が投げ込まれた。ひるむことなくマザーとボイルストンは死亡件数の情報を集めた。自然に天然痘に感染した者の死亡率が一四パーセントなのに対し、予防接種を受けた者の死亡率が二パーセントであることを二人は指摘した。こうした情報は、反対派にほとんど影響力がなかったが、マザーは予防接種が神からの賜物であることを確信した。効果はあるが、予防接種が時に野蛮すれすれだったのはたしかで、それは疑いもなく、新しいやり方に対する社会の不安をかき立てる一つの原因だった。報告はまれだが、一七五七年にグロスターシャー教区の副牧師が、エドワード・ジェンナーという名前の八歳の孤児が受けた仕打ちを記録している。どうやら医師たちは、それをちょっとした見せ物にしたかったらしく、接種に先立つ六週間に何度か、この気の毒な子どもに絶食や放血を受けさせた。時間がくると、飢えてぐったりとした少年は家畜小屋に引き立てられた。報告によれば、少年は馬のようにつながれ、すぐに接種は終わったという。数十年後、ジェンナーは天然痘ワクチンの開発に目覚ましい貢献をすることになる。

幼くして孤児となったジェンナーは、兄姉に面倒を見られていた。ロンドンの約一五〇キロ東、セバーン・ベールのバークレーという町の周囲に広がる田園に、ジェンナー少年はたちまちなじんだ。彼は博物学に熱烈な関心を持ち、家と学校周辺の動植物を調べていた。のちに、オックスフォードで教育を受ける術もなく、ジェンナーは地元の外科医の見習いになった。ジェンナーは博物学の研究を続け、それは著名な植物学者ジョゼフ・バンクスの目に留まった。ジェームズ・クックの最初の学術航海に同行した人物だ。バンクスは、航海で持ち帰った植物標本をはじめとする自然の宝物の目録を、誰かに作らせる必要に迫られていた。まだ二〇代初めだったジェンナーは、このチャンスに飛びついた。

ジェンナーはこの仕事を完成させたが、キャプテン・クックの次の航海への誘いは辞退し、イングランドにとどまって医学と博物学の勉強を続ける道を選んだ。その後の二〇年で、ジェンナーは田舎医者として成功した。ジェンナーはカッコウの研究で自然界への好奇心を満たしていた。カッコウはすべて別の鳥の巣に卵を産みつける。そして、そうした巣での奇妙な出来事を、ジェンナーは発見した。孵《かえ》ったばかりのカッコウのひなが、ほかの卵を巣の外に捨て、また別の折には親鳥の本当のひなを放り出すのをジェンナーは目にした。この現象をさらに詳しく調べたジェンナーは、この奇妙な行動が実はきわめて普通のものだという結論に達した。一七八八年、ジェンナーは自分の発見をまとめて、公表のために英国学士院に提出した。学士院会員の全員が、ジェンナーによるカッコウの異様な行動の発見を信じたわけではない。鳥にそんなことができるはずがないと思う者もいた。それでもジョゼフ・バンクスのような有力な支持者の助けで、カッコウの研究は発表され、ジェンナーは四〇歳にして英国学士院会員の地位を得た。

だがジェンナーは、カッコウの奇妙な行動と同じくらい、医学の世界にも関心を抱いていた。ロンドンで一九世紀初めまで続いた天然痘の流行のあいだ、医師は思い出したように予防接種キャンペーンを実施することで対応していた。同じころ、牛痘にかかった酪農婦は決して天然痘にならないらしいという噂話が広まっていた。牛痘は命にかかわる病気ではないが、それでも農家、酪農婦、そしてもちろん牛にとってはわずらわしいものだった。牛痘の流行が発生すると、いつも牛の乳房には水疱ができ、感染した牛の乳を搾る酪農婦の手にも水疱が出た。

田舎の開業医として、流行中には患者に接種する責務を負っていたジェンナーは、ロンドンで天然痘予防接種の技術と成果に関する最新の知見を勉強していた。患者の中には酪農婦もおり、彼女たちに接種したときの反応にジェンナーは関心を抱くようになった。噂通り酪農婦たちには、他の患者のような軽い発熱や多少の膿疱はまったく出なかった。自然界を観察、記録する技術が思いがけず役に立ち、ジェンナーは重要なことに気づいた――小さな水疱は接種した箇所に常にできるが、それ以上の場所にはできないのだ。

次に牛痘が流行したとき、ジェンナーは新たに牛痘の症状が出た酪農婦と、天然痘にかかったことも予防接種を受けたこともない少年をスカウトした。一七九六年五月一四日、感染した酪農婦の手にできた小さな水疱から、ジェンナーはメスを使って液体を抜き出した。そして液体の溜まったメスを、すばやく少年の腕に刺した。少年は頭痛、食欲不振、軽い倦怠感に一昼夜悩まされた。

二、三ヵ月して、ジェンナーは感染力の強い天然痘の患者から膿を採取し、再びこの少年に接種した。今度は何の反応も起きなかった。ジェンナーが漠然と感じていたことが実証された。牛痘を使って人間が天然痘に感染するのを防げるのだ。次に牛痘が流行した一七九八年に、ジェンナーは同様の実験を行ない、病原性の弱い牛痘を接種すると、その致命的な親戚である天然痘を防ぐことができると結論した。

現在牛痘に感染している牛と酪農婦以外に、新たに牛痘を接種された人の膿疱を、医師は接種材料としていつでも利用できるようになった。天然痘の代わりに牛痘を接種材料として使うことで、天然痘を広めたりバリオラ・メジャーの接種で死亡したりという恐れもなくなった。この方法はすぐヨーロッパ中に広まった。

ジェンナーは、病原性の弱い牛痘を人間に用いて、きわめて病原性の強い天然痘を予防する方法を発見した。ここにワクチンの成功の鍵がある。病原体から病原性を取り去りながら、免疫反応を引き起こす特徴は維持するのだ。ジェンナーの成功の秘密は、獲得免疫細胞、すなわち病原体に初めて遭遇すると、その特定の分子指標を記憶・認識する能力を持つ細胞を刺激したことにあると、今ではわかっている。ジェンナーは、サビンとソークを対立させた板挟みに直面することはなかった。牛痘で人が死ぬことはないからだ。それでも、ジェンナーの業績に誰もが感心したわけではなかった。

一七九七年、ジェンナーは自分の観察と実験の報告を、英国学士院に発表のために送った。ジェンナー自身も会員であり、有名な植物学者で当時学士院の会長だったジョゼフ・バンクスの強い推薦があったにもかかわらず、学士院はジェンナーの荒唐無稽な報告を却下した。それにもめげず、ジェンナーは七五ページの報告書を一年後に自費出版した。面白いことに、この報告書には「ワクチン」という語は使われていない。ただ、ジェンナーの研究がこの言葉の発想のもとになったことは確かだ。ジェンナーの友人の外科医が、ラテン語で「牛」を意味する「ワッカ」からこの用語を作ったのだ。

予防接種が行なわれるようになってからの、天然痘による年間死者数の統計値を見れば、一八〇一年から一八七五年のあいだに六分の一に減ったことがたちどころに明らかになる。スウェーデンでは一八一六年以降接種が義務づけられ、天然痘による年間の死者数は、一八〇一年の一万二〇〇〇人から一八二二年にはわずか一一人へと、一〇〇〇分の一に減少した。

ジェンナーは医学上の大成功を収め、それはやがて天然痘を制圧した。そしてまた、細菌論への道の画期的な一歩となった。ジェンナーが最初に天然痘ワクチンを実証してから、この病気が根絶されるまでに二世紀かかった。世界で最後の自然感染は、一九七七年にソマリアで発生した。現在、世界保健機関は、冷戦のさなかに各国政府の研究所が貯蔵したウイルス株をどうするかを議論している。

センメルワイス反射

ワクチン接種と同様、衛生基準の見直しも医療の改善に役立った。一八四〇年代後半、微生物が病気の原因であることを科学者が理解する数十年前、ハンガリーの医師センメルワイス・イグナーツは、当時急進的な発想であった手洗いを推進した。そのころセンメルワイスはウィーン総合病院の産科病棟に勤務していた。そこでは多くの産婦が産褥熱（生殖器の感染症）にかかっていた。三人に一人もの産婦がこの不可解な病気で死亡した病棟もあった。この病院では、医師の研修棟の死亡率が助産師の訓練に使われる病棟の三倍にのぼると、センメルワイスは軽率に発言してしまった。主な違いは、医師が誇らしげに血の付いた白衣を着て、手を洗わずに次々と患者のあいだを回ったり、検死解剖のあと患者を診たりしていたことだ。センメルワイスは、医師は解剖のあと、生きている患者を診察する前に白衣を着替え、手をカルキ（次亜塩素酸カルシウム）で洗うべきだと主張し出した。この簡単な方法で、医師が勤務する病棟では死亡率が九〇パーセント低下し、助産師が勤務する病棟と同じレベルになった。

センメルワイスの成功は医学界を激怒させた。産褥熱の蔓延を衛生状態の悪さと結びつけたことで、センメルワイスは医師を責めただけでなく、病気は「悪い空気」から発生する――古代からの瘴気論――という主流の医学的知識にケンカを売ってしまったのだ。その衛生規範は実際に効くことを実証したものの、どのようにしてそれが効くのか、センメルワイスは正確に説明できなかった。当然医師たちは、手を洗うようにとの忠告も快く思わなかった。自分たちのような紳士に対して手が汚いだの、助産婦のほうがちゃんと仕事をしているだのとよく言えたものだ。

同僚たちから疎まれ、センメルワイスは即刻ウィーン総合病院を解雇された。センメルワイスはブダペストへ移り、小さな病院の産科病棟で無給の名誉部長のポストを引き受けた。ここでも産褥熱が猛威を振るっていた。センメルワイスはすぐに手洗いを実施し、病気はほとんどなくなった。新しいハンガリー人の同僚も同じ反応を示した。彼らはこの方法を冷笑し、手を洗うことで病気の蔓延を防げるという馬鹿馬鹿しい認識を受け入れなかった。激しい批判が絶え間なく哀れな医師を傷つけた。重いうつ病を患ったセンメルワイスは精神病院で死んだ。先駆的な微生物学者たちが、人間の病気を起こすものは微生物であることを疑う余地なく証明し始めていたちょうどそのころに。今日、旧来の通説やパラダイムに反する新しい知識への手のつけられない拒絶を、哲学者は「センメルワイス反射」と呼んでいる。

第10章　反目する救世主——コッホとパスツール

シルクとパスツール

細菌の隠れた力を発見して、フランスのワインと酢の醸造業を救った人物は、医学界の微生物観に革命が起きるのにも手を貸している。一八六五年、センメルワイス・イグナーツが失意のうちに死んだ年、ルイ・パスツールは実務上の問題に対処するため、再び研究所から呼び出された。養蚕業界は謎の病気に苦しめられ、そのために南フランスの経済は大打撃を受けていた。年老いた恩師で高名な化学者のJ・B・デュマに、カイコの集団死の原因を調べてほしいと懇願されたパスツールは、私はカイコのことなどまったく知らないし、さらに言えばそれ以外の虫のことだって知りませんよと念を押しながらも、しぶしぶ引き受けた。

ともかく、パスツールはカイコの災難の調査を、老教授への義理から引き受けた。救援にやってきたパスツールに、養蚕家は、細かい黒い斑点に覆われた病気のカイコを見せた。慎重にカイコを解剖したパスツールは、その腹部の脂肪組織に顕微鏡サイズの粒があるのに気づき、即座にそれが病気の明らかな徴候ではないかと推測した。問題は簡単に片づきそうだった。パスツールは農業委員会に、カイコガの繁殖時につがいのそれぞれを顕微鏡で調べ、腹にそうした粒がないものから生まれた卵だけを使うように告げた。

昔ながらのやり方を変えることに抵抗があった農民は抗議した。自分たちにはどうしたってそんな仕掛けは扱えないと、彼らは言い張った。パスツールは、自分の研究所にいる八歳の女の子だって顕微鏡を使いこなせるんだから、あなたたちにもできるはずだとやり返した。これには疑り深い養蚕家も恥じ入り、顕微鏡を購入した。次の繁殖期、彼らは腹に粒のないガから慎重に卵を集め、翌春貴重な卵からカイコが孵化するのを注意深く見張った。卵から病気のカイコが出てきたとき、パスツールの自信は——そして評判も——崩れ落ちた。

失望した養蚕家たちから激しく嘲られながら、パスツールはさらにカイコを調べ、腹の脂肪に粒のないのに病気を持つ幼虫がいるのを見つけた。混乱しながらも、病気のカイコの排泄物を塗りつけた葉を、健康なカイコの集団に与えてみた。そのカイコは全部死んだ。このちょっとした実験で、すべてが明らかになった。小さな粒はたしかに顕微鏡サイズの寄生生物だったが、それは必ずしもカイコの腹の脂肪に棲んでいるわけではない。養蚕業を守るには、健康なカイコを病気のカイコが汚染した葉に触れさせないようにすることだ。

養蚕家は仕方なくパスツールの助言にもう一度従った。そして、それがうまく行ったのを見て喜んだ。健康なカイコが卵から孵《かえ》り、パスツールは養蚕業の救世主と称えられた。この経験からパスツールは重要な教訓を得た。微生物にできることはビールやワインを造ったりだめにしたりするだけではない——動物を病気にすることもできるのだ。そこから微生物の研究を人間に影響する病気にまで拡大するのは、それほどの飛躍ではなかった。

次にパスツールは、煮沸したフラスコの肉汁に細かいほこりが入らないようにすれば、カビの発生を抑えられることを証明した。この結果は、昔から根強く信奉されている自然発生論を、重ねて否定するだけではなかった。カビの発生には空気中の「ばい菌」から種の供給が必要であることを証明したのだ。微生物は腐ったものから発生するのではないことを示したパスツールの実証は、そもそも細菌感染をどうしたら防げるかの研究に、医学者を駆り立てた。

ワインと酢の醸造業での仕事を通じて、パスツールは微生物というものの認識を、ファン・レーウェンフックの変わったおもちゃから、目に見えない人類の助手へと変えた。カイコを病気にさせるものの謎を解き明かしながら、パスツールは研究の方向を、微生物が病気の発生に果たす役割の調査へと転じていった。当然ながらこのような考えは、微生物は無慈悲な殺し屋であるという認識や、細菌は容赦なく根絶してかまわないという思想を生んだ。パスツールは地球上から感染症を一掃することを心から望んだ。この高邁な理想のためにパスツールは、プロイセンの若く一途な医師と激しく反目することになる。その医師の名をロベルト・コッホと言った。

顕微鏡とコッホ

少年時代、コッホは世界の辺境の地を探検することを夢見ていた。だが、一八六六年に医学の学位を取得してゲッティンゲン大学を卒業したとき、見つかった仕事はハンブルクにある精神病院のインターンだけだった。この仕事のあと、病に荒廃したプロイセンの村々で、単調な医業に従事することが続いた。こうしたことが重なって、コッホは急速に進歩する微生物学の世界から取り残されていた。退屈な仕事の気晴らしにと、妻が顕微鏡を買い与えるまでは。その贈り物が世界にとってどれほど重大なものとなるか、そのとき彼女には知るよしもなかった。

コッホは当てもなく顕微鏡を使い始め、レーウェンフックと同じように思いついたものを何でも調べては、自然への好奇心に身を委ねていた。ある日コッホは、炭疽で死んだヒツジとウシの血液を顕微鏡で見て、短い棒のような形の小さなものがうごめいているのに気づいた。これは生きているのだろうか？　これがパスツール氏が騒いでいる微生物か？　健康な家畜の血液を調べたところ、この生きた小さな棒きれが見つからなかったことで、コッホは疑問を抱いた。

翌年までにコッホは、例の血液サンプルから採取した棒が、芽胞に変化していることを観察した。ある種の「病気の」牧草地で草を食べたヒツジに、炭疽がどのようにして感染するのかという、よく知られている謎の説明がここにある。病原性微生物の芽胞という生活相は、新たな宿主が現われるまで土壌の中で生きていられるのだ。これが、ヒツジが病気の動物からだけでなく、土からも炭疽にかかることがある理由だ。

自宅の簡素な研究室で、コッホは炭疽に感染したマウスの血液を培養する研究を続けた。そしてまだ三〇代初めだった一八七六年に、炭疽の原因が細菌であることを論文にして発表した。翌年コッホは、炭疽の原因となる細菌を分離し、この実験によって初めて、特定の病気を特定の微生物と確定的に結びつけた。コッホは決定的なつながりを発見しただけでなく、病気を抑制する簡単で効果的な方法を提唱した――病死した動物の死体を埋めるのでなく、焼却することだ。この方法は、細菌の生活環の芽胞期を回避して、感染を防ぐことになるとコッホは主張した。ヨーロッパの科学界は新星の登場を歓迎した。

コッホは独創的な研究方法を用いた。細菌をさまざまな染料で染色し、見やすくして識別を容易にした。細菌の記述の混乱が病原体の同定を妨げていることを確信して、カメラを買った。そのレンズを顕微鏡に据えて、コッホは初めて細菌の写真を撮った。

それぞれの病気に固有の微生物が必ずいると考えたコッホは、単一の種類の細菌を純粋培養したいと思った。だがどうすればいいのか？　微生物学者が微生物の培養に使っていた液体のスープは　空気中の細菌で汚染されやすかった。

その鍵が見つかる運命の日が訪れた。実験室のテーブルにうっかり置き忘れたゆでジャガイモの半分が、灰色、赤、黄、紫と、色とりどりの小さな斑点で覆われていることに、コッホは気づいた。興味を持ったコッホは、それぞれの色から小さなサンプルを削り取って、顕微鏡で調べた。斑点は異なる細菌のコロニーだった――あるものは丸い細菌、あるものは短い棒状、またあるものは生きたコルク抜きで構成されていた。

ここに微生物をどうやって純粋培養するかの答えがあった。微生物を栄養物でできた表面に植えつけて、汚染を防ぐために覆いをかけ、微生物にコロニーを作らせる。さらに実験を続けて、コッホはゼラチンを牛肉の肉汁と混ぜてみた。微生物はこれがたいそう気に入った。ついにコッホは、病原体の疑いのある微生物を純粋培養する方法を手にしたのだ。

医師であるコッホは、特定の病気と微生物のあいだに因果関係を確立する上で、診断の厳密さをもたらした。そうするうちに、微生物の性質が固定されていること、それが特定の病気を引き起こすことを揺るぎなく信じるようになった。またコッホは、衛生が病気を抑制する方法だと信じていた。

コッホとパスツールは、炭疽を引き起こす犯人の細菌を違う名前で呼んでいたが、彼らの証明は互いに支えあい、この病気の根底にある微生物の細菌説をしっかりと確立した。彼らの研究は疾病の細菌説をしっかりと確立した。しかし、二人は理論を病気との闘いに応用するにあたり、根本的に異なる手法を採った。

細菌の分離

実験化学者のパスツールは、観察結果を斬新な手法にまとめあげることで実際的な問題を解決することを得意とした。細菌の自然の変異性に的を絞り、弱毒化した変種を使えば効果的なワクチンを作れると、パスツールは考えた。この考えを念頭に、パスツールは研究を、微生物を利用してまさにその微生物が引き起こす病気を治療する可能性へと移した。

炭疽を引き起こす細菌の分離にコッホが成功したことを知ったパスツールは、この致死的で伝染性の高い病気からフランスのヒツジを救うために立ち上がった。大昔より、毎年それは何千もの人々と、さらに多くのヒツジに謎の死をもたらしてきた。ある日、羊飼いが自分の群れを調べて、異状なしと判断する。翌朝起き出して牧草地を見わたすと、ヒツジは横たわり、はっきりした理由もなしに死んでいるのだ。

何週間にもおよぶ実験の末、炭疽の原因菌を十分高い温度で加熱すると、家畜に接種できるほどに弱毒化された菌株ができることを、パスツールは発見した。一八八一年一月末、『獣医師雑誌』の編集者が、パスツールの実験に関して懐疑的な記事を書いた。二ヵ月後に同じ編集者が、パスツールによる実験室での炭疽研究を、野外実験で試すことを呼びかけた。それは実際の農場で効果があるのだろうか。パスツールは挑戦を受け、メラン農業組合が提供した六〇頭のヒツジで自分の考えを試した。

二五頭の健康なヒツジが弱毒化した炭疽菌の株を接種された。これはモルモットを殺すことができるが、大きな動物が死ぬことはないものだ。二週間後、ヒツジは再び接種を受けた。今回はウサギを殺すほどの強さに弱毒化された炭疽菌だ。数日後の最終段階では、パスツールは最初の二五頭に加えて二五頭のワクチン接種を受けていないヒツジを、自分の研究所でもっとも病原性が強い炭疽菌株に暴露させた。実験開始から一ヵ月後、ワクチン接種を受けていないヒツジはすべて死んでいた。ワクチンを受けたヒツジはすべて健康で元気だった。この野外実験の劇的な成功は、パスツールを批判あるいは中傷する者を黙らせた——少なくともフランスでは。

その夏、パスツールとコッホは二人とも、ロンドンで開催された第七回国際医療会議に出席した。パスツールは先ごろ行なった炭疽ワクチンの野外実験に関する論文を発表した。コッホは細菌の染色と同定の新しい方法について話した。名高いフランス人は若いドイツ人研究者を的確に賞賛し、その研究を大きな進歩だと評した。これが二人の最初の——そして最後の——友好的な交流だった。コッホはパスツールの弱毒化した微生物がどうしても信じられなかった。パスツールの実験結果には別の説明があるに違いないとコッホは確信していた。

ロンドンの会議からわずか数ヵ月後、コッホと二人の学生は、炭疽の弱毒株を作りだしたというパスツールの主張に疑義を唱える論文を発表した。彼らは、パスツールが不純な培養菌を使い、原医菌の同定を間違え、接種の研究に失敗したと批判した。これらを考えあわせると、ヒツジは本当の炭疽には感染しておらず、したがって何も治療されていないのだと彼らは主張した。一八八二年九月、コッホの名声が結核の病原菌の発見と分離によって高まった数ヵ月後、二人はジュネーブの会議で再び顔を合わせた。講演の中でパスツールは、炭疽ワクチンの野外実験に対するコッホの批判を取りあげた。

二人とも相手の言語を理解しなかったので、コッホの隣に座った同僚がパスツールの言葉を急いでドイツ語に通訳した。結果的に、それは急ぎ過ぎだった。パスツールがコッホの発表した研究を「ルクイユ・アルマンド」（ドイツ人の論文集）と呼んだとき、通訳はその語句を「オルグイユ・アルマンド」（ドイツ人の傲慢）と伝えた。パスツールの講演が終わると、コッホは立ち上がり、答えは論文に書くと怒気を込めて誓った。コッホの反応にパスツールはとまどった。約束通りコッホは、口論の続きとしてもう一本論文を書いた。今度はパスツールの炭疽予防接種研究を無益だと非難し、医学の訓練を受けていない化学者の言うことを、なぜ医師が聞かなければならないのかとまで言った。

コッホからの炭疽研究への攻撃にめげることなく、パスツールは別の恐ろしい病気に取りかかった。ほぼ必ず死に至る、当時はきわめてありふれた病、狂犬病だ。パスツールは狂犬で実験を行ない、弱毒株を接種すれば重大な症状の発生を防げることを明らかにした。狂犬であふれかえった研究所で、パスツールの助手たちが狂犬病ウイルスを集めるために犬の脳に穴を開けている様子は、考えただけで身の毛がよだつ。それでも、こうした危険で骨の折れる実験は、大きく報われることとなった。

一八八五年七月六日の月曜、九歳になるヨゼフ・マイスターとその母親が、研究所の玄関にやってきた。二日前、登校途中のマイスター少年を狂犬が襲った。少年の太腿、脚、手は犬の嚙み傷で肉がずたずたに裂けていた。これはどの親にとっても最大の悪夢だった——狂犬に嚙まれるのは死の宣告と同じだからだ。パスツールがイヌでの実験に成功したことは報道されていたが、人間での実験となると別問題だ。何人かの医師に相談したが、マイスターには生存の可能性はないことで全員一致していた。そこでパスツールは、少年に弱毒狂犬病ワクチンを一〇日間で一二回接種した。最後の日、パスツールはマイスターに、新しく採取した病原性の高い株を接種し、この治療で実際に免疫が与えられたかどうかを試験した。

少年は狂犬病にかからず、そして驚くことに、犬の嚙み傷からの感染症にもやられなかった。傷はふさがり、二ヵ月後には少年はすっかり健康を取り戻した。マイスターの実験を記録したパスツールの論文が公開されると、たちまちイヌ咬傷患者がわらにもすがる思いでパスツールの研究所に姿を現わすようになった。すぐに毎日の最初の仕事は、新しい患者の治療になった。中にははるばるニューヨークから来た患者もいた。パスツールは今や世界的な名士であり、科学界のスーパースター、長きにわたり人類を苦しめてきた病を治す奇跡の人となった。

細菌論のルーツ──培養できる微生物に限定される

対立する二人は微生物自体について根本的に異なるスタンスを取っていたものの、コッホとパスツールは医学微生物学の始祖と考えられている。コッホの影響で、ドイツの微生物学者は細菌研究の標準化された手法を開発し、多くの病気の原因解明に成果を上げた。複数の病原体が病気のもとになっている事例もあるが、一つの疾患に一つの微生物という考えはかなりうまく機能した。

コッホは、微生物の固有の性質は固定され不変だとする固定観念を身につけていた。病原性に幅があることなど信じず、弱めた病原体からワクチンを作ろうとするパスツールの試みの中心原理を拒絶していた。

対照的にパスツールは、病原性の変化が、伝染病が突然流行することの説明になると信じていた。病原性微生物は時間とともに変化し、新しい宿主に飛びつくことさえあるとパスツールは推測した。その影響のもと、フランス学派は免疫とワクチン開発に集中した。

コッホの発見は別の道を進んだ。その方法論には、病気を引き起こす微生物の特定と研究のために、純粋培養した細菌分離が必要だった。細菌論の基礎となる四つの原則をコッホは定め、それは今日なお使われている。(1) 病気にかかったものの体内からその微生物が常に見つかること。(2) その微生物は宿主から分離され、純粋培養されること。(3) 培養した微生物を感受性のある宿主に戻すと同じ病気を起こすこと。（4）意図的に感染させた宿主から回収した微生物は、最初のサンプルのものと一致すること。この四つの条件すべてを論証することができたとき、微生物と病気との因果関係が立証できたと断言できるのだ。

一九世紀の終わりまでに、淋病、ハンセン病、ペスト、肺炎、梅毒、破傷風、腸チフスの原因となる微生物が分離された。細菌論に最後まで反対していた人々からも疑念が払拭された。一九〇五年には、コッホは結核菌発見の功績でノーベル賞を受賞した。病原体が発見されるまで、結核は遺伝病だと広く考えられていた。

病気のもとになる病原体の特定をコッホは一貫して重視していたこと、そしてパスツールとは違い、有益微生物を扱った経験がほとんどないことから、自分が培養しているのは微生物の世界のごく一部であることに、コッホはまったく気づいていなかったのではないかと思われる。病原微生物がコッホの注意を引いたのは、もちろん私たちにとって幸運なことだが、人間に有害なものにことさら注目するあまり、微生物への一面的な見方が生まれ、振り払うのが難しくなった。コッホの原則が広く受け入れられたため、微生物学分野の研究は培養できる微生物に限られてしまった。培地で増殖できない微生物は分離できず、したがってコッホの原則を用いて研究できない——だから研究されなかった。

今日、簡単確実に培養できる微生物はごく一部にすぎないことを、微生物学者は知っている。培養できる微生物は、多くの致命的な病気を引き起こすものだが、細菌論が広く受け入れられたことは、科学者が生態学を背景に微生物を調査研究する上で妨げとなっている。二〇世紀の大半を通じて、目標は微生物の世界を理解することよりも、特定の病原性微生物を分離して撲滅することにあったのだ。

パスツールとコッホの二人の業績は、細菌論の正当性について疑問の余地を残さなかった。小さな目に見えない生き物が私たちの体内に入って病気を起こすという考えは、古典期ギリシャ時代にさかのぼる昔からの伝統的な知識との完全な決別だった。この不仲の二人が違うやり方で証明するまで、医師は微生物が病気の原因なのか結果なのかわからなかったのだ。

一九世紀の終わりごろには、ダーウィンの進化論が生物学の考え方に影響したように、細菌論は医学の基本概念になっていた。目に見えない小さなものが人間を倒すという恐ろしい可能性は、人類を共通の敵に対抗して団結させた。微生物が起こしうる害と恐怖を見てしまうと、私たちは微生物をすべて同じ目で見るようになった——それは今も、ほとんどの人間の微生物観に影響を与えている。

そしてなお、ロベルト・コッホとルイ・パスツールの革命的な業績にもかかわらず、謎は残っていた。細菌論に反するように見える一群の深刻な病気があった。狂犬病、麻疹、天然痘、インフルエンザ、その他少数の難治性と思われる病気には、原因となる細菌が見つからなかった。それは説明のつかないもどかしい難問だった。二〇世紀初めに実験によって、既存の通常の顕微鏡では見えないような小さな感染性因子の存在が証明されるまでは。それは細菌をこし取るフィルターを通り抜けることができた。

一九三一年に電子顕微鏡が発明されると、その高い拡大倍率により、謎の解明に役立った。犯人は本当に小さかった。そして生きている細菌ではなく、生きているとはいえないウイルスだったのだ。それは生物界と無生物との境界に特別な地位を占めているが、ウイルスは細菌論を定義し支持する微生物クラブに仲間入りした。

奇跡の薬

パスツールのワクチンは素晴らしいものだったが、病気を打倒するには十分でなかった。それは、実際は、微生物を殺すものではなかった。ただ免疫を授けるだけだ。微生物が敵として特定されると、さまざまな分野の科学者が、それを撲滅する方法の発見に熱中した。自然そのものが殺菌剤の宝庫を抱えていることが判明した。

一九二八年、散らかし屋であることと才気で知られたスコットランド人の医師が、ロンドンにあるセント・メアリーズ病院の絶えず散らかった研究室を飛び出して、長期休暇に入った。細菌培養皿をいくつか放り出したままで。アレクサンダー・フレミングが休暇から戻ると、開いた窓から奇跡の薬が研究室に入っていた。培養皿はカビに覆われていた。カビだらけのゴミを片づけようとしたフレミングは、いくつかの皿で、カビのコロニーの周囲に細菌がいない部分ができていることに気づいた。何らかの方法で、このカビは細菌の繁殖を阻害したのだ。フレミングはこの招かれざる客（ペニキリウム・ノタトゥム）を培養して抗菌成分を分離し、これをペニシリンと名付けた。

フレミングが以前、第一次世界大戦中に経験したことが、抗生物質研究への興味をかきたてた。フレミングは軍医として野戦病院に勤務し、数多くの若者が致命傷でない傷からの感染で命を落とすのを、なす術もなく見守っていた。抗菌剤を見つけようと意欲的だったさすがのフレミングも、当初は自分の発見の重大さを見過ごしていた。フレミングは別の方面で頭が一杯であり、抗菌性のある物質を鼻風邪の患者の鼻から発見して悪評を得ていた。自然免疫細胞が作りだしたこの物質に、フレミングはリゾチームと名付けた。この自然が生産する抗菌剤は、のちに唾液、涙、母乳、粘液などほかの体液からも見つかった。人間の身体と下等なカビに殺菌力のある物質が作れるのなら、自然という薬局で待っている物質が、ほかにもあることは間違いない。

さっそくペニシリンの発見を一九二九年に発表したものの、論文はほとんど関心を集めなかった。続いてフレミングは、目の感染症の患者をペニシリンで治療することに成功したが、臨床試験を行なえるほどこの目新しいカビを大量に培養することができなかった。フレミングは次の課題に移り、ペニシリンの力は一〇年近く日の目を見ることがなかった。その後オックスフォード大学の研究者がカビの培養法を開発し、続いて行なわれたマウスを使った実験では、ペニシリンは信じがたいほど効果があることがわかった。次の一歩は一九四一年に行なわれた、少人数の患者による臨床試験だ。新しい薬は完璧に作用し、死が確実と思われた二人の命を救った。不十分な臨床試験だったが、結果は十分良好だった。ペニシリンの本格的な大量生産が始まり、再び世界大戦がヨーロッパで荒れ狂うと、前線へどっと供給された。感染症による兵士の死を防ぎ、もう一つの重大な軍隊病、淋病を抑制するものは、敵方にはない強力な武器だった。

二つの大戦のあいだの時期、工業化学は新たな急成長分野となった。それは抗菌物質を探す上でも興味深く豊かな場所だった。フレミングが偶然ペニシリンを発見してから四年後、ドイツにあるバイエル社の研究所では、ある研究員が工業染料を医薬品に応用する可能性について調べていた。ゲルハルト・ドーマクは、布用染料の赤色プロントジルが、マウスの連鎖球菌感染を治療できることを発見した。臨床試験が行なわれ、この染料は人体でも細菌を殺す効果があることが証明された。あいにくそれは腎障害を引き起こし、皮膚の色を目立つ鮮やかな赤に染めてしまう。ドーマクはこの結果があまり気に入らなかった。それでもこの染料はプロントジルという商標で、一九三四年に医薬品として特許が取得されている。

一年後の一九三五年一二月初め、ドーマクの六歳になる娘ヒルデガルトが自宅の階段から落ちた。このくらいで生死にかかわるようなことになるはずはなかったのだが、たまたまこの時、娘は縫い針を手にしていた。クリスマスの飾りを縫っていて、針に糸を通すのを母親に手伝ってもらおうとしたのだ。針は穴のほうからかなり深く手に刺さり、折れた。家ではほとんどどうしようもないので、ドーマクは急いで娘を医者へ連れて行った。折れた針は摘出され、ドーマクとヒルデガルトは家に帰り、大事にならずに済んだことを喜んだ。少なくともその時は。

数日後、ヒルデガルトの手が腫れ上がりだし、傷のまわりに膿瘍ができた。連鎖球菌感染が起きたのだ。医師は三度膿瘍を切開して膿を出した。ドーマクはだんだん心配になってきた。感染が抑えられなければ人は死ぬこともあることをよく知っていたからだ。それから数日待ったが、熱と共に赤い筋がヒルデガルトの腕にぱっと出たのを見て、ドーマクはパニックに陥った。娘の容態が悪化するにしたがい、医師は腕の切断が必要になるかもしれないと告げた。半狂乱になったドーマクは、大急ぎで研究所に向かい、プロントジルの錠剤を持って病院に戻った。それはまだ実験段階の薬だったが、それから数日間、ドーマクは、実験室でマウスを治療するのに使った量から換算して増やした服用量を娘に与えた。結果的にそれは効き目を現わした。ヒルデガルトは奇跡的に回復し、クリスマス休暇までに家に帰った。プロントジルは娘の命を救ったのだ。

すぐに他の研究者が、プロントジルの抗菌作用のメカニズムを調べていて、分子のある特定の部分が細菌を殺すことを発見した。この発見が、最初の市販抗菌薬、スルホンアミドの開発につながった。すでにペニシリンが発見されていたが、一九三七年にはサルファ剤が市場では優位に立った。科学者だけが気づいていた病原菌を殺す薬の可能性が、ついに現実になったのだ。

一九三九年、ドーマクはノーベル賞を受賞したが、その前に立ちはだかったのがアドルフ・ヒトラーだった。その数年前に反ナチの平和運動家カール・フォン・オシエツキーがノーベル平和賞を受賞した。

ドイツが密かに再軍備を進めていることを暴露したことに対するものだったが、これが売り出し中の独裁者の逆鱗に触れた。報復としてヒトラーは、ドイツ人がノーベル賞を受けることを禁止する命令を発した。ドーマクはこの命令をしらばっくれて、選ばれたことへの礼状をノーベル賞委員会に送った。このことが面白くなかったゲシュタポはドーマクを「スウェーデン人に対して丁寧すぎる」として逮捕した。そして一週間にわたって勾留して説き伏せ、受賞の辞退を告げる手紙に署名させた。一九四七年、戦争が終わりドイツは廃墟と化していた中、ドーマクはついにノーベル賞の金メダルを受け取ることができた。しかし賞金は受け取れなかった。ノーベル財団の規則に沿って、すでに再分配されていたからだ。

細菌論にもとづく進歩が、古代からの人類の敵、微生物に対する勝利を約束すると同時に、別の見方の種は、すでに土壌科学の片隅に根づき始めていた。二〇世紀初頭、アメリカに渡ってきた若い移民が、ある種の土壌細菌の虜になった。セルマン・ワクスマンはウクライナ西部の農村に育った。ワクスマンは、ユダヤ人の自分が黒海沿岸にあるオデッサ大学には決して入学を許されないことを知っており、一九一〇年に二二歳で、高等教育を受けるために故国を離れた。

アメリカに到着したワクスマンは、いとことその夫が住むニュージャージー州の田舎の農場（現在のラトガーズ大学の近く）に身を寄せた。コロンビア大学医学部に入学が決まっていたが、幅広い好奇心に駆られて、別の道を進むことを決めた。いとこの農場で働くうちに、土壌と、堆肥が土壌肥沃度を高める理由に、突然関心が芽生えた。新たな興味をかき立てられたワクスマンは、医学でなく農学の研究を選んだ。

一九一二年、ラトガーズ大学の奨学金を受けたワクスマンは、ある教授の指導で土壌微生物学へと導かれ、開花した。当時の医学研究者は細菌論にすっかり夢中で、人間の病原体をどう抑制・根絶するかにほぼ集中していた。しかし農学では、土壌中に棲む生物の大きな多様性に対して認識と関心が高まっていた。やがて、その両方の分野が、ワクスマンのキャリアに大きく影響することになる。

卒業要件を満たすためには「実践的プロジェクト」を行なう必要があった。ワクスマンは、ラトガーズ大学の農場の土壌標本から取れた細菌や菌類を培養することにした。ある特定のグループの細菌がワクスマンの目を引いた。それは、しなやかな構造と円錐形の形状を持っていた。そして時に活発な青いコロニーを作った。このグループの細菌にワクスマンは心を奪われたが、ほかに興味を持つ者はいないようだった。教授は、そのような細菌は一般に放線菌と呼ばれているとだけ言った。

今日、土壌の「土臭い」匂いは、たいていこのグループの細菌のしわざであることがわかっている。放線菌は、土壌の有機物を一次分解する集団のひとつだ。「土臭い」匂いの正式な定義はないが、分解の過程で放線菌が作る代謝物は、特に香りの強いチーズを作るのに使われる細菌のものと同じくらい独特であるようだ。

ワクスマンは放線菌が土に与える芳香を楽しんでいたに違いない。この奇妙な細菌への興味はつのる一方だったからだ。次にワクスマンは、カリフォルニア大学バークレー校で土壌微生物学の博士号を取得し、一九一八年の第一次世界大戦終結と同時にニュージャージーへ戻った。元指導教授がラトガーズ大学の農場に微生物学者の職を作ってくれたが、収入は乏しかった。ワクスマンは週に一度農場で働き、残りの平日はタカミネ製薬に勤め、新たに発見されたサルバルサンという梅毒の病原体を殺す薬の研究を行なった。画期的な薬ではあったが、ヒ素を主成分とする染料から作られるため、サルバルサンは毒性もきわめて高かった。サルバルサンのヒト細胞に対する毒性を試験するのがワクスマンの仕事だった。

一九二〇年代初めには経済が上向きはじめ、ラトガーズ大学はワクスマンに助教授の職を提供した。ワクスマンはタカミネでの仕事を辞め、放線菌の研究に専念した。ワクスマンに与えられた研究施設はぼろぼろで、辞めたばかりの企業の研究所とは似ても似つかなかった。大学院生はおらず助手も少ない中、ワクスマンは手持ちのもので何とかしのぎ、初の土壌微生物学の教科書を作りだした。

それからの数年間に、二つの重大な科学上の事件が起きなかったら、ワクスマンは土壌中の放線菌に専念し続けていたことだろう。しかし、教科書が世に出た翌年、フレミングがペニシリンを発見した。細菌ではなくカビ由来ではあるが、やはり自然からのものだ。もう一つの事件は、一九二〇年代半ばにワクスマンのもとで大学院生になるエネルギッシュなフランス人、ルネ・デュボスの研究に由来する。デュボスは、植物組織の中で特に細菌酵素への耐性が強いセルロースを、細菌がどのように分解するかを研究していた。それは、次にデュボスがロックフェラー大学で行なう研究（肺炎を起こす菌株を保護している多糖被覆を破壊できる物質の探究）のために、うってつけの課題だった。

死んだ人間や動物を土に埋めると、病気の種類によっては、あとで病原体が少ししか、あるいはまったく見つからなくなることがある。当時その理由は、まだ完全にはわかっていなかった。環境が合わないからだろうか。それとも、土壌中に棲息する微生物に、外来の病原体を殺す力があるのだろうか。前にも登場したローレンツ・ヒルトナーとサー・アルバート・ハワードは、植物の世界ではこれがおおむね事実であることを発見していた。非病原性微生物がひしめく土壌中は、病原体が生きていくのに最悪の場所だと、彼らは認識していた。すぐにワクスマンらは、ヒトの病原体との戦いに使える化学物質を土壌から探そうとした。

こうした発見の関連で、ワクスマンは、土壌生物学を基礎としたために、土の世界と医学界に橋を架けるという独特の立場に自分が立たされたことに気づいた。土壌微生物が産出する化合物を、医学のために利用することができるのだろうか。自分の探究の旅は実を結ぶのか、それとも干し草の山から針を探すような徒労に終わるのか。

ワクスマンと大学院生たちは当初、放線菌を含め、広い範囲の菌類と細菌を調べていた。予備実験に基づき、ワクスマンのチームはすぐに放線菌以外をすべて放棄した。一九四〇年、院生の一人が興味深い化学物質を見つけた。彼らはその物質にアクチノマイシンと名付けた。だが、有望そうに見えるのと実際に使えるのとは別のことだ。さらに実験を続けた結果、アクチノマイシンは威力がありすぎることがわかった。病原菌を殺すと同時に実験動物もやすやすと殺してしまうのだ。

三年後、ついに進展があった。地下の研究室でこつこつと研究を続けていた別の院生、アルバート・シャッツが、実験動物には害を与えず病原体を都合よく殺す化学物質を生産する放線菌（ストレプトミケス・グリセウス）を発見したのだ。シャッツとワクスマンは、この物質にストレプトマイシンと名付けた。シャッツは丹念に追加実験を行ない、ストレプトマイシンは史上もっとも深刻な災厄の一つ、結核を制圧できることを明らかにした。

一九四四年、ワクスマンはシャッツを論文の共著者として、ストレプトマイシンの発見を発表した。直後、製薬会社のメルクがメイヨー・クリニックで臨床試験を開始し、結核患者にストレプトマイシンを試した。一九四六年末までに試験は完了し、結果は驚くべきものだった――ストレプトマイシンは結核を治療することができたのだ。一九四七年の半ばには、メルクを始めとする製薬会社は月産約一〇〇〇キログラムのストレプトマイシンを生産していた。その後の一〇年、ワクスマンの研究所は、抗菌物質を探して土を丹念に調べ続けた。それは大きな実を結び、さらに一〇種類の抗生物質が発見された。

ワクスマンが放線菌から分離した化学物質の中で、ストレプトマイシンはもっとも利益が出るもっとも効き目が高い薬として、もっとも長きにわたって使われ、無数の人々の命を救った。ポリオ・ワクチンがジョナス・ソークの名をなじみのものにしたのと同じように、ストレプトマイシンはセルマン・ワクスマンの名を注目の的にした。一九五二年、ワクスマンはストレプトマイシンの研究でノーベル賞を受賞した。

その直後、ワクスマンの元学生だったアルバート・シャッツは、指導教授のノーベル賞受賞に異議を唱え、波乱を巻き起こした。この素晴らしい土の産物を本当に発見したのは誰か。放線菌と、土壌に肥沃さと特徴的な「土臭い」匂いを与えるその力を、生涯にわたり愛した人物か、それともその研究室にタイミングよく居あわせ、自然の贈り物をひたむきにより分けていた人物か。

ワクスマンの研究室で続々と生まれた土壌細菌由来の抗菌物質は、以前のペニシリンやサルファ剤とともに、戦後の抗生物質ブームを巻き起こした。一九六〇年代までに数百種の抗生物質が新たに発見され、それまで深刻だったきわめて幅広い細菌感染や病気が、一回二、三錠の薬を一、二週間毎日飲み続けるだけですっかり治るようになった。

命を救うだけでなく、儲けにもなった。抗生物質は理想の製品に限りなく近いものだった。そのおかげで、一〇年か二〇年のあいだに、アメリカ人は二度と感染症や伝染病での死を心配することなく生きられるようになったかに見えた。強力な新兵器を手に入れて、私たちは微生物との戦争に今にも勝利を宣言しようとしていた。だがおごり高ぶった人類は、抗生物質という鎧の裂け目を見過ごしていた。一九四〇年一二月二八日、ペニシリンの大量生産が始まる直前、『ネイチャー』誌は先取りしたかのような論文を発表した。著者ら（その中の一人はフレミングのカビを薬にするのに力を貸した生化学者だった）は、やっかいなニュースをもたらした。B・コリ（のちにE・コリと改称される）という細菌を研究室での実験でペニシリンに暴露させたところ、それを分解できる酵素を出したというのだ。

奇跡の値段

一九四〇年代の終わりには、研究者はもう一つの問題にぶつかっていた。ストレプトマイシンが一部の結核患者に効かなくなっていたのだ。それどころか、ワクスマンの研究室が発見したほとんどすべての抗生物質が、それ以外の抗生物質同様、すぐに標的となる細菌に耐性を誘発した。のちに、細菌は巧妙な対抗メカニズムを持っていることがわかった。たとえば、ある種の細菌は、抗生物質を除去するために高性能の排水ポンプに相当するものを作動させることができた。またあるものは、抗生物質を切り刻んで役に立たなくする物質を作ることができた。ある細菌は変身して、抗生物質が取りつくのを妨害するように構造タンパク質を変化させ、死を逃れることができた。

このように気になる徴候はあったものの、抗生物質は明らかに便利なので、警戒は的はずれのように思われた。なぜ進歩に逆らうのか？　戦後は現代化学の時代の幕開けであり、それは問題ではなく解決を約束していた。農業用の殺虫剤・除草剤の理論的支柱となった皆殺しの哲学は、医学界をも吹き荒れた。毎年新たな抗生物質が作られ、新たな病原体が押し戻した。以来私たちは、このサイクルの中に囚われてしまっている。

それでも今日アメリカでは、一世帯に少なくとも一人は抗生物質で救われた経験があるという。必要なときには、それは実に奇跡のようだ。しかし、このすばらしい薬に飛びつくときに見過ごされてしまうのは、二〇分という寿命が進化の中で持つ意味だ。抗生物質は感染の原因となる細菌をすべて殺して

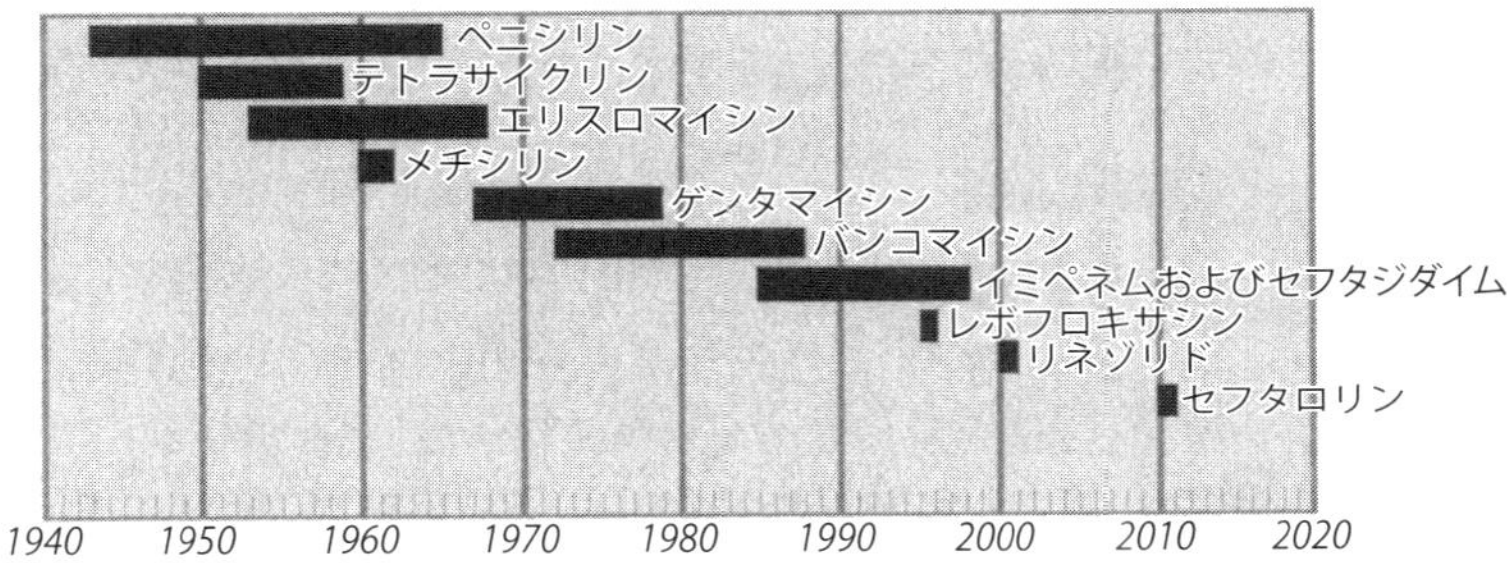

薬剤耐性

黒い線は広く使われている抗生物質が導入されてから耐性ができるまでの期間を示す（Centers for Disease Control and Prevention, 2013 のデータより）。

しまうわけではない。抗生物質の投薬を生き延びた細菌は、仲間がまわりで溶けている中で増殖する。何より重要なのは、抗生物質から逃れられる形質を与える遺伝子を、生き残りは次代に伝えることだ。この単純な現実こそが、抗生物質の弱点なのだ。①

　過去半世紀、抗生物質は常に過剰処方され、耐性菌の増加につながった。しかし、より深刻な抗生物質の乱用が現在進行中なのを、知る者は少ない——成長促進のために、健康な家畜に大量投与されているのだ。抗生物質を与えた動物は、与えないものより早く太る。全世界で使われる抗生物質のおよそ九〇パーセントが、明らかな感染のない動物に与えられている。これは耐性菌を発生させるさらに効果的な方法であり、実際そのように働いている。

　人間と動物に共通して感染する微生物のあいだに、抗生物質耐性が急速に広まれば、将来の世代は、一度は克服したと思われていた感染症に日常的にかかって死ぬ恐れが生じる。そのような未来が闇の中からはい戻ってくるなら、それは二一世紀のわれわれが抱いている、現代医学は伝染病を今にも征服しようとしているという確信が、大きく後退したことを意味する。

二〇世紀の人類は、病原体との小競り合いに数多くの勝利を収めた。だが今日、数十年にわたる見境のない抗生物質の使用の結果、二、三〇年前なら簡単に治療できた細菌感染症で、再び死者が出ている。MRSA（メチシリン耐性黄色ブドウ球菌）と抗生物質耐性結核菌は、二一世紀に始まる細菌の反撃の尖兵なのだろうか。

微生物との戦争に勝とうとするあまり、私たちは抗生物質をできるだけ効果的に使ってこなかった。抗生物質でヒトの病原体を殺そうとする過程で、自分のマイクロバイオームの改変まで引き起こしてしまった。私たちは自分自身の防衛線を、長い時間をかけて壊してしまったのだ。

抗生物質の効果に関する最新の知見は実に衝撃的だ。オレゴン州立大学の研究者は、マウスの実験で、抗生物質が殺しているのは細菌だけではないと報告した。それは大腸内壁の細胞も壊しているのだ。どのようにして抗生物質が哺乳類の細胞を殺すことができるのか？　細胞一つひとつにある小さな発電所、ミトコンドリアにダメージを与えるのだ。大昔、ミトコンドリアは独立した細菌だったことを思い出してほしい。ミトコンドリアのルーツが細菌であることが原因で、ある種の抗生物質に弱点があるらしいのだ。

過去五〇年で、病原体のない慢性疾患や自己免疫疾患が大幅に増えたことを、細菌論では説明できない。ヒトの遺伝的特徴の変化も同様だ――遺伝子がわずか二世代でこれほど大きく、これほど多くの人間のあいだで変わるはずがない。だが、急激に変化しているのは、私たちのマイクロバイオームなのだ。微生物にとって、ヒトの一世代三〇年は七五万世代以上に当たる。このような世代会計に関して、人類ははるかにおよぶところではない。私たち一人ひとりの生命が、私たちの味方もいればそうでないものもいる微生物の、進化の競技場にあたるものなのだ。

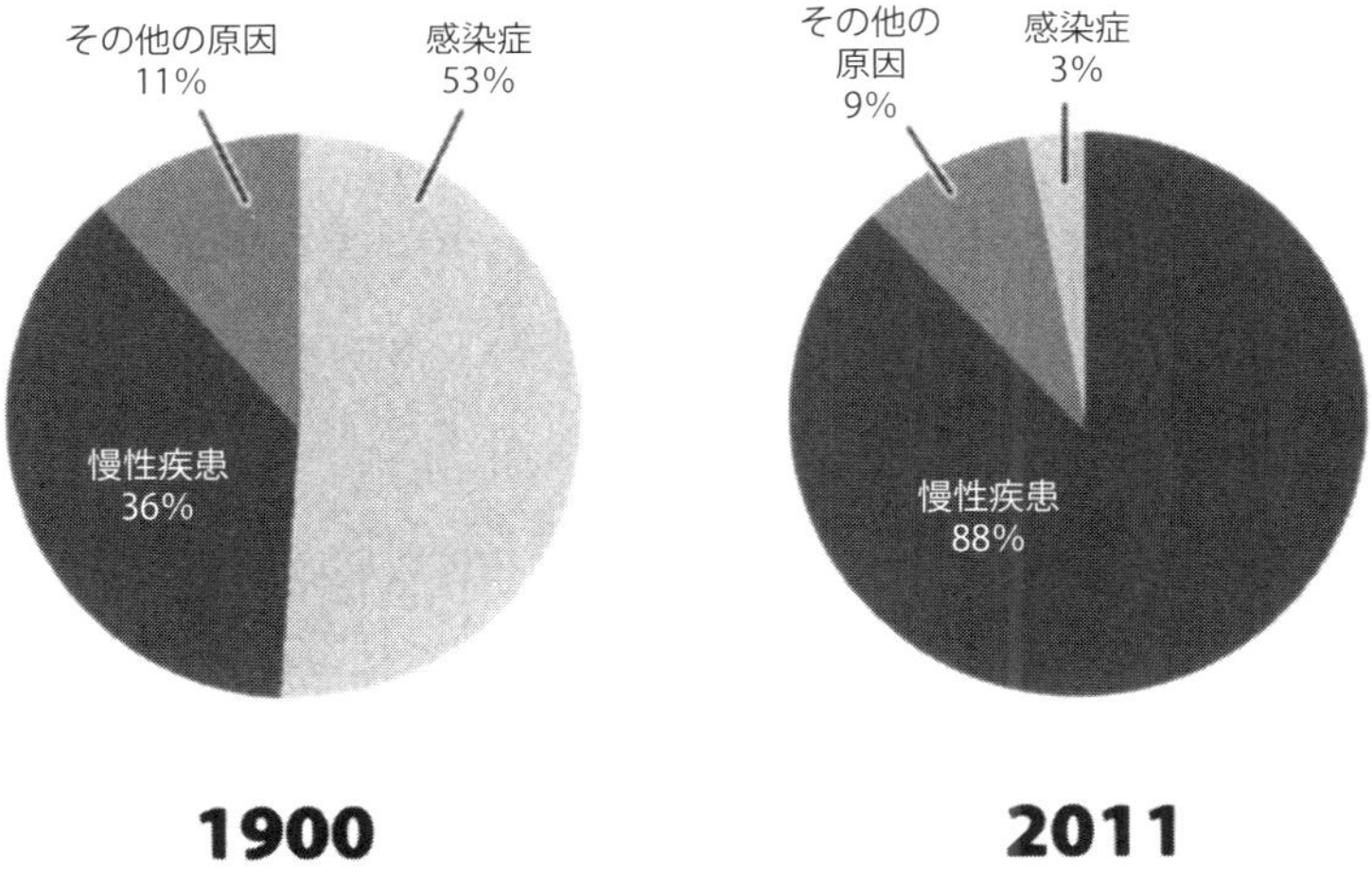

大きな変化

20 世紀のあいだに、アメリカでは死亡原因で慢性疾患は感染症を抜いた（Jones et al 2012 のデータより）。

一九六〇年代から七〇年代にかけて子ども時代を送った著者二人のどちらも、クラスメートや友達に、臨死体験を避けるために親や教師が過剰なまでに見張っていなければならないほど重症のアレルギーや喘息を持つ子がいた記憶はない。また、今日流行しているクローン病や過敏性腸症候群のような、よくある腸の機能障害も思い出せない。

過去五〇年に研究者が見てきたのは、腸機能障害のただの上昇傾向ではない。四〇倍の増加だ。患者が一万人に一人から二五〇人に一人にまでなったのだ。私たちがこのような病気にかかりやすくなったのには、遺伝子のせいも多少あるかもしれないが、腸マイクロバイオームの変化の関与も大きくなっている。

腸機能障害と、喘息やアレルギーのような自己免疫疾患は、少なくとも部分的には、免疫系がひどく故障した結果起きることがわかってきている。こうした病気にはすべて、度を越した免疫反応が自分自身の細胞や組織を傷つけるという特徴的な症状がある。

どうして自分の免疫系が自分に牙をむくのだろう。大きな要因は、進化によって研ぎ澄まされた私たちの優秀な免疫系が、極度に衰えたことにあると考えられるようになってきた。厳しいトレーニングと有益微生物の助けがなければ、特殊化された私たちの免疫細胞と組織は怠けるようになる、あるいはぼんやりしてしまうとも言えるだろう。来る日も来る日も、体内外が微生物で飽和することによって、さまざまなフィードバックループが活性化されたり鋭敏になったりし、免疫系は微生物が敵か味方かを見分けることを覚えるのだ。きれいすぎる環境、極度に殺菌された食物や水、抗生物質のくり返しの服用、土や自然との接触の少なさ、こういったことはすべて私たちにとって不利益となる。これらの要素は微生物と免疫系の伝達を妨害する。そうなると、炎症のバランスのよい割り当て（免疫系はそうするように進化している）は放棄されてしまう。

私たちの体内の土壌を抗生物質まみれにしてしまうと、特に若い人の場合、微生物との接触が十分でないという問題が起きる。今、アメリカの子どもは、人生の最初の一〇年で平均して年に一クール、抗生物質の投与を受けている。科学者の中には、抗生物質が有益微生物に壊滅的な効果を及ぼしたことが、炎症性の疾患の根本的原因であり、また腸内マイクロバイオームの劣化は一般に問題を引き起こすと考える者もいる。免疫系は微生物に頼って情報を得ているので、腸内微生物相の群集が不調に陥れば、免疫細胞がうまくはたらかず、敵味方の識別を誤ることはそれほど驚くには当たらない。微生物がほとんど絶え間なく免疫系に与える刺激、そして調整は、免疫が私たちのためにはたらく上で核になるものだ。集団全体として、私たちの腸内細菌は、害より利益のほうがはるかに大きい——そのほとんどは、だいたいいつも、私たちのためにはたらいている。だが、そうでないとき、たしかに抗生物質に機能してほしくなる。

抗生物質はロキを救っただけでなく、私たち二人も救ってきた。この奇跡の薬がなかったら、過去五十数年のあいだに多くの人々が不必要に苦しんで、早死にしていただろう。抗生物質耐性が拡散する可能性が迫っていることを考えれば、そうした大切な薬を無計画に使っていいものか、当然問われるべきだ。

ほかにどんな選択肢があるのだろうか。私たちの免疫系を助けてくれる味方の微生物と協力するという手がある。そして驚くほど多くの斬新な治療法が、まさしくそれを実行し、目覚ましい成果を上げている。

第11章　大腸の微生物相を変える実験

いつの時代も人間は昔から健康と長寿の鍵を探し求めてきた。その過程で、私たちは神に祈り、温泉に浸かり、いろいろ混ぜ合わせた飲料を飲み干した。人体の防御機構を理解するヒントがヒトデにあるとは誰も考えなかった。特にロシアの動物学者、イリヤ・イリイチ（エリー）・メチニコフは。

一八八二年秋、メチニコフ一家はシチリア島のメッシナに移り住んだ。着いたとたんにメチニコフは応接間を研究室にしつらえた。数ヵ月後の一二月、メチニコフはサーカスに行こうという家族の誘いを断り、家に残って実験を続けた。庭に出てバラの木からとげを一本取ったメチニコフは、研究室に戻って椅子を顕微鏡に寄せ、とげをヒトデの幼生の透き通った身体に刺した。翌朝、顕微鏡の舞台では、驚くような場面が演じられているのが見られた――アメーバのような細胞がとげに群がっているのだ。いったい自分は何を見つけたのだと、メチニコフは思った。

以前メチニコフは、この遊走細胞が、ヒトデの幼生に注射した赤い染料の粒子を攻撃・消化するところを観察したことがあった。今メチニコフは、はっきりと理解した。この奇妙な遊走細胞が、とげのような巨大なものを攻撃できるとすれば、侵入した微生物も攻撃できるのではないか。これはダーウィニズムが顕微鏡レベルではたらいているということだろうか。ほかのものに比べて病気にかかりにくい動物がいる理由の根本には、極小の闘争があるのか。鋭い直感で、しかし直接的な証拠なしに、このような細胞は身体の防御機構の足軽だと、メチニコフは即断した。

このチャンスこそメチニコフが期待していたものだった。三七歳のメチニコフは、何年も人知れずこつこつとヒトデと海綿の研究を続け、ルイ・パスツールやロベルト・コッホの革命的発見を指をくわえて見ていた。メチニコフは、自分が観察した腹を空かせた細胞を、食細胞と呼んだ。動物の体内で起きている顕微鏡サイズの戦争に驚いたメチニコフは、免疫における食細胞説の発展——そして弁護——に生涯を捧げた。その偶然の発見によって無名の動物学者は、何かと物議を醸す病理学者へと変身し、一九〇八年にはついにノーベル賞受賞にまで至った。

メチニコフの発見までは、細菌が炎症を起こすと考えられていた。メチニコフの報告により、この認識は逆転した——食細胞が細菌と戦うときに炎症を起こすのだ。彼の考えでは、炎症は生物が健康を保つ上で欠くことのできないものだった。今日の私たちは、それが正しかったことを知っている。

食細胞が病原細菌を食べていることを懐疑的な同業者に納得させるために、メチニコフは一〇年を要した。その途中で行なった数々の独創的な実験は、細菌についての洞察を生み、それは別の物議を醸した発想の基礎となった。

ノーベル賞受賞の前後数年間、メチニコフは、大腸に棲む微生物の構成を変えれば寿命を伸ばせるという考えに取りつかれるようになった。当時ほとんどの科学者は、大腸は腐敗したものが溜まった不潔な場所であり、定住微生物が作りだす毒素が染みこんで身体を老化させている痕跡器官であると見ていた。メチニコフも当初は、この考えを抱いていた。大腸は列車内のゴミ箱とそう変わらない、祖先が排便のためにしょっちゅう立ち止まる手間を省くためのものだと思っていたのだ。そんなことをしていれば、面倒なのはもちろん、捕食者や敵に満ちた世界では危険でもあっただろう。ゴミ箱がそうであるように、大腸の中身もときどきあふれることがあり、食細胞がやってきてゴミを片づけるまで身体に大きなダメージを与えるのではないかとメチニコフは推測した。だが、そもそも散らからないようにしておけばいいではないか。その根源から――大腸自体の内側から――微生物群集を変えて、有害な物質や病原体が蓄積されないようにする方法があるとしたらどうだろうか。

実験によって、ヨーグルトやケフィアのような発酵乳製品を作る細菌は、副産物として乳酸を産出することがすでに証明されていた。そして乳酸は、乳製品を汚染する細菌の繁殖を抑えることもわかった。乳酸があると腐敗菌の増殖が、仮に起きたとしても遅くなる。乳酸とそれを作りだすものが大腸内にあれば、細菌毒素と病原体は減り、したがって細胞の老化を遅らせることができるのではないかとメチニコフは考えた。

もっとも多く乳酸を作る細菌探しに乗り出したメチニコフは、バチルス・ブルガリクスを見つけた。続いてメチニコフは、一〇〇歳を超える人がブルガリアにはきわめて多く、そこではB・ブルガリクスをたっぷり含んだヨーグルトとケフィアが食卓にかかせないことを知った。ブルガリア人の長寿を見てメチニコフは確信した。大腸内の毒素を生成する細菌を役に立つ細菌と置きかえてやれば、寿命を延ばすことができるだろう。

細菌論にすっかり染まっていたメチニコフは、微生物の見方を変えた。微生物はすべて悪いわけではない。中には人間の役に立つものもいるのだ。メチニコフの考えの中で大腸は下水から宮殿へと昇格した。この転換は、現在私たちが知っているプロバイオティクス治療のさきがけとなるものだ。そして有言実行、一九一六年に七一歳という高齢（当時、ヨーロッパの平均寿命は四〇歳ほどに過ぎなかった）でこの世を去るまで、毎日ケフィアを飲み続けた。

メチニコフはプロバイオティクスの健康効果を初めて記録した中の一人だが、医学的な関心は長続きしなかった。メチニコフの死からほどなくして、バチルス・ブルガリクスは生きて胃を通過できないという研究結果が出た。一九二〇年代から三〇年代には、プロバイオティクス治療は発酵乳製品の中で見つかったもっと丈夫な別の細菌、ラクトバチルス・アシドフィルス（好酸性乳酸桿菌）を使う方向に移行し、寿命の延長ではなく胃腸の不調を治すという明らかに控えめなものが目標となった。

すぐに抗生物質の時代が幕を開け、プロバイオティクスは健康を守る手段としては急速に色あせた。治療薬としてのラクトバチルスの本格的な研究は突然終わりを迎えた。病原体を殺す特効薬があるのに、なぜ薬代わりにばい菌を食べるのか。数十年のあいだ、欧米ではプロバイオティクスの話はそれ以上ほとんど聞かれなかった。だが、抗生物質や食事が体内の微生物生態系に与える影響を私たちが知るようになると、認識は再び変わりだした。科学界の風潮の変化と、個人的な健康問題に直面した優秀な科学者が結びつくとき、飛躍的発展がひょっこり飛び出すかもしれない。

内側からの毒——腸内微生物と肥満

それこそが中国の微生物学者、趙立平が二〇〇四年に興味深い論文に出会って、実際に起きたことだ。その論文は、マウスの腸内微生物の構成が肥満に及ぼす影響についてのものだった。当時趙は大幅に余分な体重を抱えており、何とか自分の腸内微生物相を変えられないかと考えた。

一九六〇年代はじめ、文化大革命の直前に生まれた趙は、現在とはまったく違う中国で育った。ほとんどの中国人は農村に住み、そこでは体重過多は、まして肥満などは珍しかった。しかし四〇年ほどが過ぎ、大学、大学院、コーネル大学で二年のポスドク期間を終えたころ、趙の体重は増えていた。

自身の健康への不安と、微生物が肥満と関係しているという考えへの興味から、趙は、食事を変えることで腸内微生物相が変わり、余計な体重を落とせるかどうか試してみることにした。この発想はそれほど飛躍したものではなかった。趙は若手のころ植物病理学をやっていて、細菌を利用した植物の病気抑制を研究していた。また趙は、中国の伝統的な食事——米と多くの野菜と少しの肉——で大きくなった。当時、大量の肉、加工食品、余分な砂糖、脂肪、塩を中心にしたいわゆる西洋の食事は、まだ中国に浸透していなかった。

趙は、昔から薬効があると考えられてきた食品、特に全粒穀物、ナガイモ、ニガウリなどを中心とした伝統的な食事に戻った。こうした食品は腸内マイクロバイオームの構成によい影響を与えるだろうと、趙は考えたのだ。この新しい食事法はうまくいった。二年のうちに余分な体重はすっかり落ちた——二〇キロ近くも。趙はこの新しい食事法をWTPと呼んだ。WはWhole grains（全粒穀物）、TはTraditional foods（伝統食品）、PはPrebiotics（プレバイオティクス——これについてはあとで詳しく述べる）のことだ。

趙が自分の便のサンプルを分析して腸内微生物相の変化を観察したところ、新しい食事法がフィーカリバクテリウム・プラウスニッツィという細菌と特に相性がいいことがわかった。最初、この細菌は検便しても現われなかった。しかし二年の期間の終わりには、F・プラウスニッツィは趙の腸内微生物相のなんと一五パーセントを占めるようになった。この細菌は、大腸が慢性的に炎症を起こすという症状のクローン病や潰瘍性大腸炎の患者には、特に重要なものだ。F・プラウスニッツィを腸内に入れると、炎症が軽減するのだ。

趙の自己実験を耳にして、一人の男性が必死の思いで助けを求めて研究室を訪れた。一世紀前、ヨゼフ・マイスター少年がパスツールの研究所の戸口に現われたように。二六歳のその男性は、体重が一七五キロあり、高血圧、高血糖、高トリグリセリド血症（血中の脂質が多い状態）といった肥満に由来する健康状態に苦しめられていた。二人は取り決めをした。男性がWTPダイエットに従うなら、趙はその結果を測定、観察する。

この男性の血中にはリポ多糖という分子が高濃度で存在することにも趙は気づいた。この分子はヒトの腸に普通に棲んでいる細菌の細胞壁に見られるが、血液中に多量にあるのは問題だ。リポ多糖は別名「内毒素」と呼ばれる。内毒素は細菌感染でも発生することがあり、もし多量の内毒素が血流に入れば、敗血症性ショックを引き起こす。ロキが死にかけた病気だ。

趙はこの男性の血中内毒素濃度が高いのを見ても、さほど驚かなかった。肥満の人はそうでない人より、内毒素濃度が二倍から三倍高いことがあるのだ。しかし明白な症状がなくても、血液中の内毒素濃度が高いと不利益がある。身体じゅうで軽度の炎症が起きるのだ。

内毒素はいくつかの経路で腸から逃げ出す。一つはとても単純——漏れだすのだ。大腸内壁を覆う細胞の一番小さな隙間でも、内毒素が（そしてほかの大腸内容物も）腸壁から血流へと抜け出すのには十分だ。このシナリオは「腸管壁浸漏症候群」を引き起こす。この名前では知らなかったものの、まさにメチニコフが恐れていた症状だ。

趙が気づいたもう一つ濃度の高いものが、内毒素のもとだった——エンテロバクター属の細菌だ。それがこの人の腸内マイクロバイオームの約三分の一を占めていた。細菌の細胞壁にあるリポ多糖分子のすべてが同じわけではなく、そして化学的な違いは小さいかもしれないが、その影響は大きいことがある。エンテロバクター類に見られるリポ多糖は、この種の細菌の病原性を、ほかの内毒素を作る腸内微生物相よりも一〇〇〇倍高くしているのだ。

数ある肥満につながる要素の中から原因物質を発見したと、趙は思った。趙の考えはこうだ――欧米式の食事は内毒素を作りだす細菌の数を増やす。内毒素は消化管から漏れだし、血流に乗って身体の各部を巡る。これが免疫細胞の注意を喚起し、全身性炎症が起きる。最終的に、この過剰な炎症が代謝を変化させ、肥満の下地となる。一つだけ問題があった。証明が欠けている。

そこで趙は、特定の病原体が特定の病気の原因であることを証明する段階的プロセス、コッホの原則に立ち返った。直感を試験するためには、厄介者のエンテロバクターを分離し、それが病原性疾患の代わりに特定の健康状態――肥満――と関係があるかどうかを調べなければならない。趙は肥満男性からさらに採取した便サンプルを分析し、内毒素を生成しているのがエンテロバクター・クロアカであると特定した。病原体を分離し、コッホの第二の原則を満たすと、次にE・クロアカを他の哺乳類に導入して、肥満が発生するかどうかを見なければならない。どの哺乳類を選ぶか。やはり、マズマニアンの研究所でB・フラギリスの効果を特定するために使われたような無菌マウスだ。だが、趙が成功したかどうかを明らかにする前に、脂肪と単純糖質（糖分）が私たちの体内で互いにどう作用しているかを詳しく見てみよう。

脂肪の二つの役割

食事性脂肪と体脂肪は混同されやすいが、脂肪は見かけほど単純ではない。食べたほうがいい善玉の脂肪があるだけでなく、体脂肪の基本的な利益について、今ではほとんど誰も考えない。脂肪細胞は補給基地のようなものだ――エネルギーを一時的に貯え、あとで必要なときにすばやく取り出せる場所なのだ。

かつて体脂肪は周期的に起こる不作、あるいは野生動物や食用植物の不足の際に役に立った。そのようなとき、体脂肪の蓄えは生存のための予備プランとなった。だが先進諸国では深刻な食料不足に見舞われることは少なく、私たちは身の回りにあふれるおいしいものを食べ続け、胴まわりや背中に先祖伝来の予備プランを貯めこんでしまう。面白いことに、食事性脂肪は必ずしも体脂肪を増やすわけではない。しかしブドウ糖、つまり糖質の過多は体脂肪のもとだ。単純糖質を食べ過ぎると、それが脂肪に変わり、予備プランの備蓄を増やす。

なぜ人間は、単純糖質を脂肪に変えるようにプログラムされているのか。まず、私たちの身体は血中のブドウ糖量を、一定の適度な水準に保とうとする。これには二つの目的がある。臓器へのダメージを防ぐことと、エネルギー供給を確実にすることだ。そして脂肪は余分なカロリーを貯蔵したり取り出したりするのに効率のいい形なのだ。脂肪には一グラムあたり利用可能なエネルギーが九キロカロリー含まれている。一方、炭水化物（あるいはタンパク質）には一グラムあたり四キロカロリーしか含まれない。脂肪として蓄えれば、重量あたりより多くのエネルギーを貯蔵できるのだ。そしてエネルギー貯蔵庫を利用する必要ができたとき、脂肪は炭水化物、特にほとんどの細胞の燃料となるブドウ糖に戻される。この携帯と利用に便利なエネルギー源というところが、体脂肪の利点だ。この上求めるものがあるだろうか？

実は大いにあるのだ。たとえば健康を損なわない予備計画のようなものが。

脂肪組織を構成する細胞は、肝臓や心臓の細胞と同様に特殊化している。そして代謝という面では、脂肪組織は非常に活発で、血糖やホルモンの調節から免疫まで、あらゆる役割を果たしている。サイトカインは、免疫細胞が互いに情報伝達するための信号分子だったことを思い出してほしい。脂肪細胞もサイトカインを作る。あるものは脳と相互作用して、空腹でたまらないとき、食べずにいられなくする。またあるものは血圧の調節を助け、インスリンの分泌をうながし、肝臓に働きかけて貯蔵したブドウ糖を放出させたり手放さないようにさせたりする。こうしたサイトカインは非常にホルモンに似たはたらきをするので、脂肪組織は第二の内分泌系にたとえられる。

面白いのは、脂肪組織も免疫細胞を持っていることだ。それも非常に多いことがわかっている。肥満者では脂肪組織の最大五〇パーセントがマクロファージでできている。非肥満者では、マクロファージは脂肪組織の五パーセントを占めるにすぎない。そして痩せた人と比較すると肥満の人は、炎症を誘発するT細胞の数も、抗炎症性のT細胞に比べて脂肪組織中に多く持っている。

腸からの内毒素が脂肪組織に押し寄せると、局所のマクロファージとT細胞がそれを抗原だと解釈する。抗原がたくさんあり、免疫細胞がたくさんあると、大量の炎症誘発性サイトカインが解き放たれる。その一つがインターロイキン6（IL-6）だ。ここで趙の話に戻る。趙は自分と肥満男性のこのサイトカインを測定していたのだ。最初高かったIL-6のレベルが、WTPダイエットをしているうちに下がってきた。趙の研究が示すのは、現代のライフスタイルがかつては優れたものだった予備プランを損ない、資産であったものを重い負債に変えてしまう道すじの一例にすぎない。

腸内細菌相の移植

趙がコッホの第三と第四の原則を満たしたか――つまり、E・クロアカがマウスでも人間と同じように肥満を促進したかどうか――を見てみよう。趙は無菌マウスを三つのグループに分けた。最初のグループはE・クロアカを接種せず高脂肪の餌を与えた。このグループのマウスは肥満にならなかった。第二のグループには、肥満男性から採取したE・クロアカを接種して、やはり高脂肪の餌を与えた。一週間後に、このグループのマウスは体重が増え始め、すぐに肥満になった。趙は第三のグループの無菌マウスには、やはり肥満男性から採取したE・クロアカを接種し、普通の餌を与えた。しかし、このグループのマウスは肥満にならなかった。

趙は次に、E・クロアカを接種した二グループのマウスの内毒素量を調べた。高脂肪の餌を食べたグループは、普通の餌を食べたグループに比べて、目に見えて高い内毒素の値を示した。この結果はコッホの第三の原則を満たす——病原菌の導入が高脂肪の餌を食べたマウスに肥満を引き起こした——と趙は考えた。コッホの第四の、そして最後の原則に完全に従って肥満のマウスから病原菌を回収することまでは、趙は行なわなかった。これは実際には必要なかった。無菌マウスがなかった時代のコッホとは違い、無菌の実験動物の中にいる微生物が、自分が入れたE・クロアカだけだということが、趙にはわかっていたからだ。最後のハードルを越えた趙は、肥満が二つの要因、高脂肪の食事と、腸内細菌が生成して血液中を循環している内毒素の組み合わせによって起きると結論づけた。

趙の結論はマウスを使った先行する実験や後続の実験と一致していた。それらも高脂肪食が内毒素の増加を引き起こし、時には普通のマウスの二、三倍高くなることを示していた。だが、マウスは人間ではない。当然のことながら、人体の謎の解明、とりわけ食事研究に齧歯類《げっしるい》を使った場合の精度を疑問視する者もいる。[1]

それでも、初めて趙の研究室のドアを叩いた肥満男性の結果には目ざましいものがあった。趙のWTPダイエットを実行したところ、彼は二三週間で五一キロを落とした。平均すると一日に〇・三キロ以上だ。この結果は印象的だが、被験者が一人では説得力に欠けることが趙にはわかっていた。そこで趙は研究の規模を拡大した。九三人の肥満者がWTPダイエットに従い、趙はその結果を分析した。

全粒穀物の中で、被験者が食べたのはハトムギ（*Coix lachrymal-jobi*）、ソバ、オートムギだった。中国の伝統的な薬効食品にはニガウリが選ばれ、プレバイオティクスにはペクチンとオリゴ糖（食物繊維のもと）が入った。九週間後、九三人の参加者に趙や以前の肥満男性と同じような変化が見られた――体重が減り、血圧とトリグリセリド値（脂肪）が低下し、血糖値が平常値に下がったのだ。

趙は参加者をそれで解放しはしなかった。最初の九週間の実験期間が終わったあと、趙は彼らをさらに一四週間見守った。参加者は全員、WTPダイエットに沿った食事の作り方を教えられた。趙はニガウリとプレバイオティクスを支給し続けた。一四週間の期間の終わりには、一部の被験者で内毒素のレベルが再び上昇し、体重がまた増えていた。WTPダイエットから脱落してしまったということだ。それでも、二三週間の終わりには、被験者全員の代謝マーカーが実験開始時と比べると改善していた。特に、細胞のインスリンへの反応が大幅に改善され、二型糖尿病のリスクが低下していた。

趙はまた、炎症を示すいくつかのバイオマーカー（リポ多糖結合タンパク質、C反応性タンパク、炎症誘発性サイトカインIL-6）の変化を追跡した。このマーカーすべてが、九週間の実験期間と一四週間の追跡検査期間のいずれの終わりにも著しく低下していた。全身性炎症は実験参加者のあいだで大幅に減少した。

食生活の転換は、人間の外見だけでなく、内側も変えた。強力な内毒素を作る二つの科の腸内細菌（デスルフォビブリオ科とエンテロバクテリア科）の数が減ったのだ。また、腸管壁浸漏症候群に対抗するとされる別の科（ビフィドバクテリウム科）に属する細菌の相対種個体数が増加した。食事を変えることで内毒素生産菌の支配を、ひいてはその肥満への寄与を終わらせることができると、趙は結論した。

WTPダイエットはインスリン抵抗性に好影響を与えることを趙が発見したころ、オランダの研究者が採ったやり方は、もっと単刀直入だった。痩せた人の腸内細菌相を肥満の人に移植して、肥満の参加者のインスリン抵抗性に影響が出るかどうかを観察したのだ。六週間後、肥満者のインスリンへの反応は大幅に改善され、腸内マイクロバイオームにはまだ痩せたドナーから移植した細菌種が多く含まれていた。だが肥満者たちは食事を変えておらず、三ヵ月後にはその腸内細菌相は処置前の構成に戻った。

セントルイスにあるワシントン大学の研究者が行なった実験は、オランダの研究者によるものに似ていたが、大きな工夫が加えられていた。遺伝的差異を除外するため、片方は肥満しもう片方は痩せている一卵性双生児を四組集めた。それぞれの双子から採取した便サンプルは、無菌マウスに移植された。双子の痩せているほうの腸内細菌相を与えられたマウスは痩せたままで、肥満しているほうの細菌相を与えられたマウスは肥満になった。

これは重大な発見だった。腸内細菌相の移植は可能であり、そればかりか大きな効果が期待できるのだ。さらに驚かされるのは、痩せに関係する細菌相が優位になって、肥満と関係する細菌を排除することもあるのだ。マウスには食糞性がある、つまり互いに糞を食べ合うことを知っていたこの研究者たちは、痩せたマウスと肥満のマウスを同居させた。すぐに肥満のマウスは痩せ、研究者は、肥満のマウスに痩せたマウスの微生物相が定着したと結論づけた。(2)

これらの発見から、腸内微生物相は肥満において、正当に評価されていないが大きな役割を果たしていることがわかる。重要なのは食べる量だけではない。何を食べるかと、私たちの中に何が棲んでいるかも重要なのだ。その理由を、ＷＴＰタイプの食事の治療効果と共に、もっと詳しく理解するためには、食べ物が消化管の中をどのように旅し、分解されて形を変え、吸収されるかを理解するのが早道だ。これらの要素は人間の健康に――そしてそこにマイクロバイオームが果たす役割に――重大な影響があることがわかっている。

消化経路――胃・小腸・大腸の役割

「一に立地、二に立地、三に立地」という不動産業者の格言は消化管にも当てはまる。趙が知っていたにしろ、推測が当たっただけにしろ、ＷＴＰダイエットは望ましい種類の食品を大腸に届けるのに理想的だ。メチニコフも大腸に入るもの――そしてその中で起きること――がどれほど重要かを見れば驚くことだろう。

食事、大腸、人の総合的な健康の関係を理解するためには、食べたものの代謝運命を追ってみるとわかりやすい。しかしまず、用語についてひと言。私たちは消化管を胃、小腸、大腸と呼ぶ。だが大腸というのは少々不適当な名前だ。ヘビが大きなミミズでないように、大腸は小腸が大きくなったものではない。それどころか、消化管の各部位は、まったく違うことをしているのだ。胃は溶解器、小腸は吸収器、大腸は変換器と呼んだほうがいいかもしれない。これらの機能がはっきり異なっていることは、胃、小腸、大腸の微生物群集が、互いに川と森ほど違っている理由の説明に役立つ。温度、湿度、日光のような物理的条件が動植物の群集に強く影響するのが、山頂から谷底までのハイキングでわかるように、消化管を上から下までたどるあいだにも同じことが言えるのだ。

独立記念日のバーベキューパーティー会場に自分がいるところを想像してみよう。グリルへとぶらぶら歩み寄り、ポークリブにいくつか手を伸ばして、山盛りの自家製ザワークラウトの脇に置く。コーンチップひとつかみと、セロリも二、三切れ取る。野菜の串焼きもおいしそうなので、山盛りの皿の上に載せる。おっと、独立記念日にはマカロニサラダとパイも忘れちゃいけない。

皿からリブを取ってかじりはじめる。フォーク一杯のザワークラウトは肉とよく合うので、もう一口頬張ってむしゃむしゃ食べる。マカロニは口の中で簡単に潰れるが、セロリは少し嚙まないとならない。これらすべてがのどを滑り落ちて、酸のタンクである胃の中に着地する。

胃酸が細切れになった食べ物を溶かしはじめる。pHスケール上では七が中性で、数が小さくなるほど酸性が強くなるが、胃の酸性度はものすごく、一から三のあいだだ。レモン果汁と酢がだいたい二だ。酸のせいで胃の中は細菌にとってかなり居心地が悪い。暗く、湿っぽく、温かい場所の割に、そこは信じられないほど無菌だ。入ってくるものは食物でも何でも溶かすための極端な環境なのだ。わかっているかぎりでは、たった一種類の細菌（ヘリコバクター・ピロリ）だけが焼けつくような胃の中の環境で繁殖できる。

胃酸がリブ、ザワークラウト、コーンチップ、野菜、マカロニ、パイに作用したあと、できたどろどろが小腸の上部に落とし込まれる。すかさず胆汁が肝臓から吹き出して、脂肪に作用しはじめ、分解する。膵液も小腸にほとばしり、消化パーティーに参加する。独立記念日のごちそうは基本的な分子――単純糖質、複合糖質、脂肪、タンパク質――へとばらばらにされて、完全な解体へ向かう。一般に、こうした分子の大きさや複雑さと、消化管の中での運命には、逆相関関係がある。小さな分子、主にマカロニ、パイ生地、チップスの生成炭水化物を構成する単糖類は、比較的速く吸収される。大きかったり複雑だったりする分子は分解に時間がかかり、小腸の下部で吸収される。

ソーセージのように曲がりくねった小腸は、微生物相にとって胃とはまったく違った生息地となる。酸性度は急激に低下し、あらゆる栄養素があるここでは、細菌の数は急増し、胃の中の一万倍にもなる。だがそれでも小腸は、細菌にとって理想的な条件とは言えない。それはまるで洪水の川だ。唾液、胃液、膵液、胆汁、腸粘液からなる体液が、毎日約七リットル流れていくのだから、それも当然のことだ。しかもそこに、私たちが一日に飲む二リットルの何らかの液体がさらに加わるのだ。激しく渦巻く液体は、食物の分子と細菌を引きずって、たちまち下流へと運び去る。絶え間ない動きがあるので、何もその場に長くとどまることはできず、細菌は本当に定着して消化に大きな寄与をすることができない。

小腸の中間部から下部までで、独立記念日のどろどろに含まれる脂肪、タンパク質、一部の糖質は、吸収できるように十分に分解され、腸壁をくぐり抜けて血流に乗せられる。「一部の」糖質というところに注意してほしい。その相当量はまったく分解されていない。複合糖質は単純糖質とまったく違う運命をたどる。

野菜の串焼き、セロリ、ザワークラウト、パイのフルーツに含まれる複合糖質の大部分は、胃酸のタンクをそのまま通過し、小腸上部のさまざまな消化酵素さえすり抜けて、大腸にたどり着く。果物や野菜に含まれる複合糖質のほとんどは消化できない。少なくとも読者には——そして地球上のどの人間にも。医師はそれを繊維と呼ぶ。

植物学の世界では、複合糖質を多糖類と呼ぶ。その分子は鉄筋のような働きをし、おかげで植物は高層ビルのように空にそびえることができる。そのような多糖類の一つ、セルロースは、地球上のほとんどあらゆる植物の細胞壁にある。セルロースはしなやかな強さをコムギの茎や樹木の幹に与える。だから植物はそよ風に揺れ、暴風に耐えられる。植物は無数にあるので、セルロースは地球上でもっとも豊富な生化学物質の座に輝く。土の中では、セルロースを分解して再利用できる分子にする建設的な仕事を、細菌や菌類の分解者は絶えず忙しく行なっている。

そして反芻をする動物たちにも同じことが当てはまる。反芻動物の消化管には、植物の多糖類を発酵させる微生物を住まわせておくための特殊な部位がある。それは、ウシ、ヤギ、キリンの第一胃のように胃の前に来ることもある。また、シロアリ、ウマ、ゴリラのいわゆる後腸のように、胃のあとに来ることもある。発酵室としては、ヒトの大腸は第一胃や後腸に比べると見劣りがする。しかしそれは、私たちの雑食性の食事に含まれる複合糖質を分解するには申し分がないのだ。

その名のとおり、単純糖質はわずか二、三個の糖がつながったものだ。一つの糖をもう一つに、とても短い鎖の環のようにつなげばできあがりだ。これは分解が簡単で早く、短い時間に大量のブドウ糖を生み出す。一方、複合糖質は、数百から数千の糖分子がつながってできている。しかし複合糖質はそれだけでは完成しない。中心の鎖に枝となる分子をさらにつけてやる必要がある。それは別の糖分子でも、アミノ酸（タンパク質の前駆分子）、脂肪、それらの組み合わせでもいい。だいたいおわかりだろう。消化酵素が、少なくとも人間が作れるものでは、多糖分子上の正しい位置を見つけて単糖に分解し始めるまでには時間がかかる。複雑さはすなわち時間だ。そしてこの場合、時間は味方だ。

最初に消化されなかった複合糖質に戻ろう。どろどろの内容物が小腸から大腸へと流れ落ちると、環境は川よりも沼に近くなる。複合糖質ほか未消化の食物分子は大腸に落ち着き、細菌が餌を食べる静かな牧草地になる。大腸はｐＨがほぼ七の中性なので、酸のタンクのような胃や、渦巻く早瀬のような小腸（ｐＨは四から五の範囲にある）と比べると細菌の天国だ。

大腸は人間の消化管の終点かもしれないが、人間にはない多糖類分解酵素を持った細菌にとっては、

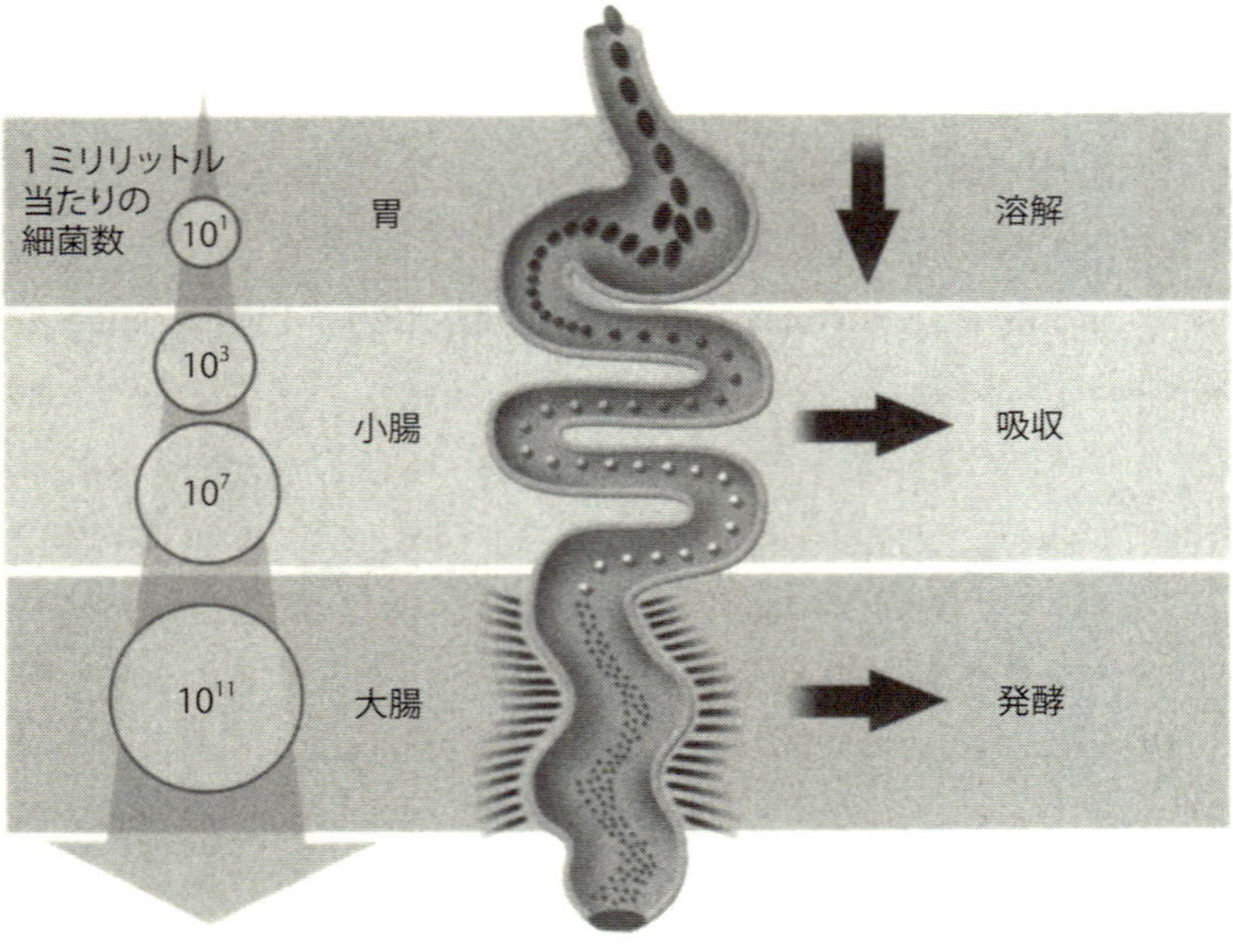

食物の経路
胃で分解された単純糖質、大部分の脂肪とタンパク質は小腸で吸収される。大腸内の細菌は複合糖質を発酵させる。

ここが始まりだ。私たちの内なる聖所の奥深く、微小な錬金術師たちは大腸を、人間が消化できない複合糖質を発酵させる変成の大釜として使っているのだ。体内でも体外でも、発酵は有機物を分解するもう一つの手段だ。ただし適切な微生物が必要だ。たとえばバクテロイデス・テタイオタオミクロンは、複合糖質をばらばらにする酵素を二六〇種類以上作る。対照的に、ヒトのゲノムはほんの少ししかコードしていない。私たちは複合糖質を分解する酵素を二〇ほどしか作れないのだ。

ゴミを黄金に——大腸での発酵細菌の活躍

大腸は、消化できないものを集めて溜めておくしか能のない、つまらないゴミ箱などではまったくない。それどころか、このあまり愛されることのない場所には、ヒト腸内微生物相で優位を占める二つの門の発酵細菌——バクテロイデス門とフィルミクテス門——のおかげで、すばらしい化学物質が集まっているのだ。その代謝産物は短鎖脂肪酸（ＳＣＦＡ）と呼ばれる、薬効成分の宝庫だ。短鎖脂肪酸は究極のリサイクルだと考えられる——細菌は人間が消化できないものを食べて繁栄し、その廃棄物で今度は人間が成長するのだ。

動物と人間両方の研究から、特に三種のＳＣＦＡ——酪酸、酢酸、プロピオン酸——には薬効があることがわかっている。ＳＣＦＡは、人間の代謝と免疫反応に欠かせない多数のプロセスと一体のものだ。免疫細胞と大腸内部を覆う細胞双方の細胞受容体を結ぶことで、それは行なわれる。ＳＣＦＡが健康に作用する細胞レベルのメカニズムを、研究者は完全に理解しているわけではないが、全体像は明白だ。私たちが大釜を発酵性の糖質、要するにマルチでいっぱいにすると、微生物の錬金術師たちがそれを栄養素という黄金に変えてくれる。そして、ＳＣＦＡは腸管壁浸漏症候群への天然の薬でもあることがわかっている。歯列矯正装置が歯のすきまを狭めるように、それは、大腸内壁の細胞の間隔を密にする。こうすることで、内毒素が血流に入りこんで全身に炎症を起こすことが防がれる。

ある事例では、マウスに導入されたビフィドバクテリウム種の細菌がアセテートを生産し、それは今度は腸の内層の浸透性を大幅に低下させることを、日本の研究者が発見した。これによって、大腸菌の生産する毒素（志賀毒素）が腸の外に漏れだし、マウスが死ぬのを防ぐことができる。

主要なＳＣＦＡ三種の運命はそれぞれ違う。酪酸の大部分は大腸内にとどまっている。栄養状態のい細胞は、健康でよく機能する組織や臓器の基礎であり、大腸も例外ではない。大腸内層の細胞はエネルギー要求量が高く、酪酸をむさぼり食ってしまう。酪酸は大腸の栄養エネルギーの七〇から九〇パーセントを供給する。このように栄養を直接吸収するのはきわめて異例だ。ほとんどの細胞は血液が必要なものを運んでくるのに頼っている。酪酸は大腸の細胞に、大腸壁の健康維持に重要な粘液と抗菌物質の放出もうながす。またそれは、大腸がんにつながる細胞プロセスを弱めたり抑制したりする上で中心的な役割を果たす大腸細胞の特定の受容体と結びついている。

酢酸とプロピオン酸は、血流に溶けこんで体内の別の場所——肝臓、腎臓、筋肉、脳など——に運ばれる。酪酸のように、これらも組織を構成する細胞のエネルギー源となる。プロピオン酸は特に、もう一つの面白い効果を人間に及ぼす。食べる量を減らすのだ。プロピオン酸が脂肪細胞の細胞膜受容体にドッキングすると、受容体はレプチンというホルモンを放出する。レプチンが脳に届くと、脳は「満腹だ。食べるのをやめろ」というわかりやすいメッセージを送る。

全体として、人間が糖と脂肪を代謝・利用する方法に関係する、多くのプロセスの最適化と調節に、ＳＣＦＡは寄与している。発酵性糖質の摂取量が少なすぎたりＳＣＦＡを作る細菌の数が腸内で減ったりして、ＳＣＦＡのレベルが低くなると、体重の増加やインスリン抵抗性の発生などさまざまな問題が起きることがある。肥満や二型糖尿病に伴う各種の代謝異常が、ＳＣＦＡを高いレベルに増やし維持することで、大幅に減ったり完全に消えたりすることを研究者は報告している。

短鎖脂肪酸には免疫にも果たす役割があるようだ。Ｔｒｅｇは免疫の非常に重要な一部なので、Ｂ・フラギリスのポリサッカライドＡのほかにもその発生につながる経路があるはずだと、研究者は考えた。そして、大腸でのＳＣＦＡ生産能力を念頭に、腸周辺の免疫組織でのＳＣＦＡとＴｒｅｇ発生に関係はあるかどうかを調べた。

無菌マウスを使った一連の実験では、研究者は数種のＳＣＦＡを混合したものをマウスの飲み水に加えて、腸管関連免疫組織のＴｒｅｇの値を測定した。ＳＣＦＡを与えられたマウスはそうでないものより、はるかにＴｒｅｇの数値が高かった。プロピオン酸は特にＴｒｅｇの生成と関係していた。マウスによる別の研究で、ジョージア・リージェンツ大学の研究チームは、酪酸がどのように免疫細胞と相互作用するかを深く掘り下げた。大腸に酪酸があると、それは腸を取り巻く免疫組織内の樹状細胞やマクロファージと結びつく。すると樹状細胞とマクロファージはＴｒｅｇの発生をうながす。酪酸は樹状細胞とマクロファージを活性化させ、他の免疫細胞にも抗炎症サイトカインの放出を促進させる。

これらもやはりマウスによる研究だが、細菌の代謝物がヒトの免疫に同様な役割を持つことを示唆している。たとえば、酪酸の注腸が、クローン病や大腸炎によって大腸が慢性的に炎症を起こしている患者の治療として行なわれることを考えてみたい。そのメカニズムはマウスのものと似ている——酪酸が炎症を鎮めるＴｒｅｇを生産する遺伝子を活性化させる——のかもしれない。研究者は、酪酸産生菌を基礎にした新しい治療法の開発を積極的に追求している。

大腸内生態系の微生物による錬金術には順序がある。細菌による複合糖質の発酵は、大腸上端でもっとも活発だ。それはここが小腸の内容物が最初に到着するところだからだ。酪酸を作る細菌は大腸上部に棲息し、酢酸とプロピオン酸を作るものは大腸下部に棲む。酪酸生成細菌は副産物として二酸化炭素を発生させ、その濃度が十分高まると、酢酸とプロピオン酸を作る細菌に原材料を提供する。大腸の細菌群集は、人間が食べたものだけでなく、群集のほかの細菌が食べたもので作られたものからも構成されるのだ。

発酵の効果は、特に大腸の上部では、SCFAの生成物で局所環境が酸性に傾くことだ。結果としてこれがpHに敏感な病原体（大部分は酸に耐えられない）を抑制する。

ヒトの糞便のゲノム解析をもとに、また大腸を探って得た結果から、SCFAを作る細菌は、そのごくごく一部しか識別できていないと科学者は考えている。細菌の、ほとんどとまでは言わないまでも多くは、未知のままなのだ。そして細菌同士の関係については、なおさらわかっていない。しかしSCFAと内毒素の効果についてわかっていることを考えると、私たちの潜在的な仲間を理解するために、そのすべてを明確に識別する必要はたぶんないだろう。多糖類を発酵させるSCFA生成菌（それが何ものだろうと）に餌を与えることが、きれいな空気を呼吸し新鮮な水を飲むのと同じように、健康の基礎であるのは当然だ。

第12章　体内の庭

プレバイオティクス

それでは、どのように大腸の住人を食べさせ、世話をしたらいいのだろう。食べ物を通じてその素性を変えたり、悪玉を善玉に入れ替えたりできるのだろうか。できるとすれば、どのくらい時間がかかるのか。ハーバード大学とデューク大学の研究者たちは、答えを出そうとした。彼らは一〇人のボランティアを募り、二組に分け、それぞれのグループに違う食事を与えた。一方のグループ（生まれたときからベジタリアンだった人もいた）は動物性食品（肉とチーズ）を主に食べ、もう一方はもっぱら植物性食品（果物、野菜、豆）を食べた。研究者はＤＮＡ解析を行ない、実験の前、最中、あとで各人の便の中にどの細菌が存在するかを特定した。

数日のうちに、細菌とそれがタンパク質を分解して産出する代謝物が、動物性の食事を摂っている参加者の便サンプルに増えた。生まれたときからのベジタリアンのマイクロバイオームでさえ変化していた。植物性の食事を摂っている参加者の便サンプルでは、糖質を発酵させる細菌の数が増え、短鎖脂肪酸も増えた。この研究は、食事がマイクロバイオームを変えることだけでなく、それが非常に速く起きることも示した。

プレバイオティクスは細菌が発酵させる多糖類の別名であり、植物性食品のほうに割り当てられたボランティアは、それをたくさん食べていた。ある意味で、プレバイオティクスは、園芸愛好家が花壇の地面に敷くマルチのようなはたらきをするのだ。しかし私たちの体内では、それは微生物の錬金術師の餌となり、私たちは恩恵を受ける——少なくとも、プレバイオティック食品をたっぷり食べていれば。

栄養学者は、プレバイオティクスとは食物繊維だと言い、ほとんどのアメリカ人はそれが足りていないと嘆く(1)。女性の推奨量は一日に約二五グラム、男性なら一日に約三八グラムだ。しかしそれに近い量を食べている人はごくわずか、たったの三パーセントだ。あとは推奨量の三分の一から半分しか食べていない(2)。

面白いのは、プレバイオティクスの価値が、食物繊維の消化のしにくさにあることだ。ある種の多糖類は、セルロースのように構造多糖類であり、植物の葉の部分に豊富に含まれる。また別の多糖類は、アミロースのように植物の貯蔵エネルギーで、ジャガイモやニンジンなど根菜類に広く見られる。リンゴやナシはまた別の多糖類、ペクチンを含み、タマネギやニンニクはイヌリンというありふれたプレバイオティクスの源だ。こうした多糖類を腸内微生物相は発酵させ、それによって生きていく。植物由来でない発酵性糖質もある(3)。

しかし世界中の大半の人々にとって、これまで常に、そしておそらくこれからも、植物が主要なプレバイオティクス源だ。人類にとって重要な穀物は、イネ科植物の種子だ。それはセルロースに富み、他の発酵性糖質も少しだが含んでいる。全粒の形で食べれば、素晴らしいプレバイオティクスになるが、精製すると単糖になって、大腸に届く前に吸収されてしまう。

食事にプレバイオティクスを増やせば、有益な腸内微生物相を維持し、変えることさえできる。だが、自分のマイクロバイオームに何か起きたときにはどうするのか？　何しろ、抗生物質の最大の問題は、有害な細菌と一緒に役に立つものまで殺してしまいかねないことなのだから。

ここでプロバイオティクスの登場だ。プロバイオティクスは生きた細菌株あるいは細菌種で、身体の特定の場所に入って有益な効果をもたらすものだ。プレバイオティクスが今いるものに餌を与えるのに対して、プロバイオティクスはいなくなったかもしれないものを再び取り入れるのに役立つ。

ヨーグルトを食べるブルガリア人が長生きであることにメチニコフが気づくよりずっと昔から、中東やアジアの文化は、生きた細菌を含む食品を食べると体にいいことを知っていた。一六世紀にフランスにヨーグルトを紹介したのはトルコ人だった。その名を国号にちなむ国王フランソワ一世がひどい下痢にかかったとき、同盟国オスマン帝国の統治者スレイマン大帝から、ヨーグルトを携えた医師がフランス宮廷に派遣され、それによって治癒したのだ。

プロバイオティクスの研究は、気分障害、腸疾患、尿路性器感染症、肝臓病、ある種のがんなど、頭から爪先までの幅広い病気や健康状態にわたって行なわれている。一万人以上が関係する七四の研究と八四の実験を扱った、二〇一二年のメタアナリシスでは、プロバイオティクスには過敏性腸症候群や慢性下痢症のような胃腸病の予防と治療を助ける効果があり得ることが示された。プロバイオティクス療法の進歩によりある人の現在の健康状況、菌株、投与量、届ける方法などが、現在の目標課題だ。実験計画に注目することで、本当の効果と事実にもとづかない主張をより分けることができる。

プロバイオティクスは通常、抗生物質の影響にしろ、旅行中の感染にしろ、何らかの慢性の炎症にしろ、腸の問題解決に役立つ可能性の面から考えられている。しかしＷＴＰダイエットを考案した科学者、趙立平はマウスでそれ以上の実験を行ない、プロバイオティクスには他の慢性疾患の根っこにある健康状態に対処する力もあることを明らかにした。

現在使われている、あるいは実験の対象となっているプロバイオティクスのほとんどは、ラクトバチルス属とビフィドバクテリウム属を含む集団から出たものだ。この二つのグループに属する細菌は特に、肥満の人間とマウスのマイクロバイオームにきわめて少ない。プロバイオティクスの効果を探るために、趙は高脂肪の餌を与えたマウスを集め、三つのグループに分けて、それぞれ別のプロバイオティクスを与えた。そのうち二グループは種類の異なるラクトバチルスを与えられ、第三のグループはビフィドバクテリウム種（B・アニマリス）を与えられた。対照として、さらに二グループのマウスにはプロバイオティクスは与えられず、一方は高脂肪食、もう一方は普通の餌を食べた。結果は明快なものだった。

まず、プロバイオティクスはそれぞれ違う効果を表わした。B・アニマリスは脂肪細胞が分泌する炎症性サイトカインの値を下げ、内毒素の値を下げる効果がラクトバチルスより高かった。しかしラクトバチルス種は別の面でB・アニマリスより優れていた。細菌が発酵の副産物として作りだす三つの有益な短鎖脂肪酸の一つ、酢酸を増やしたのだ。

もう一つの変化は、プロバイオティクスを与えたマウスの三グループすべてに起きた。すべて同じ量の高脂肪の餌を食べていたにもかかわらず、脂肪細胞は小さくなり、脂肪組織にあるマクロファージは少なくなった。つまり炎症が軽減されたのだ。マウスの肥満は大幅に軽減され、血糖値は改善し、肝臓への蓄積脂肪が減った。最後に、マウスの糞の中にはそれぞれのプロバイオティクスの菌がかなりの数見つかり、過酷な腸内を通り抜けられることを証明した。

先ほど触れた、ボランティアに植物性の食べ物と動物性の食べ物のどちらかを食べさせる研究でも、細菌が消化管を通過できることが示されている。実験者は意図的にプロバイオティクスを食事に入れてはいないのに、いくつかの型のラクトバチルスが、動物性食品のグループにいた人の便サンプルでかなり増加していた。これはどこから来たのだろうか。

それは昔ながらの起源であることがわかった――チーズを作ったり肉を保存したりするのに使われる培養菌だ。さらに、便の中に見つかった二種の菌類が、動物性食品のチーズと植物性食品の野菜に由来していた。しまいには、植物のウイルスであるルブス・クロロティック・モットルまでもが、消化管をやすやすと通り抜けていた。それは植物性食品を食べた人の便サンプルから見つかったもので、おそらくはホウレンソウから取り込まれたのだろう。

ここで私たちは、プロバイオティクスを体内に取り込むための手段として食物を使うという、メチニコフの直感へと引き戻される。キャベツが近頃では人気の発酵性野菜だ。新鮮なキャベツを水とたくさんの塩に漬け、ラクトバチルスを放すと、そこはすぐに生命で満ちあふれる。わずかなラクトバチルスが、発酵するものがあるかぎり、たちまち大量に増殖するのだ。ザワークラウトやキムチを食べれば、その中のラクトバチルスの一部が、大腸内にいるものと合流する――そして中には、ほかの場所に現れるものもいる。

婦人科医療と細菌のはたらき

膣は、プロバイオティクスを使った感染症治療で、多くの研究の対象となっている。いくつかのラクトバチルスの株は、病原体を排除して膣の健康を回復するために、非常に効果的であることがわかっている。大腸の大釜の中と同じように、糖の発酵は膣の健康の基礎でもあるのだ。膣の細胞は発酵性の糖やその他の栄養分を供給し、そこでラクトバチルスは繁殖することができる。どこかで聞いたような話ではないだろうか？　植物は糖が豊富な滲出液で有益な微生物を根圏に引き寄せる。そしてラクトバチルスは膣の糖を発酵させるとき、代謝産物である乳酸を放出する。ＳＣＦＡが大腸の健康にとってそうであるように、乳酸は膣の健康に欠かせないものだ。

膣のマイクロバイオームの乱れが、女性が医者にかかるもっとも一般的な理由の一つだ。この状態は、医師には細菌性膣症の名で知られており、常時女性の三人に一人はこれにかかっていると推定されている。症状の出る人もいるが、大多数は症状がない。いずれにしても、細菌性膣症が発端となって、早産、不妊、性感染症（たとえばＨＩＶ、ある種のヘルペス、おそらくはＨＰＶなど）にかかりやすくなるといった数多くの健康問題が、女性やそのパートナーに起きる。だからやはり、常在菌のラクトバチルスが膣に多いことが非常に望ましい。

ところが、細菌性膣症にかかった女性が医者に行くと、受ける治療は五〇年前からずっと同じ――抗生物質だ。抗生物質はたしかに効くが、初感染が治ったあとでも再発することがよくある。ある研究で、二種類の主流となっている抗生物質を使った四週間後の治癒率は、四五パーセントから八五パーセントのあいだであることがわかっている。そして三ヵ月後、最大四〇パーセントの女性に再感染が起き、六ヵ月後には半数が再び感染していた。

細菌性膣症の再発率が短期的に高いだけでなく、抗生物質を使用したあとで他の病気が発生することも珍しくない。たとえば膣カンジダ症、尿路感染症などだ。こうした二次感染に対する治療――カンジダ症には抗真菌剤、尿路感染症にはさらに抗生物質を用いる――を行なっていると、膣マイクロバイオームが感染前の状態に回復することは決してないと研究者は考えている。すると細菌性膣症が再発する。そしてまた抗生物質が処方される。これもまた、もとの問題を解決することができずに新しい問題を作りだしてしまう「解決法」の一例だ。

女性が細菌性腟症を治療しようとして、結局また感染症にかかってしまうという悪循環は、治療法として失敗だ。だから一九七〇年代から、臨床研究者は別の手法を採り始めた。ラクトバチルスの数を回復させればいいのだ。何しろこの細菌には、自分のすみかを健康で清潔に保つ効果的な戦略があるのだから。ラクトバチルスは腟の内壁の細胞に貼りついて、糖のテーブルで病原体の席を奪う。そして乳酸は、大腸のSCFAと同様に、腟の局所環境を酸性に傾け、これも病原体を抑制する。ラクトバチルスは、腸内細菌が腸管関連の免疫細胞と情報交換するのと似たやり方で情報交換し、ちょうどよい免疫反応を起こさせる。最後に、ラクトバチルスは、自分で抗生物質に相当するもの——過酸化水素とその他数種の抗菌物質——を作り、足がかりを得ようとする病原体を撃退する。

臨床試験のすべてが実験計画の黄金律に従っているわけではないが、それはプロバイオティクス療法が細菌性腟症の治療にきわめて効果的であることを示している。[4] 初感染の女性がプロバイオティクス治療だけを受けた場合、一ヵ月後の治癒率が約九〇パーセントだったと報告する研究がいくつかある。抗生物質のみを使った患者の治癒率が五〇パーセントほどだったのに比べてはるかに高い。さらに、プロバイオティクスの副作用はまれで、あったにしても抗生物質の副作用のように深刻なものではまったくない。別の実験では、プロバイオティクスと抗生物質を併用して、抗生物質だけを使ったときより高い治癒率を達成した。これがおそらく最善策だろう。抗生物質の即効性の殺菌力と、病原体がもう一度店を開くのを防ぐ腟マイクロバイオームの早急な回復とを組み合わせるのだ。

抗生物質のみに頼ることの危うさと、細菌性腟症にともなう他のさまざまな深刻な健康問題を予防できる可能性を考えて、多くの著名な研究者たちが、プロバイオティクスが婦人科医療の主流からまだ遠く離れていることを公然と嘆いている。

糞便微生物移植の効果

マイクロバイオームに新たな細菌を獲得する、かなり変わった方法が、圧倒的な治癒率をもたらしている――下から上へと。一九五八年、デンバー退役軍人管理局病院の医師たちは、健康な提供者から採取した便を致命的な下痢にかかった四人の患者に肛門から注入する、初の糞便微生物移植(FMT)を実施し、結果を発表した。四人全員が急速に回復し、医師たちはこの治療法が本格的な治験を行なうに値すると結論しないわけにいかなかった。だが、そのアイディアに乗る同業者はほとんどおらず、半世紀のあいだこの奇妙な治療法は、抗生物質に反応しない患者への最後の手段とされてきた。

抗生物質が腸内細菌相を激減させてしまい、病原性細菌が増殖して腸管に急速に定着することがある。クロストリジウム・ディフィシルは、中でも最悪のものの一つで、命にかかわることもあるすさまじい下痢の原因となる。過去数十年でC・ディフィシル感染症は激増し、アメリカの病院では年間五〇万から三〇〇万件発生して、三〇億ドルを超える損失をもたらしている。C・ディフィシル感染症の発生率が増えたために、抗生物質を使用した患者が慢性的なあるいは激しい下痢を起こした場合、これを疑うように医師に勧告がなされることになった。

抗生物質が腸管の有益細菌の個体群を全滅あるいは激減させると、それは熱帯雨林に人の手で皆伐地が作られたようなものだ。その土地がいつまでも空っぽのままのわけがない。

健康な人の便を移植するFMTの基本的な考え方は、微生物の生態学を医療として利用する――患者の腸にできた裸地に有益細菌の種をまき直して、C・ディフィシルが定着するのを防ぐというものだ。移植された微生物相がC・ディフィシルを排除するメカニズムは、完全にはわかっていない。しかし効き目があることはたしかだ。数十件の研究で採集された、患者数百名のデータを要約した近年の文献レビューは、抗生物質に反応しないC・ディフィシル感染症にかかった人の治癒率が、約九〇パーセントであると報告している。

糞便移植の成功率は、たいていの人にとってなくてはならない普通の医療行為（たとえば子ども時代のポリオの予防接種）と肩を並べる目覚ましいものだ。それどころか、成果がぱっとしない毎年のインフルエンザ予防接種（もっともいい年で成功率六〇パーセントほど）をはるかにしのぐ。

一方で、FMTの分野にいる研究者と医師は、提供者の徹底的な検査が必要だと強調する。昔からの感染症がまず心配だが、肥満や二型糖尿病のような健康状況も同様だ。いずれも腸内細菌相の構成との関連が指摘されることが多くなっている。

FMT普及の最後の大きな（科学的）障害は二〇一三年に取り払われた。この年、医学研究の黄金律であるランダム化比較試験によって、この手法には実際に効果があるという説得力のある証拠がもたらされたのだ。それどころかあまりに効きすぎて、予定していた一二〇名の患者のうち、最初の四三名の結果を見きわめて試験を打ち切ったほどだ。この治療を受けた患者の治癒率九四パーセントは、通常の治療を受けた患者（二三から三一パーセント）をはるかに上回ったため、監督機関である医療安全委員会は試験を中断して、FMTを新たな標準医療として用いることに賛成した。

別の研究でも、糞便移植の受容者の腸内細菌相が相当に、そして永続的に変わったことが明らかになっている。ほとんどの受容者で、C・ディフィシルの個体数はかなり減少し、バクテロイデスの大幅な増加が、この種の有益細菌が顕著に欠けていた患者に見られた。受容者の術後の腸内細菌相は、提供者のものと同様になり、導入された細菌がうまく受容者の腸に再定着したことを示した。FMTの並々ならぬ効果は、微生物の生態学の応用に医療効果があることを証明している。

C・ディフィシル感染症を除去し、腸内細菌相を変える能力がFMTにはあると証明されたことで、この技術を他の病気、たとえば自己免疫疾患、肥満、糖尿病、多発性硬化症などの治療に応用する可能性を探る新しい取り組みへの道が開かれた。手法はすでに進歩している。フリーズドライした便を経口カプセルに詰めるような新しい送達手段は、間違いなく普及率を高めるだろう。(5)

穀物の問題——完全だった栄養パッケージをばらばらにする

食事が健康を大きく左右するという医学的根拠は豊富にあり、新しいマイクロバイオーム科学は、なぜそうなのかを明らかにするのに役に立つ。かいつまんで言えば、よくも悪くも、食べたものがマイクロバイオームの餌になる。そのような関係を考えるにあたって、世界の主要な穀物が、出発点として適当だ。それは世界中で食べられているものの中に、もっとも大きな割合を占めるからだ。幸いなことに、穀物は完璧に近い栄養のパッケージだ。コムギ、オオムギ、コメ、いずれも基本的な栄養素——タンパク質、脂質、糖質、健康に欠かせない多くのビタミン、ミネラル——を含んでいる。また、多くのフィトケミカルも含まれる。ではなぜ穀物は近年これほど不当に悪者にされているのか。問題の多くは、穀物を収穫したあとの工程にあった。

脂肪には身体にいいものとそうでないものがあることが今ではわかっているが、同じことが糖質にも言える。すでに見てきたように、単純糖質の中の糖は小腸で素早く吸収され、一方で複合糖質を作っている糖は大腸の変成の大釜まで送られる。この単純な違いが、低繊維食の二つの大きな問題につながっているのだ。SCFAを生産する大腸内の細菌は餌不足になり、あまりに多くのブドウ糖が、あまりに早く血流に入ってくる。これは炎症を悪化させるもとであり、二型糖尿病、肥満などの慢性疾患の始まりだ。しかしどうして人類が現在食べているものの大半が　私たちの健康を損なうようなことがあるのだろう。

それは植物の種子の構造と関係している。コムギの粒を考えてみよう。種子の外側の皮（ふすま）と内側の胚芽は、種子全体の重さとの割合で言えば小さい。ふすまは総重量の一四パーセントを占め、胚芽はそこに三パーセントを加える。重さは小さいが、この二つの部位には栄養がぎっしりつまっている。さらに、いくつかの非常に固い多糖類がふすまには含まれている。種子の大半を占めるのは内胚乳と呼ばれる部分だ。これが種子の重さの残り八三パーセントを占めている。内胚乳は種子中の単純糖質の大半と、タンパク質のほぼすべて（その中の二種はパンを焼く過程でグルテンに変わる）を含む。実質的には、内胚乳は植物の胎盤のようなものだ。種子が地面に落ちて発芽すると、根と葉が育って自給できるようになるまで、糖質に富む内胚乳が養分を与える。植物は発芽の際、このような強力なエネルギー供給源がたしかに必要だが、大量に摂れば人間にとってあまりいいものではない。

ある理由から、自然はふすまを消化できないように作った。種子の多くは鳥や哺乳類の腸を通って運ばれる。それは植物がみずからを散布するための偉大な戦略だ。ふすまという固い皮は、種子が無傷で目的地に着いてすぐに発芽できるように、動物の体内を通るあいだ胚芽を守っているのだ。

穀物が「精白された」と言えば、機械にかけられて、ふすまと胚芽が取り去られたということだ。胚乳だけが残される。コムギの種子の胚乳を挽くと精白小麦粉になる。これは小腸で吸収しやすい糖だ。さらに、精製した穀物は、単位量あたり全粒より多くのグルテンを含む。つまり、主に精製穀物を食べている人は、同量の全粒を食べている人よりもグルテンを多く摂取することになる。

穀物を精製する理由の一つが、脂肪が劣化することだ――精白粉で作ったもののほうが長持ちするのだ。また、パン職人は、小麦粉にふすまが入ることを嫌う。生地の弾力を損ない、膨張を妨げるからだ。穀物のこうした厄介な部分を取り除けば、問題は解決する。しかしそうすることで、今度は私たちの身体に多くの問題を引き起こす。精製と加工の過程で、完全だった栄養のパッケージがばらばらになってしまうのだ。

穀物はすべて簡単に精白できる。世界中の、特に欧米諸国の食料品店に、箱詰めや袋詰めになって、びっくりするほどの品数が並んでいるのはそのためだ。精製したトウモロコシに少し油を戻してやり、軽く塩をまぶせば完璧なトルティーヤチップのできあがりだ。同じことをコムギでやれば、上等なクラッカーやパンになる。

過去一世紀の糖質消費量を振り返ると、面白い傾向が見えてくる。一九九七年にアメリカ人は、一九〇九年とほぼ同じ量の糖質を食べていた――もっとも種類は同じではない。この期間に、全粒穀物からの糖質の割合は、全消費量の半分以上から約三分の一に低下した。一九〇九年から一九四五年ごろまで、アメリカ人の食事には総炭水化物も繊維も共に多かった。それから第二次世界大戦直後の数年で、新しい傾向が生まれた。総炭水化物の消費量も、繊維として摂取される炭水化物の割合も大幅に低下したのだ。ところが一九六〇年代から総炭水化物摂取量は増えはじめ、一方繊維摂取量は一定のままだった。一九八〇年代半ばまでに炭水化物全体の消費量は急激に増加し、一九〇九年の水準に戻った――ただし繊維の含有量が少なく、単純糖質（砂糖）がはるかに多い。人々が消費するコーンシロップ由来の炭水化物の割合は、一九六〇年代初めの二、三パーセントから、一九八〇年代半ばの約二〇パーセントまで劇的に増加している。言い換えれば、私たちは今、人類史上もっとも繊維を食べる量が少なく、もっとも多く単純糖質を食べているのだ。

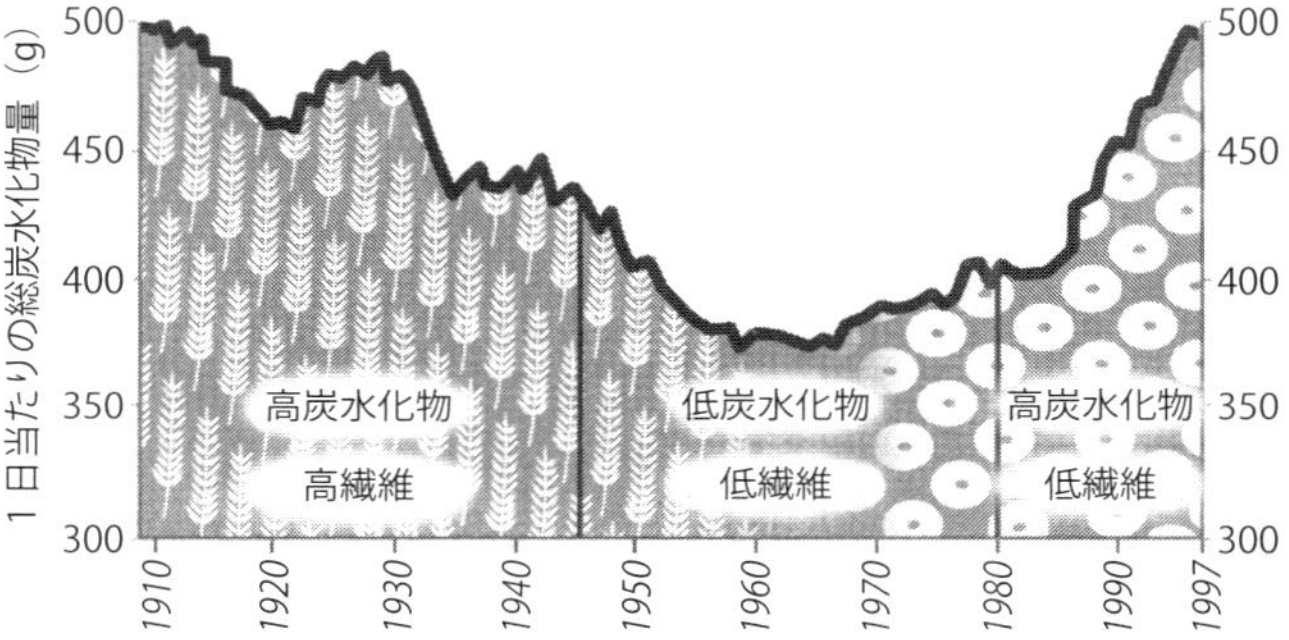

炭水化物の変化
1909 年から 1997 年のアメリカにおける、1 日当たり総炭水化物消費量と繊維として摂取される相対量の傾向（Gross et al., 2004 のデータより）。

単純糖質を食べたときと複合糖質を食べたときに起きることの違いから、趙のWTPダイエットを行なった人たち、そして趙自身がさまざまな変化――血糖値の改善や炎症の軽減――を経験した理由が説明できる。小腸と大腸は全粒穀物を、精製穀物とはまったく違う形で扱う。全粒穀物では、糖質が他の分子と結びついたままなので、酵素が糖質を見つけて分解を始めるまでに時間がかかる。ダクトテープが三重に巻かれた段ボール箱を開けようとするのと、簡単に開くプルタブつきの箱との違いのようなものだ。また全粒穀物の糖の分子は、小腸の吸収細胞に接触するために、タンパク質や脂肪の分子をかき分けて隙間を見つけなければならず、糖吸収プロセスはさらに遅くなる。単純に言えば、全粒穀物が丸のままであれば、身体は糖成分をきわめてゆっくりとした速度で吸収する。

対照的に、精製穀物は消火ホースさながらにブドウ糖を放出し、小腸はそれを律儀に吸収しては血流に渡す。するとインスリンが膵臓からほとばしって、ブドウ糖を血液から細胞へと運ぶ。しかし細胞を際限なく糖の貯蔵場所として使えば、結局は内臓へのダメージのような別の問題を引き起こす。そこで私たちの身体はこの問題を解決する――余計な糖を脂肪に変えて、超過分を倉庫のような脂肪細胞へ移動させることで。エネルギーが必要なとき、たとえば朝食まで間がある深夜などには、それが使える。しかし精製された糖質を大量に脂肪に変えると、予備プランのエネルギー供給に必要な分量を超過してしまう。

欧米型の食事に含まれる肉の量も問題を起こすことがある。比較的多量に消費すると、タンパク質は小腸の終端に到着するまでに分解されきらない。肉を食べ過ぎると、処理しきれなくなった小腸は、動物性タンパク質を半消化のまま大腸に送る。

大腸の細菌が未消化、あるいは半消化の動物性タンパク質に出会うと、違う形の錬金術が始まる。大腸微生物相はどちらかと言えば多糖類を発酵させるほうを好むが、大腸の後半三分の一では、その供給量が少ない。そこで細菌は腐敗――細菌がタンパク質を分解することをこう呼ぶ――に切り替える。文字を見ただけで、ろくでもない代謝産物が出てきそうな匂いがする。

腐敗の厄介な点は、動物性タンパク質を作っている一部の元素に由来する――かなりの量の窒素と、少量の硫黄だ。アンモニア、ニトロソアミン、硫化水素と言っても、一般の人にはあまりピンとこないかもしれない。だがこれらは細菌による腐敗で発生する、窒素と硫黄を含む化合物の一部なのだ。こうした化合物は大腸内壁の細胞に、毒による打撃を与える。また、酪酸の取り込みを阻害して、大腸の機能を最高潮に保つために必要なエネルギーを、細胞から奪ってしまう。細胞間のすきまは広がりだし、腸管壁浸漏症候群が起こる。栄養不足に陥った細胞はちゃんと仕事をしなくなり、細胞の内側に老廃物が溜まって、これが他の細胞のはたらきを邪魔する。杯細胞の粘液産出は鈍くなり、大腸内壁が病原体と物理的ダメージに対して弱くなる。これはささいなことではない。大腸は忙しい場所で、その内壁の細胞は人の生涯のあいだ絶えず生まれ変わっている。細胞が定期的に入れ替わらなければ、その結果は手入れをしない家のようなものだ。いくつもの小さな問題が積み重なって大きな問題となり、やがて家は崩れ始める。

特に、細菌が未消化のタンパク質から作りだす窒素を含んだ化合物は、大腸内壁の細胞を傷つけることがある。こうした化合物は、遺伝子のDNAの一部と結合して、その遺伝子の行動を変えることができる。だから、この遺伝子が酵素をコードしているとすれば、その酵素は正常に作られず、それがするはずの仕事をしなくなる。あるいは、邪魔をされた遺伝子の仕事がほかの遺伝子を発現させることならば、それができなくなるかもしれない。

要するに、「すべての食事に肉を」という西洋型の食事の哲学は、多すぎる半消化のタンパク質を、あってはならない場所へもたらしかねないのだ。そして、完全にはわかっていない理由により、消化されていない赤肉のタンパク質は、特に有害な副産物を生むらしい。たまに、あるいは低濃度なら、窒素や硫黄を含む化合物にさらされても大して問題はない。だが、タンパク質腐敗の細菌性副産物を慢性的に浴びた大腸細胞は、長年かけてひどく傷つけられる。これは、大腸がんが人生の後半に発生し、タンパク質の腐敗が起きる大腸の下部で主にできる理由の説明になるかもしれない。

ほかにも問題のある副産物が、大腸で作られている。脂肪をたくさん食べると、肝臓が刺激されて胆汁を生産し、小腸に届ける。人間には胆汁が欠かせない。それは洗剤のように作用して、脂肪を吸収できるように小さな分子に分解する。小腸で利用された胆汁はほとんどすべて、脂肪が十分分解されたあとで肝臓に送り返される。この「ほとんど」というのがくせ者だ。約五パーセントの胆汁が腸管を下り続け、大腸に到達する。だから、脂肪をたくさん摂る人は脂肪を分解するために胆汁をたくさん分泌し、

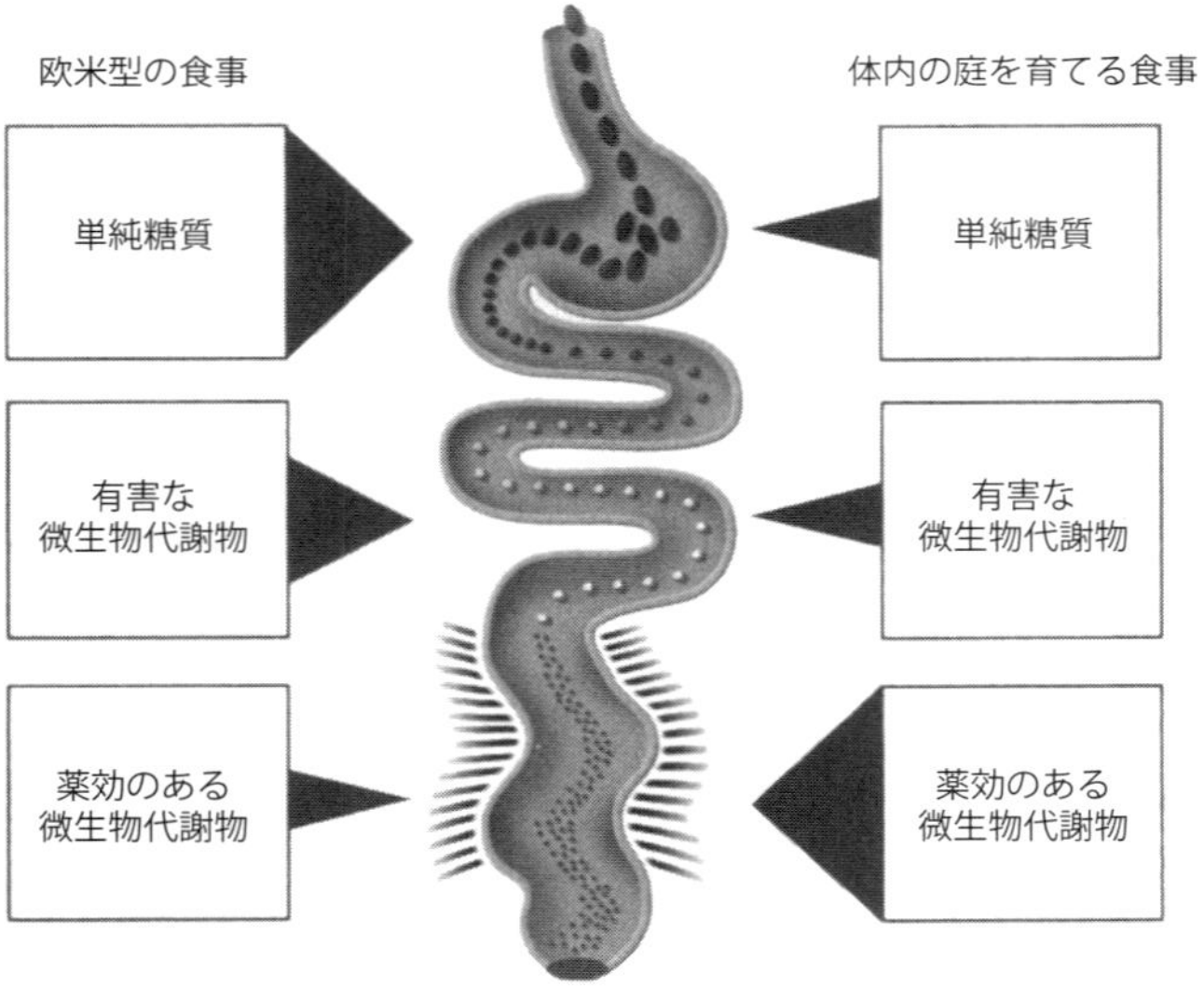

食事の重要性
食事が違えば、腸内細菌相への効果も違う。矢印の大きさは、消化管内に届く食品の栄養素や微生物が作る物質の、相対的な量を表わす。複合糖質に富む食事は、最高レベルの有益な微生物代謝物を生み出す。

したがって大腸に届く胆汁も多くなる。だが、何がこの胆汁を捕らえて変質させるのか？　大腸細菌相だ。それが胆汁を二次胆汁酸というきわめて有害な化合物に変える。そして腐敗の副産物のように、二次胆汁酸は大腸内壁の細胞に毒性を持つ。それはＤＮＡに損傷を与え、細胞の異常な成長を引き起こす。そして異常な細胞が現われると、腫瘍に変わる可能性が生まれる。

面白いのは、民族固有の食事には、イヌイットのタンパク質が多い食事や、地中海のクレタ島民の脂肪が豊富な食事のような、一見不健康そうなものがあることだ。この逆説への解答は、こうした食事の別の側面にある。イヌイットが食べる並はずれた量の寒流魚とカリブーは、抗炎症作用のあるオメガ３脂肪酸の摂取源だ。だからイヌイットの食事には植物性食品がたしかに足りないが、その主要な食事には抗炎症物質が豊富で、それが細菌が生産する抗炎症物質であるＳＣＦＡの代わりをしているのだ。同じようにクレタ島民は、尋常でない量の脂肪をオリーブオイルの形で食べ、それは年間一人あたり約三リットルにのぼる(6)。では、これほどの脂肪を消化するのに必要な二次胆汁酸を何が打ち消すのだろう？　もっとも考えられるのが、オリーブに豊富に含まれるさまざまなフィトケミカルと、クレタ島民が大量に消費するホルタという野草だ。このオリーブオイルとホルタが豊富な食事に、さらに植物性食品を加えることで、二次胆汁酸の有害な影響に対抗するものすごい量のＳＣＦＡを、クレタ島民の腸内細菌相は作りだすのだろう。

内なる雑食動物

パレオダイエット（訳註：旧石器時代の食生活に倣った、動物性タンパク質を主体とする食事法）の信奉者が私たちに思い出させようとするように、人類は昔から肉を食べてきた。肉は、特に食用の動物を抗生物質なしで、自然に餌を食べさせて育てた場合、さまざまな栄養素のすばらしい供給源だと彼らは主張する。ベジタリアンとビーガンも、植物性食品を摂る人は一般に心血管疾患や二型糖尿病の罹患率が低いことを指摘しながら、私たちに忠告する。また、植物は動物にはないものを持っている――がんと闘うフィトケミカルの驚くべき宝庫である――ことも、彼らは指摘している。

言い換えれば、この対立する食生活観――パレオと植物中心――は、どちらも少なからず真実を含んでいる。だからもう一つの観点を考えてみよう。大腸微生物相が私たちの食べた肉、脂肪、植物をどうしているかを考えると、それぞれの食事法の要素を組み合わせることが非常に理にかなうのだ。

それはこのように運ぶだろう。消化されなかった肉が腐敗してできた副産物や二次胆汁酸に、大腸内壁の細胞が浸っているところを想像してみよう。DNAの変異が起きて異常な細胞が再生する。腫瘍が成長し始める。腫瘍細胞は、キラーT細胞からの自滅指示を無視して優勢になる。しかしこのあとに酪酸が津波のように押し寄せ、大腸の細胞は活性化して、より効果的に免疫細胞に情報を伝達する。キラーT細胞の増援が到着し、反逆した細胞を排除する。植物性食品由来の消化されない複合糖質が大量に大腸に入ってきて、二次胆汁酸を押しのけてきれいに掃除し、このような発がん物質と大腸内壁との接触を減らす。正常な細胞が成長し、粘液の生産が再開する。大釜の中の、ひいては身体全体の健康は保たれる。

この筋書きは、健康と生態学の両面から巧妙なものだ。繊維を発酵させる細菌が、タンパク質を腐敗させる細菌が作りだした問題を解決してくれる。加えて、大釜の中のすべてが食物を得る――複合糖質であれ、未消化のタンパク質のかすや胆汁酸の残りであれ。繊維を発酵させる細菌の副産物が優勢であるかぎり、大腸はメチニコフが心に描いたように薬品棚として機能する――彼が恐れた毒素の捨て場ではなく。
人間は地球上でもっとも雑食性の強い生物であり、栽培植物、家畜、手の届く野生の食物まで幅広く食べる。人間が食べないものはほとんどない――クジラの脂肪、ブタの腸の内層、イモムシ、腐った魚、生の魚、海藻から肉、乳製品、パン、果物、ナッツ、野菜といったもっとありふれたものまで。しかし多くのダイエット法とダイエットの教祖は、われわれの内なる雑食動物を遠ざける。代わりに、私たちは雑食性の狭い範囲（しかもくるくる変わる！）の中で食べることを常に迫られる。何を食べるべきかについての考えは、振り子のように振れてきた――もっと肉を食べろ、もっと野菜を食べろ、脂肪を避けろ、ある種の脂肪を摂れ、全粒穀物を食べろ、今度は穀物はすべて避けろ。

私たちの多くが飽き飽きしているのも無理もない。私たちの内なる雑食動物に何を食べさせるべきかは、たぶん重要なことだ。それはハイジが考えた皿のようになるだろう。仕組みはかなり単純だ。中くらいの大きさの皿を選び、野菜、豆、葉物野菜、果物、未精白の全粒穀物を使って食事を作る。好みで肉を加え、健康にいい油を少し野菜の脇に垂らすか上に振りかける。デザートと甘いものは特別のものだ。だから特別の機会のために取っておこう。

もちろん、腸の機能異常、糖尿病、特定の食品へのアレルギーなどを持つ人には、食事への特別な配慮がなされる。しかしほとんどの人にとっては、健康な食事の鍵はバランスに多様性――そして精製炭水化物をはずすこと――といたってシンプルだ。

このような食事が、一括して売っているようなものではないことはわかっている。選択の余地の狭い食品を指定したり、単にカロリーを計算するのではなく、自分のマイクロバイオームを背景に、食べ物をどう考えるかをそれは重視している。派手さはまったくないし、センセーショナルでもない。だが、食べ方のアドバイスとしては、これ以上のものはないだろう。自分の体内にある微生物の大釜で行なわれている錬金術のことを考えてみよう。繊維を発酵させる細菌には、タンパク質を腐敗させる細菌や胆汁酸を変化させる細菌が作りだすものよりも、もっともっと多くの栄養の黄金を生産してもらいたい。繊維の好きな細菌を優位に立たせておくためには、大釜を毎日、発酵性の食物で満たし、自分にとっていいものであふれかえらせることだ。ひと言で言えば、私たちがみんな、何を食べるかを考えるとき、自分が本当は何のために食べているのか、それは自分が食べたもので何をするのかを意識したほうがいいのではないかということだ。

食生活を変えて腸内の微生物ガーデニングを意識する

アンがわが家の食生活を変えると決心をしたとき、私は気乗りがしなかった。だがアンには奥の手があった。がんの経験が主張に重みを与え、私は自分が食べるもののことを、もっと真剣に考えざるを得なくなった。自分の食生活は正しいと、私は思っていた――ともかく、たいていの場合は。機会があれば、私はバーガーやピザやトルティーヤ・チップスを飽食していたが、一方でサラダやその他の野菜も自分の分は食べていたと思う。しかし今では、自分の普段の食事には単純糖質があまりに多すぎた（たくさんのパン、クラッカー、ビール、ワイン）ことがわかる。

初めての菜園を作ったことがきっかけで、私たちは食生活を改める方向へと歩み出した。はじめ、私たちはがんだのコレステロールだの何だのについて考えていなかった。しかし自家製の作物が山のようにできると、私たちは野菜を主菜として以前よりたくさん食べるようになった。そして庭で穫れるものを食べることが多くなったので、肉、チーズ、パンを食べる量が減り、戸棚のスナック類はほとんど食べなくなった。

しばらくして、食べるものを変え、毎日往復四キロを歩いて通勤することにしたところ、私の健康状態は目に見えて改善された。以前、私には高血圧、高コレステロール、胃酸の逆流、慢性的な腸の問題があり、コレステロールの薬と、胃酸逆流の紫色の小さな丸薬を飲んでいた。主治医は、血圧の薬も飲んだほうがいいかもしれないとも言っていた。新しい食事法にしてから一年後、私の血圧とコレステロールは正常値の範囲内に低下した。胃酸の逆流も繰り返す突発的な下痢もなくなった。体重も大幅に、約一一キロ減った。もうどんな薬もいらなくなり、食生活を変えて腸内の微生物の庭園を耕すことで健康がこんなに改善されるのかと、私は今でも驚いている。

第13章　ヒトの消化管をひっくり返すと植物の根と同じ働き

手術が昔の話になり、私たちの新しい食事計画も軌道に乗っていたころ、アンはがんに対抗するさまざまな種類のアブラナ科植物、特にケールを植えることを思いついた。それは大きくて軸が太い扇のような葉物野菜で、シアトルの涼しい気候で猛烈に生長する。だが、このケールというのにはどのくらい栄養があるのか？　私たちは調べてみることにした。

七月初めのことだったので、私たちは天気予報をチェックして、その週で一番涼しい日を選んだ。予定の日の夜遅く、私は広口の魔法瓶を冷凍庫から取りだし、全部で一二枚の葉を数株のレッドケールからはさみで切って、慎重に魔法瓶に収めた。それから一番近いフェデックスの営業所へ車を飛ばし、オレゴン州ポートランドの食品検査所宛てに翌日配送の手配をした。

数日後、私たちは結果を受け取り、それをアメリカ農務省の連邦栄養データベース（食品の標準的栄養価を一覧にした資料）と比較した。熱と輸送による避けられない栄養のロスがあったにもかかわらず、わが家の野菜は負けてはいなかった。多量要素（リンとカリウム）はデータベースの数値ときわめて近かったが、わが家のケールは二倍のカルシウムと亜鉛、四倍の量の葉酸（ビタミンB_9）を含んでいた。

なぜ私たちの自家製ケールは、店で売っている平均的な品種よりも栄養価が高かったのか？　私たちは化学肥料を与えていなかった——堆肥、つまり有機物をたっぷり与えただけだ。これが違いを生んだのだろうか？　あとでわかったことだが、不思議に思ったのは私たちが初めてではなかった。有機農業の初期のパイオニアたちも、多くが同じ疑問を抱いていたが、土壌の健康が食品の質にどのように影響するのか、説明はできなかった。

科学者というのはきわめて疑り深い連中だ。物事がどう作用するか説明できなければ、新たな支持者を増やすことはできない。ほとんどは昔教わった古い知識にしがみついたままだ。いい例が、ドイツの気象学者アルフレート・ヴェーゲナーの唱えた大陸が動き回るという突拍子もない発想に対して、一九二〇年代から三〇年代の地球物理学者が示した反応だ。地球物理学者はこの見解を、あざ笑うかのように即座にはねつけた。大陸の移動を説明するメカニズムを、ヴェーゲナーが特定できなかったからだ。もっともらしいメカニズムを欠いた突飛な考えは、科学界ではあまり勢いを得ることはない。

数十年後、新しい技術の力を借りて、地質学者はヴェーゲナーの理論に関する説得力のあるデータを蓄積し、理にかなったメカニズム――プレートテクトニクス――を解明することができた。海盆が分かれ、大陸が衝突する仕組みを科学者が理解してしまうと、すべてのつじつまが合った。ヴェーゲナーの死後数十年を経て、山脈がどのようにしてできたか、なぜアフリカと南アメリカがジグソーパズルの隣りあうピースのような形をしているのかといった謎が、大陸の移動で説明された。今日、微生物とそれが植物、土壌、人間の健康に及ぼす影響を明らかにする発見が、ものごとの見方に新たな地殻変動を起こしている。

自然の預言者

早くも一九三〇年代にサー・アルバート・ハワードは、微生物が土壌肥沃度だけでなくヒトの健康も促進するという考えを支持していた。しかしハワードは、それが起きるメカニズムを説明できず、主流の科学者はその見解を思いつきにすぎない（もっとも好意的に見ても）と考えた。しかし、遺伝子シークェンシングで微生物群集の構成と、その土壌中と体内での行動がよくわかるようになった今となっては、ハワードの早すぎた発想と考えを同じくする数少ない同志は預言者のように思われる。

ハワードの考えでは、肥沃な土地で育った作物や家畜を原材料とする食事には、栄養素がすべてそろっているとされた。化学肥料を使って劣化した土壌で育てた作物や家畜には、重要な栄養素がもともと欠けている。植物とパートナーとなる微生物とのあいだのつながりが阻害されているからだ。どのように農業慣行がヒトの健康に結びつくのかは、はっきりしなかったが、その二つは結びついており、そしてその結びつきの根底には土壌生物がいるとハワードは確信していた。

漠然とした思いをあおり立てたのは、たとえば第二次世界大戦の直前にイギリスにやってきた二三歳のアイルランド人男性のような奇妙な事例だった。彼は到着したときには健康だったのに、英国式の食事をするようになってわずか二ヵ月で黄疸にかかった。新生活の地で、この青年は主に白パンを使った肉のサンドイッチと、ときどき卵を食べていた。アイルランドでは、彼は新鮮な食品――ジャガイモ、牛乳、野菜、魚、卵、ときどき肉――を食べていた。食事の大きな変化が、それ以外の面では健康だった青年を突然病気にしたのだと、ハワードは結論した。

食事がヒトの健康に果たす役割のもう一つの印象的な例は、ロンドン近郊にある大規模な男子校の経験から得られた。その学校には寄宿生と通学生の両方がいた。学校の職員は生徒に食べさせるために野菜をたくさん栽培していた。学校が野菜の栽培方法を、化学肥料からインドール式の堆肥へと切り替えてから何が起きたか、ハワードは追跡した。すぐに学校に蔓延していた風邪、麻疹、猩紅熱《しょうこうねつ》が、通学生がたまに持ち込む程度にまで著しく減った。ここからハワードは、肥沃な土壌で育った新鮮な食べ物はヒトの健康を促進すると結論した。

これは例外的な結果ではない。一九四〇年六月八日に『ネイチャー』誌に発表された論文は、ニュージーランドの男子校マウント・アルバート・グラマー・スクールで行なわれた同様の実験について報告していた。この学校が化学肥料で栽培した野菜から、化学肥料を使わない有機野菜に切り替えたところ、少年たちを悩ませていた鼻づまりが解消し、風邪やインフルエンザの発生も目に見えて減った。『ニューヨークタイムズ』は、この学校の生徒が一九三八年の麻疹流行のときに、ほかの学校の生徒よりもはるかに健康状態がよかったことを、この研究について触れた三段落の解説の中で触れている。

こうした事例から、人の健康を保つ秘訣は、有機物を農地に戻して、農業のやり方を自然の分解と再生のサイクルにならったものにすることにあると、ハワードは確信を持った。土壌細菌と菌根菌が、植物に欠かせない栄養素を供給するのは確かだったが、植物が滲出液を作り、それと交換で微生物から別の栄養を得るとはハワードは思っていなかった。そしてメカニズムの特定ができないため、大半の科学者はハワードが妄想を抱いていると思った。

それでもハワードには支持者がいた。その中心人物は、影響力のあるイギリスの農学者にして農家、レディ・イブ・バルフォアだった。第二次世界大戦の前後、バルフォアは土壌生物とそれが作物の品質と収穫量に与える影響を研究していた。彼女の農場でも、それ以外でも、堆肥化した畜糞を土壌に加えると有益な土壌生物が育ち、今度はそれが肥沃な土壌を作り、維持するのを助けることにバルフォアは気づいた。バルフォアはハワードと同じ結論に達した――有機物と土壌生物は、植物、動物、人間の健康の根底にある土壌肥沃度の基礎をなすのだ。

一九四〇年代に有機農業の女王として君臨したバルフォアは、自身の観察結果を医学界の見解やサー・アルバート・ハワードの研究と合わせて、健康な土は植物、家畜、人間の健康をつなぐ糸だと主張した。土壌中の活発な微生物群集は健康な食品と、そしてそのような食品が手に入る人にとっては、人間の健康と結びついているのだ。

バルフォアの画期的な一九四三年の著作『生きている土』は、土壌は人の命がかかっているかのように取り扱われるべきだと主張している。土壌科学の領域にとどまらず農業と公衆衛生にまで自身の思想を広げたバルフォアは、英国民に新鮮で栄養豊富な食物を供給できるように、イングランドの農業省と保健省を合併させようという、当時は非現実的だった考えを提唱した。バルフォアは病院や医院で土壌科学者が医師と共に働くことを想像していた。

土壌の健康とヒトの健康は根本でつながっているとするバルフォアとハワードの洞察は、第二次世界大戦の余波で二の次にされた。産業界は工場生産を戦車からトラクターへ、弾薬から肥料へ、毒ガスから殺虫剤や除草剤へと転換するのに忙しかった。手ごろな値段で農薬と農業機械が普及し、主役の座につくにつれて、土壌の健康が土壌肥沃度に果たす役割への関心は薄れていった。

だが、軍需産業の一部が農化学産業となって急成長する一方、工業的農法によって栽培される食物の栄養価が低下していることに、科学者は懸念する声を上げていた。中でも特に遠慮なく発言していた一人、ミズーリ大学の農学者ウィリアム・アルブレヒトは、カロリーは高いが栄養に乏しい食品に依存する危険性を警告した。工業化された農業の下で土壌の健康は衰え、ヒトの健康もそのあとを追うとアルブレヒトは予見した。

アルブレヒトは、アメリカ土壌学会会長としての立場を利用して、土壌は国のもっとも重要な資源であるという持論を広めた。ハワード同様アルブレヒトは、他の微生物が棲息できないニッチを満たす微生物群を有機物が活性化し、その微生物群が、栄養を再利用できる単純な形に分解して、新たな生命をはぐくむと考えていた。健康な微生物は、土壌有機物中の鉱物由来の栄養がさらに多くの作物に戻るようにするために欠かせない。未来の世代をはぐくむ自然の秘密——有機物と土壌生物が豊富な土——は生物学的循環の中に栄養を維持するのだ。

有機物を絶えず土壌に戻すことは、急進的《ラディカル》というより実用的《プラクティカル》な発想だと、アルブレヒトは考えた。有機物が豊富な土壌で作物がよく育つことは、誰でも知っている。コーンベルトの農家は、土壌有機物二倍の畑から二倍の収穫を上げていた。実際、土壌の有機物含有量は、土地の価値のおおまかな、しかし信頼できる指標なのだ。

そして、有機物を畑に戻すことが肥沃度を保つ鍵であることの有力な証拠を、アルブレヒトは示した。ミズーリ州中部で行なわれた研究では、未開墾の草原と、六〇年間有機物を加えることなく収穫を続けてきた近隣のトウモロコシ畑とコムギ畑で、土壌有機物を比較した。浸食はわずかだったが、耕地からは未開墾地と比べて三分の一を超える土壌有機物が失われていた。同様に、連作によって植物が利用できる窒素は一三年の研究期間に約三分の一減少した。この研究や他の研究から、アルブレヒトは不穏な結論を導き出した。何らかの方法で有機物を土壌に維持するか補充するかしなければ、日常の耕作が土壌肥沃度を大幅に低下させるだろう。

アルブレヒトの懸念を共にする者はほとんどいなかった。土壌有機物の減少はゆっくりと起き、アメリカの農地はまだ収益の上がる作物を生産していた。ならばどうして心配する必要があるだろう？　さらに農家は、化学肥料が劣化した土地でたちまち収穫を上げてくれると思っていた。アルブレヒトはこれがゆがんだ動機づけに向かっていると考えた――肥沃度を支える土壌有機物の喪失を、農家はまんまと逃れ、それでもなお収穫高を増やすことが、ふんだんに施した安い化学肥料のおかげでできるのだ。少なくともしばらくは。

頑固そのもののアルブレヒトは、ハワードのように長期的に考え、土壌有機物の再建を訴えて啓蒙活動を続けた。栄養を植物に放出する上で、有機物には粘土の五倍の効果があることを強調しながら、アルブレヒトは作物の刈り株と有機廃棄物を農地に戻すことを提唱した。有機物を土に戻すことは、健康な作物の高い収量を維持するための鍵なのだ。

ハワードとバルフォアが信じたように、細菌と菌類による作物の病気が、劣化した土地で栽培される栄養不良の作物の間ではびこるとアルブレヒトは考えた。アルブレヒトは、今も見過ごされている（そしてきわめて賢明な）提案を支持していた。農家が土壌有機物の、したがって土壌肥沃度の再生に長期的な投資をするなら、税控除を認めるというものだ。また、アメリカ人の健康の基礎は土壌の健康にあるという見方を、アルブレヒトは宣伝していた。

化学肥料は健康な土壌の代わりにはならず、土壌に関係する栄養不足がヒトの健康問題を数多く引き起こしているというアルブレヒトのメッセージは、食糧生産の工業化と劣化した土地での収穫増大にやっきになっていた農学の権威筋には受けがよくなかった。同業の科学者とアグリビジネス関係者は、専門分野である土壌学の領域を逸脱したとして、そろってアルブレヒトを攻撃した。動物や人間の健康を心配するのは獣医師や医師の仕事だ。その関係がどのようにはたらいているのか説明できないので、ヒトの健康が土壌の健康と本質的につながっているという考えを、学界はほぼ退けた。

第二次世界大戦期のアメリカ海軍軍人の七万件におよぶ歯科記録に見られるパターンと、土壌肥沃度の地域的パターンとの関連を指摘したとき、アルブレヒトは論争に頭から突っ込むはめになった。当時、大半の人々は地元で穫れた食物を食べており、したがって海軍軍人の歯の状況を、出身地の土壌の肥沃度と比較することは、さほどのこじつけではなかった。アルブレヒトが見つけたのは、土壌が肥沃な中西部の広々とした草原で育った軍人は、南東部の劣化した土壌で育った者より虫歯や喪失歯が少ないことだった。土壌にカルシウムが欠乏している地域では、徴兵検査不合格率が高いことにもアルブレヒトは言及した。

アルブレヒトが特に心配したのが、もっともよく知られる三種の肥料——窒素、リン、カリウム——を作物に施した土壌だった。植物は生長するにつれて、天然に存在する鉱物元素、たとえば銅、マグネシウム、亜鉛なども取り込む。やがて、窒素、リン、カリウムだけ補充されても微量元素は補充されないので、食品中の栄養素が少なくなるとアルブレヒトは主張した。言い換えれば、化学肥料の集中的使用によって収穫量は増えるが、その作物はミネラルに乏しいかもしれないのだ。そして植物でも人間でも必須ミネラルが不足しているということは、カロリー不足と同様にそれは栄養失調ということだ。

アルブレヒトがこの考えをまとめたのは一九四〇年代後半、アメリカの「疲れ果てた」土壌の健康と肥沃度を回復する国家的事業を求めたときのことだった。その見解は、時流に乗って農芸化学で儲けようという農学者のあいだでは、歓迎されなかった。そして、アルブレヒトが重大な間違いをしていたことも厄介だった。アルブレヒトは、特定のカルシウムとマグネシウムの比率を、すべての土壌で植物の健康と生長にとって普遍的な理想だと積極的に主張した。この素晴らしくシンプルな発想は、この比率を正しく調節することで必ず豊かな収穫が得られることを約束していた。これが不正確だっただけでなく、土壌のpＨが植物の生長に与える影響を否定したことで、アルブレヒトはますます墓穴を掘ってしまった。実は、土壌はきわめて変化に富んでおり、pHがとても重要なのだ。アルブレヒトの考えは状況によっては使えたが、その魔法の比率がすべての土壌型、作物、気候に当てはまるわけではないことは、信奉者にもわかった。アルブレヒトを中傷する者たちは、この誤りにつけ込んで、その思想全体を攻撃するために使った。

アルブレヒトはひるむことなく啓蒙活動を続け、土壌の健康が、家畜の飼料と食用作物に含まれるタンパク質と糖質の量に及ぼす影響に懸念を抱くようになった。アルブレヒトは、糖質に富むが完全タンパク質と十分なミネラルが欠けている食品である「エネルギー食品《ゴー・フード》」と、より理想的なタンパク質とミネラルを含む「体づくりの食品《グロー・フード》」を区別した。後者は健康な土壌でできると、アルブレヒトは主張した。ゴー・フードを日常的に食べていると人間は体重超過になると言って、アルブレヒトは現代の肥満の蔓延を鋭く予期していた。またアルブレヒトは、土壌の健康とヒトの健康の関係を解き明かすには半世紀かかるだろうと予測した。

減った栄養素

長く軽視されてきた、こうした初期の有機農業の預言者たちが抱いた信念には、きわめて先見性があった。それは、岩と土壌有機物から植物への栄養の循環に微生物の集団が影響する無数の経路を、今日の科学者たちが解明するにつれてわかってきた。植物と、ある種の土壌微生物との相互作用が、植物の防御と健康——そしてそれを食べる人間や動物の健康——を支えるフィトケミカルの生産に影響することもわかっている。こうしたことも、栄養を植物に導く微生物の個体群を変えるような農業慣行が、人間の健康にも間接的に影響を与えることがある理由を説明するために、ハワード、バルフォア、アルブレヒトらが探究したメカニズムの一部である。

　作物と家畜の栄養素、特にミネラルの量は、以前から関心を引いてきた。足りなければ人間の健康問題につながるからだ。もっとも、栄養学者と地質学者がミネラルの話をするとき、それぞれ別のものを指している。地質学者は鉱物《ミネラル》を、石英のような岩石を構成する結晶だと考えているが、栄養学者は岩石に由来する個々の元素をミネラル、または微量栄養素と呼んでいる。当面、私たちは栄養学者の定義を採用することにする。

　微量栄養素——銅、マグネシウム、鉄、亜鉛など——は、植物の健康と、植物を食べるものすべての健康の中心であるフィトケミカル、酵素、タンパク質を作るために欠かせない元素だ。微量栄養素欠乏は目に見えない飢餓のようなもので、現在カロリー不足よりもはるかに多くの人を蝕んでいる。ミネラル欠乏は、先進国と開発途上国のいずれでも大きな健康問題を引き起こし、人類の三分の一から半分を悩ませていると推定されている。

　研究者はミネラル欠乏を、広範囲にわたる人間の身体的・精神的不調と結びつけてきた。銅はヘモグロビンが正しく機能するためと、正常な骨形成のために欠かせない。マグネシウムは少なくとも三〇〇の酵素反応に必須の元素で、不足すると注意欠如多動性障害（ＡＤＨＤ）、双極性障害、うつ病、統合失調症を引き起こすとされている。近年の研究では、マウスの餌からマグネシウムを除くと、腸内微生物相が急速に変化して全身性炎症や腸の炎症を引き起こすことが示されている。鉄不足は貧血と、学習や仕事の能力低下の原因となる。亜鉛は少なくとも二〇〇の酵素反応に必要で、正常な成長、組織の修復、傷の治癒に欠かせない。亜鉛が欠乏すると感染症にかかりやすくなる。これらは微量栄養素の影響と重要性を示すほんのわずかな例にすぎない。

微量栄養素の必要量はごくわずかかもしれないが、十分な摂取が健康のために欠かせない。私たちが微量栄養素を充足させるために、瓶入りの錠剤や粉末に頼るようになったのは、ごく近年のことだ。進化の過程の大半を通じて、私たちは食事の中の食品だけに頼っていた。食品に含まれる栄養のもっとも長期にわたる分析の一つは、一九二七年に始まった。ロンドンにあるキングズ・カレッジ病院の医師、ロバート・マキャンスは、糖尿病患者の食事指導に役立てるため、果物や野菜に含まれる糖質の研究に着手した。エルシー・ウィドウソンという大学院生が、果物の糖度についてのマキャンスの分析に誤りがあることを指摘した。彼女の鋭い目がきっかけとなって、栄養と健康の科学的基礎を探究する共同研究が、以後六〇年にわたって行なわれることになる。一九四〇年、二人は『食品の化学的構成』を出版した。一般的な食品を総合的に分析したシリーズの第一巻だった。彼らの著作は栄養士の基礎文献となり、イギリスで栽培される食物のミネラル含有量の、もっとも詳細な歴史的記録を提供している。定期的に改訂されながら、この本は今日もなお使われている。

六〇年以上ののち、地質学の学位を持ち鉱物探査の経験のある好奇心旺盛な栄養学者、デイビッド・トーマスは、マキャンスとウィドウソンの一九四〇年版を、一九九一年、二〇〇二年版と比較してみた。野菜、果物、肉、チーズ、乳製品の微量栄養素含有量の長期的傾向を評価したかったのだ。ふたをあけてみれば、それは興味深い調査だった。

この比較により、リンを除いて、各食品群で著しいミネラル量の低下が起きていることにトーマスは気づいた。一九七八年から一九九一年のあいだに果物と野菜の亜鉛含有量は、それぞれ二七パーセントと五九パーセント低下した。すべての食品群で平均して、銅は一九四〇年から一九九一年のあいだに二〇パーセントから九七パーセント減少していた。マグネシウムの含有量は最大で二六パーセント低下した。鉄は二四パーセントから八三パーセント低下した。業界団体はすぐさま、これらの違いは分析方法が変わったせいだとしたが、トーマスは原典の科学的方法論についての記述に基づいて、一九四〇年に用いられた手間のかかる手法は、現代の自動化された手法と同じくらい正確であり、ただ時間が余計にかかっただけだと指摘した。さらに、一九四〇年のデータは、一九九一年のものに比べ二倍の時間ゆでた野菜から取ったものであることを、トーマスは強調した。つまり初期のサンプルでは栄養が減ってしまっていたのだ。

トーマスが特に気になったのが、イギリスの食生活に欠かせない二品目――ジャガイモとニンジン――のミネラル含有量が驚くほど低下したことだ。一九四〇年から九一年までに、イギリスのジャガイモはマグネシウムの約三分の一、鉄と銅のほぼ半分を失った。そしてニンジンではマグネシウムと銅が四分の三、鉄がほぼ半分減った。別の二種類の作物、ホウレンソウとトマトでは、銅の含有量が九〇パーセント低下した。

議論はあるものの、トーマスの研究は目新しいものではない。違う手法を使って、食品中の微量栄養素が時代と共に減少していることを報告している研究者はほかにもいる。ある例では、保管されているカンザスのコムギのサンプルを分析したところ、鉄と亜鉛が一八七三年から一九九五年のあいだに大幅に減っていることがわかった。また、二〇〇四年のある研究では、一九九九年に測定された作物四三品目の栄養レベルを、アメリカ農務省による一九五〇年の基準となる栄養研究と比較したところ、タンパク質、カルシウム、鉄、リン、ビタミンB_2およびC含有量の中央値が、非常に下がっていることがわかった。続く二〇〇九年のレビューは、過去五〇年から七〇年のあいだに、野菜および果物のミネラル含有量が五から四〇パーセント低下した有力な根拠がみられると結論した。

農学者は一般に、過去半世紀の微量栄養素の減少を、土壌中のこのような元素が枯渇したためか、「希釈効果」によるもののせいだとする。前者は、作物が取り込んだ栄養が畑に戻されないときに起きる。土壌の重要な栄養素は、ゆっくりと風化する岩から新しい元素が補充される速度を上回って消費されれば、時間が経つにつれて乏しくなる。後者は、可食部が昔のものより大きかったり多かったりする新しい作物の品種が出現した状況をいう。穀物の場合は一本あたりの種子の数が増え、ブロッコリーの場合は花房が大きくなるため、高収量品種のミネラルは大きくなったバイオマス全体に拡散し、薄まってしまうのだ。大さじ一杯のピーナツバターを、クラッカーに塗るかパンに塗るかの違いだ。クラッカーに塗ったほうがピーナツバターは厚くなる。化学肥料を集中的に使う農業慣行の採用に続いて、枯渇と希釈の両面から作物のミネラル含有量の低下が起きることの根拠を、研究者は示している。

その上、作物が食品になるまでに、加工でさらにミネラルが失われる。製粉と加工の過程で全世界の主要な穀物やその他の作物から、鉄と亜鉛の優に半分以上が（栄養として価値のあるタンパク質や脂肪と同時に）取り除かれているのだ。すべてを考え合わせると、農業慣行の変化と製粉・加工による栄養の喪失は、栄養摂取量の減少——アルブレヒトが予想した高カロリー低栄養食品——へと至る道だ。しかし、未加工の作物に含まれる無機栄養素が時代と共に少なくなるのには、もう一つの要因が関係しているかもしれない証拠が、近年浮かび上がってきている。

諸刃の遺産

土壌から植物への微量栄養素の移動を引き起こし、あるいはそれに影響する微生物群集を、慣行農業は直接的であれ間接的であれ変える。ほとんどの土壌ではミネラル豊富な作物が育つのに十分な濃度があるにもかかわらず、鉄と亜鉛の不足は、人間にきわめてよく見られる栄養欠乏の一つだ。多くの場合、鉄、亜鉛、その他の微量栄養素は別の元素、たとえば酸素と結合しやすく、比較的水に溶けにくい化合物を作っている。まわりの土の中にあっても、固定されていて植物には利用できない。ある種の微生物にはこうした元素を分離してやることができる。これが、見過ごされてきた疑問を近代農業に投げかける。私たちの農業慣行が、微生物界の港湾作業員をお払い箱にして、根圏のすぐ沖合にいる微量栄養素を積んだ貨物船を立ち往生させているとしたらどうだろう？

農業の主流にいる人々は誰も、この問題について心配していなかった。それどころか、一九五〇年代初めには、農業用化学製品の普及により収穫量が大幅に向上し、作物に害を与えるさまざまな病原体が制圧されていた。こうした奇跡のような成果があったので、化学製品の使用量は増加した。ちょうど同じ時期、医療分野で抗生物質の使用量が増えたのと同じように。望みの結果をたちどころにもたらしてくれる化学物質の使用に、誰が異論を唱えられるだろう。

生物学は、しかし、植物や動物のエネルギー消費のことになると、残酷なほど効率的だ。なぜならエネルギーを保持し、手に入れることは生存の中心だからだ。化学肥料を与えられた植物は、栄養を手に入れるために、それほどエネルギーを消費する必要がない。そこであまり根系を伸ばしたり、滲出液を作ったりしなくなる。こうなると根圏の菌根菌や有益細菌の数が少なくなる。その結果、植物の健康と病原体からの防衛に必要な栄養素交換、ミネラルの吸収、フィトケミカルの生産が不活発になる。

菌根は植物による微量栄養素の吸収を非常に活発にすることで知られている。ある研究で、植物の中にたどりついた微量栄養素のうち、最大でリンの八〇パーセント、亜鉛の二五パーセント、銅の六〇パーセントは菌根菌が運んでいることが明らかになっている。また二〇〇四年にオーストラリア南東部で、

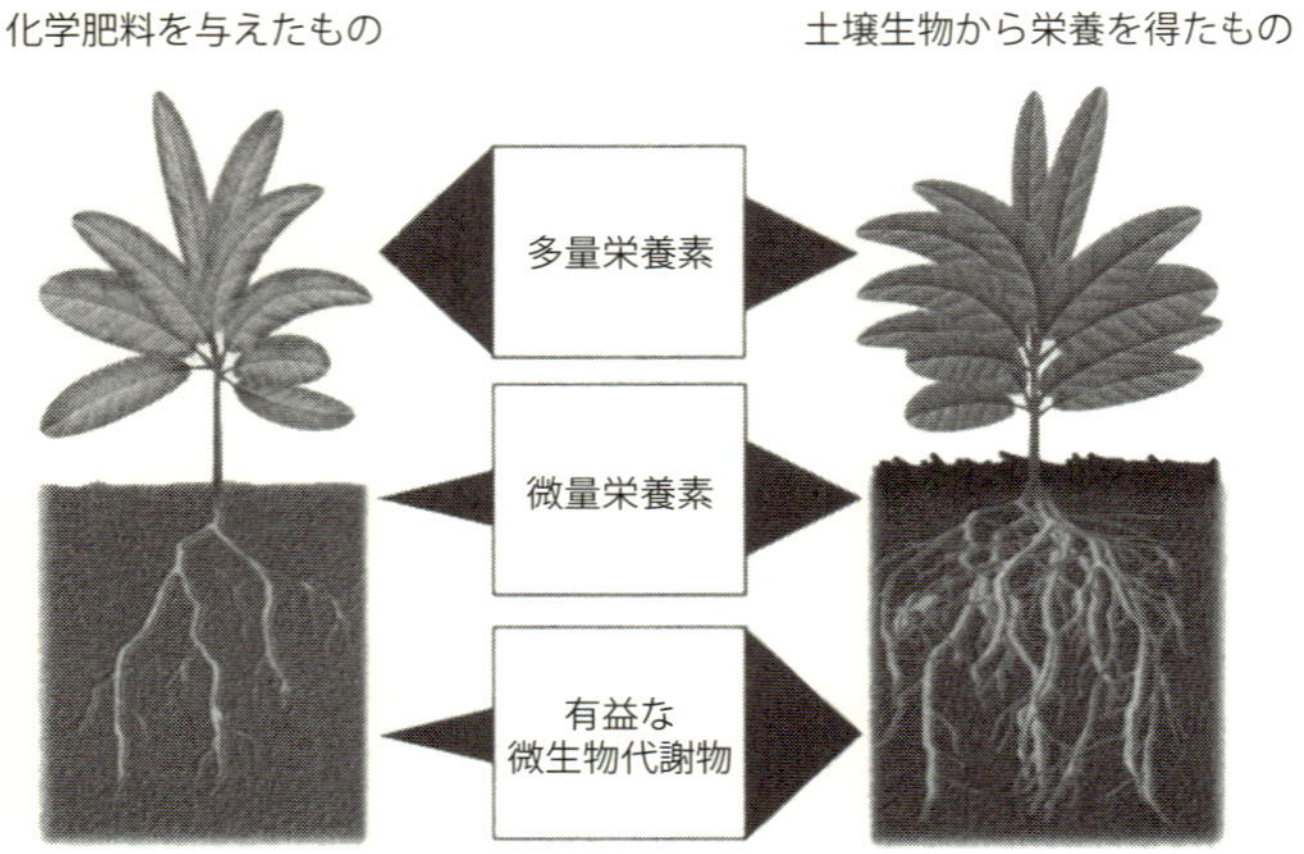

植物には食べ物が大切
有機物に富む土壌は、より多様で豊富な土壌生物の群集を支える。こうした群集は、微量栄養素を利用しやすくし、植物に有益な化合物を豊かにする。

有機農法と慣行農法で育てたコムギを比較したところ、慣行農法にもとづいた施肥は収穫量とリンの含有量を上げるだけでなく、亜鉛の取り込みを減らすことがわかった。

原因は何か？　根に定着する菌根菌が劇的に減ったことだ。菌類は植物の根と共生する理由を失い、植物は微量栄養素配達サービスを失ってしまった。これが慣行農法で栽培したコムギの亜鉛含有量が、隣の畑の有機コムギより少なかった理由だ。滲出液が少なければ亜鉛も少なくなる。これこそがハワードが仮説を立てながら証明できなかったメカニズムだ。そして、おそらくハワードの予想通り、一九八八年にインドの畑で行なわれた研究では、有機物を加えることで亜鉛の流動性と植物の取り込みは増大することがわかった。

過去半世紀にわたる農業慣行の変化は、作物のミネラル取り込みに影響するほど、微量栄養素を拾って配達する細菌と菌根菌の数を減らしてしまったなどということがあり得るのか？　この考えについてはまだ論争が続いており、そのような影響は土壌型、作物の種類、特定の農業慣行、過去の農法の名残などに応じて、きわめて変わりやすい。だがそれでも、根圏での交換と情報伝達について科学者が解明してきたことを念頭に置けば、影響がないほうが驚きだろう。

私たちが実際に土をどう扱うかで影響があることも注目に値する。旧来の耕起方法は土壌微生物群集の構成に影響する。不耕起栽培では、くわで耕すのをやめて、代わりに地面に穴を開けて種を植え、前に栽培した作物の残渣を畑に残すことで侵食を減らして土壌有機物を増やす。この農法は土壌生物への物理的な衝撃もかなり減らし、有益な菌根菌を増やす。おそらくこれが、不耕起栽培で育てたジャガイモが、慣行どおり耕した畑のものより病原性の菌類に影響を受けにくい理由だろう。

不耕起栽培には利点があるが、大量の化学肥料、農薬、除草剤を施せば、土壌生物の生態を混乱させるので、やはり問題がある。このような化学製品は、細菌や菌根菌の群集の構成を変え、微量栄養素の移動を左右する根圏の共生関係に影響を与える。人間が何をしようと土の中に微生物はいるが（滅菌しないかぎりは）、本当の問題は、どの微生物が優勢か――私たちにとって有益なはたらきをするものか、有害なはたらきをするものか――だ。

　近年の研究で、有機農業は根圏に有益微生物のバイオマスを増やすことが確かめられている。ブラジルでの野外研究では、アセロラの慣行栽培を有機栽培に転換すると、微生物バイオマスが二年間で一〇〇から三〇〇パーセント増加した。同様に、トマトの有機栽培と慣行栽培を比較した、ノースカロライナ州での二年間にわたる野外試験では、堆肥化した綿花のくずを有機農業圃場に施したところ、土壌微生物バイオマスと、植物が利用できる窒素の量が、市販の化学肥料を施肥した畑と比べて二倍以上になった[1]。さらにわらのマルチは、土壌微生物バイオマスと植物可給態窒素をそれぞれ四三パーセントと三〇パーセント増やした。別の転換実験では、ノースカロライナの実験圃場で慣行栽培から有機栽培の混作輪作に移行したところ、微生物バイオマスのかなりの増加が見られた。実験開始から初めの二年では収穫が減少したが、三年目には有機栽培の区画が慣行栽培の区画に追いつき、あるいは追い越した。

　これはどのような作用によるものなのか？　土壌生物の数が増え、植物が利用できる窒素の貯蔵を増やしたのだ。たとえば、土壌細菌を食べる線虫は、窒素の豊富な老廃物を排出して土壌に戻すことで、細菌を植物可給態窒素――有機肥料――に変えている。サー・アルバート・ハワードの方向性はどうやら正しかったようだ。

　一九七八年にスイスで始まった長期農業試験は、有機農業と畜糞堆肥を施すと微生物バイオマスだけでなく、土壌炭素と土壌窒素の量も増えることを明らかにした。有機肥料を施した畑では、捕食するクモが二倍に増えるので、アブラムシの数は半分になった。言い換えれば、土壌微生物集団の増加の影響が地下の生態系から伝わって、地上の作物のために生きた農薬としてはたらく捕食者を支えたのだ。

イリノイ大学の科学者は先ごろ、集中的な窒素肥料の使用が微生物を刺激して、急速に土壌有機物を分解させ、栄養の貯蔵庫としてのそれを枯渇させてしまうと提唱した。世界でもっとも長期にわたり実験が行なわれているトウモロコシの試験区のデータを分析した結果、相当量の有機物（刈り株）を試験区に残し、窒素をふんだんに与えているのに、土壌有機物中の炭素と窒素の量が大幅に減少しているのが見つかった。この発見は意外なものだった。合成窒素を加えれば土壌への有機物の蓄積が促進されると以前から推測されていたからだ。一定の広さの土地でより多くの植物を栽培すると、収穫後に残される刈り株が増え、より多く有機物が供給されると考えられていた。窒素肥料はそれどころか土壌有機物の分解を加速させるという結論は、従来の通念をひっくり返すものだった。

数十年来、窒素肥料が微生物に及ぼすステロイドのような効果を、気にする者はほとんどいなかった。化学肥料を集中使用する農業が慣行化する以前に気がかりな研究があったにもかかわらず。一九二八年、土壌科学者から抗生物質ハンターに転じた人物としてすでに紹介したセルマン・ワクスマンは、無機窒素、リン、カリウムを施すと微生物が土壌有機物を分解するペースが三倍以上になることを記録している。そしてほぼ一〇年後の一九三九年、ウィリアム・アルブレヒトは、五〇年間化学肥料を与え続けた試験区の有機物濃度を測定し、やはり無機肥料を加えると土壌有機物が減ることに気づいた。しかし当時は、化学肥料がもたらす驚異的な収量増加を考えると、誰もさほどの心配はしなかった。

農業用化学薬品への依存が高まっていくことへのハワードの恐れには、今になってみると十分な根拠があったようだ。土壌有機物が分解されてしまうと、収穫高を維持するために化学肥料が欠かせなくなる。だが化学肥料は問題の一部にすぎない。殺虫剤と除草剤も土壌微生物を変化させているが、どのように変化させるかは完全にはわかっていない。しかし一部の研究では、欧米式の食事の基本的な問題と共通する影響が指摘されている――精製された糖質の取りすぎのように、農薬を過剰に使用すると、悪玉に餌をやり善玉を飢えさせることになるのだ。

殺生物剤（除草剤、殺菌剤、抗真菌剤、殺虫剤）の悪影響を指摘する研究に対して、農業化学製品メーカーが猛烈に異議を唱えるのは驚くまでもない。生命の樹の大枝それぞれに一つの薬剤があるので、メーカーにとってはこの問題に多くがかかっているのだ。たとえば、除草剤グリホサートの場合を考えてみたい。初期の段階の研究で、グリホサートは人体に対する直接毒性が低く、すぐに分解されるとされた。しかし最近の複数の研究で、グリホサートはやはりそれほど無害とは言えないかもしれないと、科学者は報告している。悪影響は急性毒性よりも微生物群集の攪乱によるものだと、研究者は結論している。こうした研究の中には、グリホサートが根圏微生物相に影響して、植物が取り込む栄養（リン、亜鉛、マグネシウムなど）を減らすことを証明した実験もある。また、グリホサートが家禽やウシの腸内生物相を変化させ、病原体が有益細菌を抑えて増殖しやすくすることもわかっている。こうした観点から、『フード・ケミストリー』誌に二〇一四年に掲載された、市場に出回っているダイズにかなりの濃度のグリホサートが残留していることを報告する論文は、世界でもっとも売れている除草剤に対する疑問を間違いなく深めるだろう。

ミクロの肥料

有機栽培食品と慣行農法によるものとの栄養成分の比較には、きりのない論争がつきまとっている。

しかし、質問のしかたを変えると、状況がはっきりと見えてくる。微量栄養素を植物に運ぶことで知ら

れる土壌微生物が土壌に加えられたら、何が起きるだろうか？ ミネラルの取り込みが、時には大幅に

増える。土壌と植物の根に、特定の細菌と菌根を接種して得られる有益な効果には、既知の植物病原体

の影響と同様、議論の余地がない。根の滲出液が、根圏の微生物群集の構成に影響を与えていることを、

今では私たちは知っている——そして、微生物の代謝物がどのように植物を刺激して、抗細菌・抗真菌

性のフィトケミカルを作らせるかを理解しはじめたところだ。これにより、根圏微生物相を操って病原

体を抑え、植物の健康を増進させる道が開かれる。それどころか微生物との共生には、殺虫剤や化学肥

料を減らし、あるいはそれらに取って代わり、そして集約的な農業を維持できるようにする、とてつも

なく大きいのにおおむね見過ごされている潜在能力があるのだ。この点で、医学分野のプロバイオティ

クスやプレバイオティクスと共通している。

　どちらも宿主に有益な生きた微生物を取り込ませるという点において、植物への細菌の接種は食事の

プロバイオティクスに似ている。実験室での研究と野外実験で、根のマイクロバイオームに適切な細菌

を接種すると、生長が促進され、栄養の取り込みがよくなり、病原体が抑制され、根の表面積が大きく、

地上部が長くなることが示されている。植物の生長を促進する細菌には、略称までである。PGPR——

Plant‐Growth‐Promoting Rhizobacteria（植物生育促進根圏細菌）というのがそれだ。栄養の利用しや

すさと取り込みを増進するものは微生物肥料と呼ばれる。植物マイクロバイオームがさまざまな形で植

物の健康に影響を与えることに理解が進めば、作物の質も収穫量も向上することが見込まれる。

　植物に有益細菌を接種すれば、病原性の菌類や細菌からの防御にも役立つ。一例を挙げれば、ナスに

共生細菌を接種すると、病原細菌による立枯病が七〇パーセント減少した。また、サトウキビとイネの

303　第13章　ヒトの消化管をひっくり返すと植物の根と同じ働き

研究で、有益細菌を接種すると、植物防御に関係する遺伝子の発現が増加することが証明されている。言い換えれば、適切な種類の細菌を植物に与えると、腸内の共生細菌が免疫系の平衡を保って病原体を食い止めるのと同じように防御機構を整えて、植物に病原体撃退の準備をさせるのだ。

ここでの要点は、根の表面の化学シグナル伝達が植物防御の中心だということだ。植物はその場に縛られ、害虫や病原体を避けるために動くことができない。そして絶えず脅かされているわけでないのに抗菌物質を分泌し続けていては効率が悪い。しかし味方を誘うことが目的の物質を分泌するのは、大変理にかなっている。そして、攻撃を受けたときには、植物は細菌に信号を送り、厄介な害虫や病原体に対抗する防御物質を作らせることができる。

すでに多くの農家が、ある種の根粒菌の培養株を種子にコーティングしたり、植え付けの際に畑に噴霧したりと作物に応用し、栄養の取り込み量を増やして収穫を引き上げている。過去数十年の研究は、さまざまな種類の有益細菌を導入すると、三大穀物――コムギ、トウモロコシ、コメ――をはじめ、オオムギ、キャノーラ、ソルガム、ジャガイモ、ピーナツ、各種の野菜（レタス、トマト、トウガラシ、マメ類）、果樹（リンゴ、柑橘類）などの成長と収量を著しく向上させられることを明らかにしている。こうした研究の中で、コムギの野外試験では一〇から四三パーセントの収量増が報告されている。温室栽培と露地栽培のトウモロコシ（*Zea mays*）を使った実験では、リン可溶化能力を持つ細菌や、その他の植物成長促進株を種子に接種すると、接種していない植物に比べて、収量が六四から八五パーセントも増加したことが示された。二〇〇九年のトウモロコシによる研究では、植物成長促進細菌は、収量を減らさずにリン酸肥料の使用を半分に減らすことができると報告されている。別の研究では、バチルスの菌株をコムギに追加接種して、燐灰土だけを施肥したものより最大三九パーセント収穫を増加させた。

生物肥料は、収穫量をすぐに増やすための数少ない手段の一つとなる。

細菌接種の営利事業化は、根圏生態学への理解の不足に阻まれてきた。だが、リンの取り込み量を増やすことが、細菌摂種によって作物の生長が促進される一つの理由であることはあきらかだ。世界中の耕作地の半分近くで、作物の生長の限界を決めているのは、利用可能なリンの量だ。リンはもっとも希少な栄養素であり、作物の生長を制限する要素としては、窒素に次いで二番目に重要なものだ。世界のリン埋蔵量のほとんどは、リン酸塩が豊富な特定の種類の岩と、比較的まれな鉱物に含まれている。土壌中でリンは、カルシウム、鉄、アルミニウムなどとすぐに結びついて不溶性の化合物を形作るので、植物は利用できない。しかしある種の細菌は、固定されたリンを遊離させて、植物が吸収できる水溶性の形に変えることができる。

微生物は、もう一つの供給源——有機物——から植物がリンを吸収するのも助ける。動植物の遺骸は通常、土壌中にあるすべてのリンの半分、時には九五パーセントをも占める。土壌有機物を分解する微生物は、リンなどの鉱物由来の元素を放出して生物循環へと戻す。根圏にはたいていリンを可溶化できる細菌が、土壌全般よりもはるかに高い密度で含まれているが、これは不思議でも何でもない。リン可溶化細菌は滲出液に群がり、糖と交換にリンを渡しているのだ。

リンの放射性同位体をトレーサーに使って、科学者はリン可溶化細菌も菌根菌と手を結んでいることを確かめた。細菌がリンを含む安定した化合物を消費して、水溶性のリン酸塩を土壌中に放出すると、菌根菌はそれを植物に届ける。この場合、菌根菌は仲介者の役割を果たす。これもまたサー・アルバート・ハワードが直感したメカニズムであり、特定の土壌で特定の作物の生長が活発になるような、微生物のカクテルを作る可能性を示すものだ。過去一世紀に追求されたやり方——いくらかでも確実に作物に届くように、リン酸塩を土の中にどっさり投入する――に代えて、すでに農地の土壌にありながら固く結合して利用できないリンを、微生物の力で遊離させられるだろう。

ある推定によれば、地球上にある植物が利用できる土壌リン資源は二〇五〇年までに使い果たされてしまう。収穫量の増加が止まり、人口は増え続ける世界では、微生物の接種によってリンを遊離させ、作物の生長を促進することが、飢えたあすの世界に食料を与えるためにきわめて重要であるかもしれない。たとえばキューバでは、ソ連が崩壊し化石燃料の供給が大幅に縮小したときから、生物肥料の商業生産が始まった。その経験に学ぶことは、未来のために大きな意味があるだろう。世界の農地土壌に固定されたリンの蓄積量は、一世紀のあいだ農業生産を支えるのに十分だと推定されているからだ――少なくともそれを植物が利用できれば。

微生物は、私たち自身の排泄物からリンを掘り出すのにも役立つ。リンの量が限られており、世界の人口が増えていることを考えれば、早晩やらなければならなくなることだ。アキネトバクター属のある種の細菌は、自重の八〇パーセントものリンを、掃除機のように吸い込む。生下水を二つのタンクに通すことで、環境エンジニアは、このリン酸を食う細菌を増殖させることができる。最初のタンクは嫌気槽、二番目は好気槽だ。生物学的リン除去と呼ばれるこの工程は、下水からリンを効率よく集め、取り除くことができる。同様にして窒素も、下水処理の際に細菌脱窒という工程で微生物を使って回収することができる。微生物に、はたらける適切な環境を与えれば、人間の排泄物を浄化リサイクルして肥料を作りだしてくれる。ここに共生が産業化され、人間と環境の両方の利益になる。

新しい農薬に耐性を持つ遺伝子組み換え作物には、どんな副作用があるかわからない。代わりに植物の健康の、ひいては農業生産力の基礎となる植物と微生物との相互扶助関係を支えることは、同じくらい（それ以上とまではいかなくても）理にかなっている。従来の化学肥料の、少なめに見積もっても四分の一から三分の一を生物肥料に置き換えることが、すでに可能だと考えられている。

すでに微生物が行なっていることから利益を得るだけでなく、その潜在能力を新しい形で利用するのも将来性のある取り組みになるだろう。たとえば、コムギやトウモロコシのようなマメ科以外の作物と窒素固定細菌の共生関係を作りだし、窒素肥料の需要を減らすことには、相当関心が持たれている。もちろん化学肥料メーカーにとってはぞっとしない考えだ。だが、そのような飛躍が、持続可能な農業の提唱者と遺伝子組み換え作物の支持者が協力しあう新鮮な状況を作りだすかもしれない。

もちろん、土壌肥沃度を回復させるためのもっとも単純な解答は、プレバイオティクスの方針に従い、有用な微生物に餌を与えることだ。農業の文脈では、微生物の餌はバイオティック肥料と呼ばれている（生物《バイオ》肥料と混同しないように。後者はプロバイオティクスに相当する生きた微生物のことだ）。自然は肥沃な土壌を作るためにプレバイオティクス――有機物、堆肥、マルチ――に頼っている。しかし、ただ有機物を農地に戻す（たとえばマルチのように）ことを大規模に行なうのは簡単ではない。だから一種のプレバイオティクスを土壌に使うことがどうしても必要なのだ。こうしたバイオティック肥料は有機物のようにはたらく――土壌生物の餌となる――が、ただし効き目がずっと速い。わずか二、三年で土壌肥沃度が劇的に増したと、支持者は宣伝している。

バイオティック肥料を使ったやり方で特に興味深いのが、土の中にいるある種のシアノバクテリア（藍藻）の成長を促進するものだ。シアノバクテリアの何が特別なのか？　それは光合成ができ、その上空中窒素を固定できるのだ。どの程度のはたらきをするのか？　化学肥料が現われる前は何世紀にもわたり、自然に大量発生したシアノバクテリアが、アジア一帯で水田を肥沃に保つのに役立っていた。

シアノバクテリアに餌を与えると、生態系に波及効果がある。最初に増殖したシアノバクテリアが生命活動を拡大して、自然が自力でやるよりも何倍も速く土壌肥沃度を復活させる。シアノバクテリアやその他の微生物が死ぬと、たちまち分解されて、土壌炭素、窒素、植物可給態の栄養を増やす。基本的な考えは、シアノバクテリアが二次的な微生物の成長のきっかけを作って、それにより次のバイオティック肥料が与えられるまで、このプロセスが動き続けるだけの有機物を供給するというものだ。

たとえば、ワシントン州で市販されているある商品を考えてみたい。製造業者は大手の養鶏場から鶏糞を集め、独自に開発した堆肥化法を使って病原体を殺し、ニワトリに与えられた抗生物質と薬品を分解する。堆肥化された製品はそれからシアノバクテリアの成長を促すように配合された濃縮肥料に変えられる。このバイオティック肥料を使った農家は、菌類や害虫に対する作物の回復力が高まり、ミネラルの取り込みが増えたと報告している。有機農業での使用を見込んで発売したにもかかわらず、バイオティック肥料は商業ベースの慣行農業でも利用が増えている。

窒素肥料の必要性を減らすことに関心が高まる中、土壌への有用な細菌とバイオティック肥料の接種が新しい方策を示している。私たちの庭の土が黒くなったように、くり返しバイオティック肥料を施された土壌は有機物の含有量が、場合によっては年に一パーセント以上増える。この方法の支持者は、バイオティック肥料は土壌中のシアノバクテリアの種類と特定地域の気候条件（たとえば温帯か熱帯か、多湿か乾燥か）に合わせて調整する必要があると注意を促している。

微生物の生態を利用して土壌と作物の健康を増進し収穫を高めることには、実現の見込みがありそうだが、土壌肥沃度の生物学的基礎が認められるには依然手ごわい障壁が存在する。なにしろ、現代の農業慣行は、一世紀半におよぶ化学を中心にした理論と実践にこり固まっているのだ。また現場レベルでも、微生物生態への私たちの理解がまだ未熟であるという限界がある。だが、それは変わりつつある――それも急速に。微生物肥料の商品化が増えているのは、すでに従来の化学肥料とコスト競争力があり、より多くとまでは行かなくても、同等の収穫を生む手法があることの反映だ。化学肥料は間違いなく、将来にわたって商業的農業には欠かすことができないだろう。しかし、その使いすぎを減らしていき、土壌有機物――長い時を経て証明された、土壌をいつまでも肥沃に保つ天然の基礎――の再生に重点を置くことが、私たちの子孫のためになるだろう。

見えない境界線――根と大腸は同じはたらき

ヒトマイクロバイオームが私たちの免疫機構に欠かせないように、植物の根の内部やまわりに棲む微生物は、植物の防御機構のために欠かせないものだ。人間は植物と同じ生物学的防衛戦略に組み込まれている。いずれも特殊化した領域――植物なら根圏、人間なら大腸――に、微生物を呼びよせる栄養を用意する。これらの部位は、微生物が植物や人間と栄養を交換し協力関係を結ぶ市場として機能する。

本書執筆の準備をしていて偶然見つけた論文の一つに、大腸細胞の粘膜内層の滲出液を餌にする腸内微生物についての記述があった。大腸の滲出液だって？ 滲出液は植物界の話じゃないのか？ そのときひらめいた。根は腸であり腸は根なのだ！

腸内細菌と土壌細菌の多くが共通して腐生菌《サプロファイト》（ギリシャ語語源で、サプロは腐ったもの、ファイトは植物を表わす）の系統にあることは、おそらく偶然の一致ではない。いずれの場所でもそこにいる細菌は、死んだ植物質を分解することに特殊化しているのだ。

植物の根を、根圏も何もかも一緒に裏返したとすれば、それが消化管に似ていることに気づくだろう。

この二つは多くの点で平行宇宙だ。土壌、根、根圏をまとめた生命活動とプロセスは、腸の粘膜内層と関連する免疫組織と鏡写しだ。腸はヒトにとっての根圏、私たちの体の中で、ある目的のために受け入れた微生物がとてつもなく豊富な場所だ。消化管の細胞が腸内微生物と相互作用し、根細胞は土壌微生物と取引をする。人間界と植物界は共通する主題を持つ——微生物との活発な伝達と交流だ。

だが腸と根とはもっと深いところでつながっている。私たちの歯は土壌中のデトリタス食動物と同じようにはたらき、有機物を嚙み砕き小さくして、他の生物が分解過程を続けられるようにする。胃酸は土壌に棲む菌類の酸のように機能し、食物を吸収できる分子にまで分解する。小腸は、植物の根が水に溶けた養分を吸収するようにして、栄養を吸収する。小腸の内側は絨毛と呼ばれる繊維のような小さな突起で覆われている。これが、ちょうど土壌中の根毛のように表面積を何倍にも増やし、栄養吸収を大幅に向上させる。大腸の大釜の中では、根圏のように、微生物が宿主にとって欠かすことのできない代謝産物と物質を作っている。

小腸と大腸の壁にある杯細胞は、厚い粘液層を作ってほかの細胞を保護し、内腔の内容物が動きやすくする。かつて科学者は、大腸が粘液を作る理由はこれだけだと思っていた。その後、細菌が粘液の中で棲息し、粘液を食べていることが発見された。それは、植物が根圏に棲む微生物の餌として根細胞の表面から放出する、糖質が豊富な滲出液に似ている。人間の内なる土壌に棲む細菌の大群は、消化されなかった植物質や死んだ大腸細胞だけでなく、粘液も食べる。引き替えに、その代謝産物は大腸の栄養となり、その存在は病原体を抑制する。(2) 私たちの微生物のパートナーが、私たちが食べたものを材料にして有益な化合物や防御物質を作る様子は、根圏微生物相と根の相互作用とそっくりだ。

有機物を分解する土壌生物は、栄養が植物へと滞りなく流れるようにする。これは、大腸内の細菌が複合糖質を有益な化合物（SCFAのような）に変えるのを思わせる。いずれの場合も、植物性有機物に富む食事が、健康と繁栄に欠かせない重要な栄養をもたらす。一方、単純糖質と単一の無機質肥料は生長を速めるが、植物の――あるいはそれを食べる人間の――健康の土台となる栄養をすべて供給するわけではない。

根は食物を求めて土の世界を突き進むが、人間は外部の環境を直接体内に取り込む。外部の環境中の有害かもしれないもの（そして実際に有害なもの）すべてを考えると、これはきわめてリスクが高い。

私たちの腸は、植物の根のように、遭遇するさまざまな物質――飲んだり食べたりしたもの――をふるいにかけ、食べ物、敵、味方を区別しなければならない。腸とその内容物の、そして根と土壌の境目は、すべての栄養が越えなければならない目に見えない境界線を引く。微生物は仲介者、地球上でもっとも小さい運送業者だ。化学は境界線を越える積み荷を決めるが、生物学は生命の根底となる取引の活気を保つ。

大腸の横断面をよく見ると、細菌の細胞が自分自身の細胞と肩を並べていて、どこで一方が終わってもう一方が始まるのかはっきりしないことがわかる。有益細菌がおそらく自分の大腸陰窩にしまいこまれていることを、少し考えてみたい。菌根菌が植物の根に入りこんで細胞のあいだに割り込んでいるところを考えると、この様子は植物とかなり似ていないだろうか。微生物と植物の――そして微生物と人体の――進化的適応は複雑で、驚くべきものだ。いずれの場合でも、根あるいは腸との目に見えない境界線にある土壌の質と、それを私たちが汚染するのか、無視するのか、涵養するのかが、植物と人間どちらの健康にとっても大きな意味を持つのだ。

根と腸それぞれの微生物相の役割がきわめて似ていることは、基礎的でもあり普遍的でもある関係を暗示している。いずれの場所でも、微生物の集団が宿主の生存に欠かせない二つの要素――食物を手に入れることと、敵から身を守ること――を助けているのだ。見返りに微生物は、望みうる最高の生息地である、常に食物が豊富で安全な空間――微生物が繁殖し、快適に暮らす上で理想的な場所――を手に入れる。

植物の中であれ人体内であれ、宿主と小さな借家人の双方に有益な協力関係を築く微生物に対して、進化は有利にはたらいてきた。これはおそらく偶然ではない。この世に登場して以来、人間は共生生物を身体に住まわせてきたのだ。私たちの内なる土壌に棲むのと同じ種類の微生物は、土壌中にもいて植物の病気を抑えるのに役立っているものがいる。この単純だがこれまで注目されなかった事実が、農業と医療をどのように再構築するかの根本である――つまり、太古からの友の協力をあおぐのだ。

第14章　土壌の健康と人間の健康――おわりにかえて

微生物が土壌の健康と人間の健康の両方に果たす、きわめて重要な役割の類似が明らかになった今、私たちの世界を見る目は変わらずにはいられない。足元にある隠された自然の半分を見ることは依然できないが、それが日々庭で目にする生命と美の根本であることを、私たちは知った。そして私たち一人ひとりは数十兆の仲間たちの一員であることを知り、自分自身への見方も変わっている。

まわりの動物、植物、景観は、自然という氷山の目に見える一角にすぎないことを実感して、私たちは畏敬の念を抱き、微生物の不思議な世界が土壌を肥沃に、食べ物を栄養豊かにしていることに感謝するようになった。ほとんどの微生物は有害であり、免疫系や抗生物質によって制圧すべき敵だと私たちは思ってきた。しかし微生物群集は、私たち自身の代謝の主要な部分と一体となっている。私たちは土壌（体内のものにせよ体外のものにせよ、よくも悪くも）に与えたものの産物を収穫していることを知れば視野が広がり、土壌中あるいは人体内に有益微生物を殖やすことの、農業や医療における計り知れない価値がはっきりする。

優に一世紀以上、人類は見えない隣人を脅威と見てきた。土壌生物をまず農業害虫と考え、そして細菌論のレンズを通して、微生物を死と病気を運ぶものという型にはめた。この視点から生まれた解決策――害虫を一掃するための農薬と病原体を殺すための抗生物質――は、われわれの慣習に定着した。悪い微生物を殺すことに熱中するあまり、居あわせた害のない微生物への付随被害を、私たちはあまり気にしてこなかった。もっとも、自分たち自身への影響は見え始めている。

さまざまな殺生物剤を農地にまき散らせば、一時的に農業害虫を抑えられるかもしれないが、長期的には害虫が逆襲してくる。ここ数十年の抗生物質の多用と完全に傾向が同じだ。それは抗生物質耐性菌を生み、今や防御手段のない菌の数が増えている。問題を解決する代わりに、持久力に乏しい解決手段への依存症に私たちはなってしまったのだ。庭や農地や人間に広範囲に効く殺生物剤を浴びせかけることは、園芸家、農家、医師にとってもはや慣習的な解決策であってはならない。

こうしたことが意味するものは何か。土壌肥沃度と人間の免疫系——すべての人にとって決定的に重要な二つ——のはたらきは、私たちが思っていたのとは違うということだ。根圏の有益な微生物群集が乏しい植物は、自分を守り私たちの栄養となるフィトケミカルの製造を手控える。特に私たち自身の健康に関係するのは、懸命に殺そうとしてきた微生物のほとんどが、実は人間にとって必要なものだったことだ。そしてマイクロバイオームを、特に子どものうちに混乱させることが、現代病の根本的要因として考えられるようになってきた。これは害虫や病原体と戦ってはいけないということではない。私たちが頼るようになった手段には、隠れたコストがあるということなのだ。

自分の経験を振り返りながら、庭と雑草に覆われた敷地との違いが、進むべき道筋を示していると私たちは信じている。自然は裸地を嫌い、それなりに埋めようとする。しかし、自然と協力すれば、土地のあり方を決めることができる。私たちは地球の片隅の土を意図的に耕して、色とりどりの花、堂々たる樹木、食べられる野菜を手に入れた。わが庭の美と安らぎと存続の本当の根源は足元にあることを発見して、私たちは驚いたが、驚くことはまだほかにもあった。その表面は人間の消化管の表面とほぼ同じなのだ。自分の腸で庭づくりをし、自分が希望し必要とする生き物を、体内の奥深くで育てるところを想像してみよう。

堆肥や木材チップやマルチが土壌生物を育てるのと同じように、食べ物は腸の共生生物を育てる。生きている土は地上に影響を及ぼして、庭や畑の健康と回復力を支えるが、人間の内なる土はもう一つの庭、すなわち私たちの身体を支える。有益な微生物を育てれば、それは病原性の微生物を避け、免疫系が自分に牙をむくことなく正しくはたらくようにしてくれる。

マイクロバイオームの庭を世話することは、現代医学を捨てるということではない。だが実際問題として、医療がマイクロバイオームと協力するように調整するには、しばらく時間がかかる。そのあいだ、まずマイクロバイオームを健康にし、次にプレバイオティクスでそれを維持することが必要だ。そしてもし、抗生物質、病気、ことによると大腸内視鏡検査などで微生物相が損傷したら、園芸家がするように失ったものを植え直し、定着を助けることを考えてもいいだろう。

つまりこれは、単純な忠告に要約できる。敵を飢えさせ味方に食べさせよ。敵を抑えてくれる味方を滅ぼすな。

人体という微生物の生態系の全体像については、おぼろげにしかわかっていないが、ある種の習慣を変えようとする程度の知識は私たちにはある。一番わかりやすいのは、子ども、私たち自身、家畜にもっと配慮した抗生物質の処方だ。家や身体の度を越した消毒を控えるのも同じことだ。腸内の微生物生態系の回復と言うと、無理難題のように聞こえるかもしれない。どんな種類のものが棲んでいて、どのように作用しあっているのか、やっとわかりはじめたばかりだからだ。だが、私たちが知る自然の生態系から得た重要な教訓について、考えてみてもいいだろう。劣化した生態系の回復は周知のとおり難しく、そして費用がかかる。そもそも壊さないようにするのが、一般に長い目で見て最高の策だ。

ファン・レーウェンフックは、自分が見つけた小さい珍奇なものたちに、何か大きなものがあると気づいていた――ただ、それがどれほど大きいかはわからなかった。それからの数世紀、先駆者たちが微生物界の暗黒面に光を当てた。この過程で、彼らは最悪のヒト病原体を数多く打ち倒した。しかし微生物を目に見えない敵と認定したちょうどそのころ、二〇世紀初頭の先見的な人々が、私たちのまわりや体内で微生物が有益なはたらきをしていることを、うすうす感じていた。二〇世紀の終わりには、科学者は秘密の扉を大きく開け、高等な生物が微生物の子孫であるという驚くべき事実を明らかにした。自分は何者で本当は何からできているのかを、微生物との複雑な協力体制がどう定義しなおすか、私たちは今、理解しはじめたばかりだ。

過去半世紀のあいだに、応用微生物学は目を見張るような進歩を遂げたが、そのほとんどは培養できる病原微生物を中心としていた。多くの感染症の制御に成功したことで、私たちの思考と行動は、ランタンが落とす丸い光のように範囲を限られてしまった。照らされた円の中を見ているとき、その外側にあるもの――培養が難しい微生物の群集間の生態学的相互作用と、それが人間の健康に果たす役割――を、私たちはあまり考えない。今、遺伝子シークェンシング技術によって私たちは陰の部分を照らすことができるようになり、微生物の世界を、そして微生物が何をしているか、以前よりはるかに多くのことが見えるようになった。

私たちが認識しつつあるのは、人間のマイクロバイオームと植物のそれとが驚異的な、そして驚異的によく似た境界の上にあることだ。根圏から大腸の粘液内層まで、微生物は境界面で繁殖する。最初のストロマトライトが太古の海岸に棲み着いて以来、それは常にそうしてきた。このような環境の境界地は、微生物に安定した栄養源の近くで生きられる基盤を提供する。進化の旅路のあいだに、微生物のあるものは動植物と運命を共にし、根の表面や腸壁に定着した。そして有害なものを排除し、不可欠な栄養を導き入れ、情報を交換し、重要な代謝産物を宿主に渡すのに役立った。そうすることで、もっとも小さな生き物たちは、植物、動物、私たちの祖先すべてが、現在までの数億年を歩み続けられるようにした。

人間が頼っている生態系が、競争と同じくらい協力の上に成り立っていることを知り、私たちは驚いた。共生関係は教科書に書かれた例外的なものではない。協力の中に組み込まれた多様性は、時の試練に耐えるダイナミックなシステムを作りだす。そして、このような複雑な関係がはたらくメカニズムと、そのはたらきかたを、科学者がすべて知ることはないかもしれないが、共生微生物が、農業や医療の分野に持つ潜在的な力は、新たな研究で次々と証明されている。

マイクロバイオーム科学の革命的な進歩は、自然の隠された半分についての科学的理解を、さまざまなレベルで——私たちの身体、庭から近隣、町、農地、森林まで——改め続けていくと、私たちは信じている。人間を含めたすべての動植物はマイクロバイオームと共に進化したという認識が広まれば、自然界とその中にある人間の居場所に対する新しい見方が浮かびあがる。見方が根本的に異なるため、私たちが大学生だったころの生物学の教科書を開いても、人間を微生物学的に見た側面についてはあまり書かれていなかった。過去二〇年の、植物とヒトのマイクロバイオーム研究の進歩は、ほとんどの中堅科学者、医師、農家が大学で学んだ生物学の知識をひっくり返し、塗りかえるものだった。感染症と同じように、自己免疫疾患と慢性疾患が近年多発しているのは、やはり微生物に原因があるかもしれないと、今では思われている。

微生物相は人によって大きく違い、同じ人でも日々変わっている。そして微生物が自己免疫疾患と慢性疾患にどのように影響するかには、遺伝と環境因子の両方がたしかに関係している。この複雑さゆえに、マイクロバイオーム研究者は、この分野でのすごい新発見を、あまり大げさに言いふらさないように気をつけるという正しい判断をしている。明るみに出てきた驚愕の関係を考えると、つい大げさになってしまうのも無理はないが。

実際、腸内細菌バランス異常（dysbiosis ——共生 symbiosis の反対）は、数々の病気の主な原因として、現在研究されているところだ。そうした病気には、肥満、ある種のがん、喘息、アレルギー、自閉症、循環器疾患、一型および二型糖尿病、うつ、多発性硬化症などと共に腸管壁浸漏症候群や炎症性腸疾患が含まれている。腸内細菌バランス異常と疾病に相関関係があり、因果関係も明らかになってきたことでどのような結果になるのか、はっきりとしたことは誰にも言えない。ただ、マイクロバイオームの探究が、さまざまな現代病を治療する可能性——そこには農業用化学製品への依存を断つことも含まれる——へと道を開こうとしているのはたしかだ。

腸のマイクロバイオーム検査が、体温や血圧と並んで個人の健康の指標となる日を想像してみよう。同じように、作物の違い、育つ土壌の違い、さまざまな地域と気候に合わせて土壌微生物を適応させることが、持続可能な農業の基本理念となるかもしれない。いずれにしても私たちは、そこまで到達していない。そのような検査を行ない、判断することについてまだたくさん学ぶべきことがあるからだ。

新しいやり方を開発するには時間がかかるが、私たちがマイクロバイオームについて学んでいることは、今日の農業と医療に根本的な意味を持つ。新しい方法論を見るために、微生物学や免疫学や植物学の研究者である必要はない。足元の土の中と腸の奥深くに棲む善玉を殖やせばいいのだ。

人間とは古いつき合いの微生物と協力するということは、長期的な思考によって短期的な行動を左右するということだ——これは理屈では簡単だが、実行は相当厄介なことがある。信念を手放すのは難しい。それが親、広告代理店、社会全体によって強化されたものである場合は特にそうだ。小さいころから私たちは、泥の中で遊んではいけないとか、五秒ルールを守りなさいとか言われている。ほとんど何を買いに行っても、細菌論がわれわれの生活にすっかり浸透していることがすぐにわかる。私たちは、手や身体を抗菌製品で覆い、世界をありとあらゆる消毒剤で清潔にすることを勧められる。抗菌剤はプラスチック製品、靴の裏地、衣類、おもちゃ、テレビのリモコン、キーボード、車のハンドル、何にでも練り込まれている。合理的な衛生管理までやめてしまえというつもりはない。何といってもセンメルワイス医師が大昔に、手洗いの正しさを証明しているのだから。

しかし、多くの病原体の抑制にすばらしい成功を収めた一方、細菌論を土台として組み立てた慣習が、農地や体内に棲む有益な微生物を弱らせたり死滅させたりしかねないことにも、今では私たちは気づいている。細菌のような生物は、握手をするように遺伝子を交換し、猛烈な勢いで増殖し、ほとんど何でも食べられるので、すぐに空っぽの場所にはびこる。微生物を殺すことが有益であり、時には必要不可欠なのは事実だが、殺菌剤の無差別な使用で、有益な微生物群集を混乱あるいは激減させることがあるという現実に変わりはない。

腸内細菌バランス異常が人間や土地の健康を衰えさせることが明白になる一方、経験的に有効とされた伝統的な慣習と食事の根拠も、マイクロバイオーム科学は解明している。長年にわたり科学の主流は、そのような慣習を、情報の欠如による無知と迷信の産物として片づけていた。これはある種の慣習、たとえば悪名高い天然痘の赤色療法のようなものに対しては正当な評価だろうが、一律に当てはまるわけではない。

植物やヒトの健康への伝統的なアプローチの中には有効なものがある理由を、私たちは今、知りつつあるところだ。それは、土壌や体内の共生関係の要となる有益な微生物相を支えるからだ。これこそが、土壌生物相が餌となる有機物を十分に得ているかどうかが重要な理由、そして大腸という錬金術の大釜に、生命を溢れるばかりに保つような炭水化物を摂るべき理由だ。本書の冒頭で言えば奇妙に聞こえたかもしれないが、人間の内なる土壌にマルチをかけることが、健康と不健康の分かれ目となりえるのだ。

有益な微生物を傷つける愚行は私たちにつきまとい、元々の問題を解決することなく新しい問題を作りだしてしまう。これはまずい戦略の特徴だ。土壌有機物を焼きつくして有益な土壌生物を飢えさせる行為は、不毛の地を遺産として残してきた。同じように、植物性食品が不足し抗菌物質を多く含む食事は、私たちの内なる土壌を脅かす。あまりに長きにわたり、私たちは生物相を化学的栄養と毒物に置き換えようとしてきた。

農業害虫の復活、土壌肥沃度の低下、危機的レベルの抗生物質耐性菌の出現、寿命を縮める慢性疾患、これらはすべて無関係に見えるが、根の部分は微生物生態系の攪乱でつながっている。新たに手に入れた奇跡の薬の殺菌力に、人類がただただ驚嘆していたほとんどその瞬間から、細菌は抗生物質に抵抗を始めていた。細菌への毒性を高めようとするほど、世代交代の速さと身を守る形質を気安く手渡しできる能力によって、細菌の耐性は高まった。人間は細菌との戦闘には勝てるかもしれないが、このやり方で戦争に勝つことはできない。別の戦略が必要なのだ。

私たちは長いあいだ、微生物の生態系に抱かれ、体内環境の管理を手伝わせるように微生物との関係を調整して生きてきた。これを認識することが、人間、植物、動物の健康を実現する新しい計画の根本だ。人類は、地球上に誕生してからの数十万年のうち九五パーセント以上を、自然の中で過ごしてきた。野生の食べ物を狩猟採集し、新しい環境の中を移動することで、私たちは体内外を覆う微生物と接触を持った。微生物に絶えずさらされて、免疫系は鍛えられ、調整された。それから、地球の歴史から見ればほんの一瞬で、私たちは森を伐採し、野原を汚染し、地面を舗装し、かつてマイクロバイオームをもたらした自然の蓄えを枯渇させた。進化の時間ではごくわずかなあいだに、幾世代もかけて築きあげた協力体制を一からやり直しだした。

現代の農業および医療技術はたしかにすごい。われわれは遺伝子を植物に挿入して、即座に進化を起こすことができるし、ロボット化されたトラクターを広大な農場で働かせることもできる。眼球をレーザー光線で削って眼鏡とおさらばすることもできれば、人から人へ臓器を移植することもできる。しかし私たちは、微生物生態系の住民同士の関係を、やっと解き明かしはじめたばかりだ。リンネを連れてきて、そこにいるのは何か、それを何と呼ぶのかなどとやっているところなのだ。

驚きが待ちかまえていることは間違いない。実際、私たちが本書を書き上げようとしていたころ、人工甘味料がマウスや人間のブドウ糖の代謝を変えて、腸内細菌バランス異常を引き起こすことを、新しい研究が証明した。いわゆるダイエット飲料に砂糖の代わりに使われている甘味料には、砂糖によく似た点があるらしい。たいていの人と同じように、私たちもカロリーゼロの人工甘味料は、体重を気にする人にとって役に立つものだと思っていた。しかし、人間の微生物相はそれが砂糖によく似ていると判断するらしく、人工甘味料は二型糖尿病と肥満への裏口なのではないかという疑問が残る。

そして腸と共に生きるという考えは新たな意味を担う。メチニコフの言う大腸のゴミ箱に棲むものたちが、人間の感情をつかさどる神経伝達物質セロトニンを作れるなどと、誰が考えただろう。私たちの腸内細菌が、神経系と情報伝達をしているというだけでなく、人間の感情の状態は腸内細菌に——そしてそれが作りだす代謝産物のスペクトルに——影響されうるのだ。

自然の隠れた半分が、私たちにこのような変化球を投げてきても、たぶんそれほど驚くまでもないのかもしれない。生態学者のあいだで有名な偶像的人物、アルド・レオポルドは、オオカミを撲滅することが名案だと考えられたとき、南西部の植生に何が起きたかを見ていた。シカの個体数が爆発的に増えて森を食べつくした。土地は丸裸になり、シカの餌が足りなくなった。銃を撃ちたくてたまらない牧場主や野生生物担当の政府職員は、肉食獣を撃てば土壌が浸食され、シカが餓死するなどとは考えてもみなかった。

こうしたことは微生物の扱いにとって何を意味するのだろうか。味方を育てながら、人間、作物、家畜を害虫や病原性微生物から守る、新しい方法を見つけださなければならないということだ。私たちは、生態学者の精神、園芸家の気配り、医師の技術をあわせ持つ必要がある。自然の隠れた半分と協力することで、一見無関係な幅広い環境問題と健康問題に対処できる意外な——そして意外にも効果的な——方法への道が見えてくるからだ。

植物と土の中の微生物は、生物学的な取引制度を営んでいて、それが植物の防衛機構として機能し、おかげで人間の健康に欠かせない栄養たっぷりの植物性食品を収穫できるのだなどと主張したら、二、三〇年前なら正気の沙汰には思われなかっただろう。細菌が人間の免疫系と情報伝達して、病原体を撃退するために炎症を精密に配分し、また有益な共生微生物を補充するのを助けているという考えは、なおさら信じられなかっただろう。これらの驚くべき新事実は、多岐にわたる一見無関係な病気をどう見るか、そしてどう扱うべきかに本質的に関わっている。医学では、農業と同様に、体内外の土壌に与える食べ物が、地質学的時間という金床の上で鍛造された健康への処方箋となる。

雨に浸食されて溝のできた畑、コンクリート張りの小川、切り株だらけの丘のあいだをしっかりと目を開いて歩けば、人間が自らの手でこうした窮状の引き金を引いたことが、誰にでもわかる。しかし、私たちの行動が微生物景観をどのように変えるかを理解するのはもっと難しい——点と点を線で結んで、私たちの内側と周囲に現われる影響を認識しないかぎり。微生物に対する考え方を変えるのは、微生物の見方を変える第一歩だ。結局、視覚は能力だが、見方は技術であり続けるのだから。

見えないものの保全・保護を語るのは、ましてそのような方針に沿って行動するのは難しい。しかしそうするつもりなら、私たちは世界をありのままに見て、それがどうあってほしいかを想像し、その目標のためにすべきことをする必要がある——ものごとがどうなっているのかを想像し、どのようにはたらくかを無視し、やりたいようにやるという古くさい道をたどるのでなしに。微生物群集は自然の全体構想を——そして私たちの自分本位な生活を——動かしており、その目に見えない影響下にわれわれの現実があることを、今や受け入れるときなのだ。

それでも、微生物の圧倒的多数は、今も科学では捉えがたい。微生物同士や人間との関係もまた同様だ。微生物は自然のソフトウェアの役割を果たす——地質学的時間をかけて入念に作られた遺伝子指令の一覧表である生物学的コードをそなえた、生きている有機的オペレーティングシステムだ。目立たぬように生き、なくてはならないシステムをはたらかせている微生物は、われわれの祖先が誕生した太古の地球を形作り、私たちの知るこの世界を今も動かしている。

ソフトウェアはたいていそうだが、微生物コードも目に見えず、意識されない——クラッシュしたり、エラーメッセージが出たり、順調に動いていたシステムが壊れはじめたりしないかぎりは。そして、ソフトウェアのエラーは、ソースコードを持っていないかぎり直すのが難しいことは、周知のとおりだ。微生物生態系の言葉と、長い進化の道のりで作られた生物学的プログラミングを、私たちはまだ理解しはじめたばかりだ。だからおそらく、理解できないコードを捨てる前に、よく考えたほうがいいだろう。詳細な計画も予備プランもなしに重要なシステムの新しい構成を試験運用するのは、常にリスクの大きい行為だ。

それでは、この革命的に新しい観点によって、私たちはどうなるのだろう？　はっきり言って、現代の農業と医療——人間の健康と福祉にとって重要な応用科学の二大領域——の中心にある慣行は多くが完全に道を誤っている。私たちは、植物と人間の健康を下支えする微生物群集と、どう戦うかではなくどう協力するかを知る必要がある。

農業においてこれは、土壌をその本来のあり方、つまり生きているすべての生命の基礎として扱うということだ。何を栽培するにしても肥料をやらなければならない。そして農地の土壌を肥沃に保つには、有機物を与えて土壌生物を繁殖させることだ。ほぼ同じ考えが、私たちの内なる土壌にも当てはまる。食べたものが養分となって、私たちのマイクロバイオームの代謝を形作り、それが今度は私たちの健康を——すみからすみまで、よかれ悪しかれ——形作る。もちろん、食事を変えることでは急性の病気は治せないだろう。しかしそれは、慢性疾患を防ぎ総合的な健康を増進するために、人間がとれる唯一にしてもっとも効果的な手段なのかもしれないのだ。

さまざまな専門分野の科学者や医師が、この先数十年、新しい医療と治療法を触発するような発見を待ち構えているが、一方で、かなりはっきりしていること——いますぐ行動を起こせること——もある。

自分のマイクロバイオーム、つまり免疫系の生きている基礎を考えて食べることだ。腸内微生物相に複合糖質が十分届いていれば、健康が手に入るのだ。

今の家を買ったとき、二つの小さな部屋に仕切られた、何十年も昔の台所があった。この台所を改装すれば暮らしやすくなるだろうと、私たちは思った。たしかにそうだったが、結局は、庭を改修して花や野菜を作ったことが、本当に私たちを変えた。自分がよく知っていると思っていた場所が、少しずつ変化していくのを見ていると、目の前にまさにあるものに気づかせてくれる。やがて私たちは二人とも、家の外にあるもの、足元に隠れているものが、中にあるものと同じように私たちの幸福と健康に欠かせないのだと思うようになった。

庭づくりは私たちに、これまで想像もしなかったことを教えてくれた。何よりもまず、庭は本当の意味で完成することがないということ。土は、求めるものを引き出そうと思ったら、長期にわたる世話と肥料を必要とすること。私たちの場合、庭の土に生命を、ゼロから回復させなければならなかった。それは重労働で、思いどおりにならないこともときどきあったが、退屈することはほとんどなかった。自然と踊るダンスというものはいつもそうだ。わが家の庭で私たちは、もしかしたらあるかもしれない世界の縮図を見るようになった——土に栄養を与えれば、土が私たちを養い続ける世界。身体だけでなく心と精神も。

こうしたことが最初のうちはわからなかった。何しろ私たちは、自然に対する考え方を組み直さないまま、庭の改修に取りかかったのだ。しかし庭を支える土を再生させる過程で、生命と健康の根本は微生物であることがわかった。地球の物語をこのように読み直すことで、自然と自分との関係が定義され直し、よみがえった――そして、どうすれば土地を回復させ、自分を癒せるかがわかったのだ。

そのあいだに、私たちは斜に構えた環境悲観論者から、慎重な環境楽観主義者へと変わった。そのためにはカルト宗教に入信することも、自分探しの旅で世界中を巡ることも必要なかった。私たちは裏口から外に出て、まわりの、足元の、自分の中の不思議を発掘したのだ。新しい生命が少しずつ、そして季節ごとに私たちの目を捉えた。そして心の目を使うと、さらに遠く、現代科学が太古の現実と出会う目に見えない境界までが見えた。

多くの人は自然を、肉眼で見えるほど大きな植物や動物のことだと思っている。私たちもまだこの傾向を手放していない。木を見るとき、私たちは天に伸びる枝、青空をバックにした葉の色や形を見る。しかし心の目ではもっと多くの、以前は隠されていたものを見ている。私たちは一人ひとり独特の存在であっても、孤独であったことはない。私たちの足元深く、そして私たちの身体全体に、自然という大木の中の大木が生きた根を下ろしているのだ。自然は遠く人里離れた土地にあるのではない。それは想像以上に身近に、まさに私たちの中にあるのだ。

Unus pro omnibus, omnes pro uno

ひとりは皆のために、皆はひとりのために

謝辞

二人のどちらにとっても専門でない本を一緒に書くことに決めてから、何度となく、自分たちは何を考えているのかと自問した。私たちは主人公である土壌と一緒に歩き出し、面白そうな角を曲がって、気がつくと微生物の世界にどっぷり浸っていた。人間と、わかっているかぎりでもっとも小さな生命体との密接な関係が、少しずつ明らかになっていく様子に、私たちはすっかり夢中になった。

私たちが挫折することなくこのテーマで本を書くことができたのは、多くの人たちの助力のおかげであり、すばらしい仲間がいたことは大変な幸運であったと感じている。取りかかるにあたり、私たちのエージェント、エリザベス・ウェールズといくつもの出版企画を徹底的に検討した。分かれ道に来るたびに、彼女は私たちが言おうとすることにより近いほうへ導き、話の筋を見つけるのを助けてくれ、相談相手、支援者、ひらめきの源と、一人何役もこなした。その励ましと私たちへの信頼、そして本書の根本的な目的は、執筆中の節目節目で私たちを支えた。

私たちを担当したW・W・ノートンの優秀な編集者、マリア・ガーナシェリは、示唆に富む質問で私たちの考えていたことをストーリーに作りかえ、本書の質を大幅に高めてくれた。マリアのアシスタント、ソフィー・デュベルノワは、一緒に仕事をして楽しく、間に合うにしろ間に合わないにしろ、私たちが締め切りへと動き続けるようにする能力に長けていた。素晴らしい原稿整理をしてくれたフレッド・ウィーマーに感謝する。

私たちが手に余る考えと格闘して、「二人」の語り口に統一しながら、それぞれの語り口を残した首尾一貫した流れにするのを、ガール・フライデー・プロダクションズのイングリッド・エメリックは助けてくれた。物書きなら誰でも知っているように、語り口は読者の経験に決定的な意味を持つもので、それをイングリッドは私たちにしっかりと指導してくれた。百聞は一見に如かずというが、ケイト・スウィーニーは、私たちの大ざっぱな思いつきと草案を見事なイラストにした。この本は元々書くつもりでいたものとまったく違うが、デイビッド・ミラー（現在はアイランド・プレス勤務）は庭を使ってどう話を進めるか、私たちのはじめの思いつきをまとめるのに協力してくれた。その洞察と助言は有益で、共著の書き方を検討し、歴史と科学と体験記を一つにまとめる訓練をするのに役立った。

マイクロバイオーム研究にかかわる分野の数と多様さに、今でも私たちは驚いている。本書の何章かを、あるいは要旨を、あるいは短い抜粋をさまざまな分野の専門家に見てもらった。その的確な訂正、批評、解説のおかげで私たちの思考は明確になり、文章は整理された。

特に、微生物にかかわるすべてについて、経験に裏打ちされた視点と知識を惜しみなく伝えてくれたモゼリオ・シェクターに深く感謝する。免疫学者チーム——クリスティン・アンダーソン、ウィリアム・クラーク、エリザベス・グレイ、エイミー・ストーン——は、ヒト免疫系の魅力的で複雑な世界を私たちが解読・理解する上で大いに助けになった。リサ・ハノンは言うまでもなく、植物および根圏生物学という信じがたい世界の本質について、私たちの知識を広げてくれた。ダグ・ファウラーは重要なゲノム細部の理解を導いてくれた。ロジャー・ビュイックは生命初期の歴史に関する重要なことを気づかせてくれた。ハウイ・フルムキンに紹介の労を取ってもらったウェズ・ファン・フォールヒスのおかげで、感染症についていくつかの要点をはっきりさせることができた。言うまでもないことだが、本書に見られるいかなる間違いも、その責はすべて著者のみにある。

私たちが何者でどこから来たのかを理解する道は、発見と対話にある。とてもここには挙げきれないが、現代と過去とを問わず、多くの科学者、研究者、作家に頼ることなくして、本書は存在しなかっただろう。こうした先達の業績に支えられていることを私たちは感謝している。

本書の抜粋、章ごと、あるいは全体の草稿を多くの友人たちに読んでもらい、コメントをもらった。作家なら誰もが知るように、テーマ、登場人物、物語について語る機会があれば、それは大いに役に立つ。とりわけ、アンの創作グループ仲間であるエリザベス・ファウラーとジャック・ヒロブスキーは、草稿を（時にはくり返しくり返し！）読んでくれた。その思いつき、批評、編集、激励は、話がどこで停滞しどこで高揚するかを知るのに役立った。昔からの友人であり、学際的な著述家で、優れた思想家であるアン・ソープは、本書の進展を見守り、その過程で、複雑な概念をどのようにしてページに織り込むかの貴重な提案を何度も与えてくれた。ポリー・フリーマン、サラ・オジェ、ケイティ・バンダープールは、題名と表紙の案について、真の友にしかできない率直で洞察に満ちた検討をしてくれた。

私たちには共通のすばらしい読書仲間がおり、彼らもこの本の一部を担っている。アンのフード・ブッククラブからは、あらゆる食べ物への関心と見解を聞かせてもらった。特にジューン・ジョー・リーとクララ・レベスクには現在アメリカで手に入る食べ物の選択について草稿を読んでもらった。友情と意見の源泉、アンのベーカーストリート・ブッククラブは、タイトル案についてなんども議論を重ね、表紙を論評し、本書完成までアンの無断欠席を受け入れてくれた。二人が所属するグリーン・ブッククラブには、草稿を読むという仕事を引き受けてもらった。偉大な思索家であり実践家でもある彼らのコメントと議論は、本書の意義を高め、私たちの知識も高め続けている。作家仲間のゲイル・ボイヤー・

ヘイズは特に、非常に役に立つ詳細なコメントをくれた。

ワシントン大学地球宇宙科学科のデイブの同僚と学生たちからは、本書への支援と期待を受けている。彼らはまた、本書執筆と調査が大詰めに入ったときに何度か、ジョンソン・ホール三階のエレベーターホールにあるテーブルをアンが占領し、書類、ポストイット、書籍、ティーカップでいっぱいにするのを快く許してくれた。特にブライアン・コリンズは、自覚はないかもしれないが非常に協力的だった。原稿執筆の最後の数週間、一語も読まずに「これはすごい本だ!」と毎日励ましてくれたことで、意気消沈した著者たちは元気づけられたものだ。メイン州バーノン山にあるウッズエンド研究所のウィル・ブリントンは、異なる肥料で栽培したトマトの根の数値の改訂版を、快く使わせてくれた。

本書は一般読者を想定したものなので、私たちは学術論文のような引用のしかたと長々しい脚註を省き、代わりに各章ごとの引用文献リストを巻末にまとめた。本書で探究した題材は、一冊の本に収まりきらないほど豊かであり、そのため関心のある読者には、さらに探究を続けることを勧める。ただし注意——私たちのように読者も、自分が本当は何者なのか、自分の身体がどうはたらいているのか、肥沃な土壌の根本に本当は何があるのかといったややこしい疑問にたちまち巻きこまれてしまうかもしれない。

私たちは今も、自分の庭と自分自身の健康の変化に、深く驚嘆している。その変化が現れたのは、隠れた自然の半分に気づき、関心を払い、それと共に働くようになってからだ。だから最後に、私たちの体内で、足元で、ひっそりと物事を動かしている、何兆という隠れた物言わぬパートナーたちに感謝の言葉を述べたい。

訳者あとがき

本書の原題 *The Hidden Half of Nature* は「隠された自然の半分」という意味だ。それが示すとおり本書は、肉眼で見えないため長いあいだ私たちの前から隠されていた、そして今も全貌が明らかにはなっていない微生物の世界を扱っている。

昨今、腸内フローラという言葉がちょっとした流行語となっている。腸内細菌の重要性は以前から言われてきたが、さらに一歩進んで、細菌の多様性やバランスが注目されるようになったということだろう。腸、特に大腸の内部は、人間にとってもっとも身近な環境といえる。そこでは数多くの微生物が生態系を築き、人体と共生して、食物を分解し人間に必要な栄養素や化学物質を作り、病原体から守っている。それと同じことが、土壌環境でも起きている。腸では内側が環境だったが、根では裏返って外部が環境となる。そこに棲息する微生物は植物の根と共生して、病原体を撃退したり栄養分を吸収できる形に変えたりしている。さらに、微生物は細胞内でも動植物と共生していることがわかっている。太古の海で、あるとき捕食され他の微生物に取り込まれた微生物細胞が、生き延びて捕食者と共生関係を築くという常識を超えた事態が起きた。ここからやがて複雑な多細胞生物への進化が始まったのだ。

そうした微生物観は、決して古いものではない。コッホやパスツールらによる病原体の発見以来、長い間微生物は主に、撲滅すべき病気の原因とされてきたし、この見方は今も根強く残っている。病原体としての微生物という考え（細菌論）にもとづいてさまざまなワクチンや抗生物質が作られ、おかげで多くの人の命が救われたこともたしかだ。しかし抗生物質の乱用は薬剤耐性菌を生み、また体内の微生物相を改変して免疫系を乱して、慢性疾患の原因になっている。

同じことは土壌でも起きている。人類は有機物と土壌の肥沃度の関係に直感的に気づき、農地に堆肥や作物残滓などを与えてきた。科学者が、有機物に含まれる栄養分は植物の成長に寄与していないことを発見すると、化学肥料がそれにとって代わった。当初、化学肥料の使用で爆発的に収穫が増大したが、やがて収量は低下し、病気や害虫に悩まされるようになった。実は、土壌中の有機物は植物そのものではなく土壌生物の栄養となり、こうした生物が栄養の取り込みを助けて、病虫害を予防していたのだ。

このような進化史、科学史の流れから、微生物と動植物との共生関係、免疫との関わりについての新しい知見までの概観が本書一冊に凝縮されている。

著者のデイビッド・R・モントゴメリーとアン・ビクレー夫妻はそれぞれ地質学者と環境計画を専門とする生物学者で、土と環境のエキスパートではあるが、微生物学者や医師ではない。二人が微生物に関心を持つきっかけとなったのは、彼らの個人的な体験だった。そのいきさつは本文中に、臨場感あふれる筆致で描かれている。著者は新居の庭が植物の栽培に適さないことに気づき、土壌改良のために有機物を大量に投入する。それが予想以上の成果を収めたころ、アンががんと診断され、自身の健康と食生活に向き合うことになる。

この二つの経験を通じて、自分の身体と庭というもっとも身近な環境から微生物を捉え直し、実体験を医学、薬学、栄養学、農学など多分野の知見と融合させ、魅力的な物語に仕上げたのが本書だ。この本を読み終えたとき、私たちの健康や生活が隠された自然の半分なしには一日として成り立たないことが、改めて認識されるだろう。著者も言うように、それは私たちの一部であり、また私たちがその一部でもあるからだ。

【ナ行】

【ハ行】

【タ行】

【カ行】

索引

Stefka, A. T., et al., 2014, Commensal bacteria protect against food allergen sensitizatio
Proceedings of the National Academy of Sciences, v. 111, p. 12,145–13,150.

Suez, J., et al., 2014, Artificial sweeteners induce glucose intolerance by altering the gu
microbiota, Nature, v. 514, p. 181–186.

Velasquez–Manoff, M., 2012, *An Epidemic of Absence: A New Way of Understandin
Allergies and Autoimmune Diseases*, Scribner, New York, 385 p.（ベラスケス＝マノフ
モイゼス『寄生虫なき病』）

West, C. E., Jenmalm, M. C., and Prescott, S. L., 2015, *Clinical & Experimental Allergy*, v. 4
p. 43–53.

Xuan, C., et al., 2014, Microbial dysbiosis is associated with human breast cancer, *PLo
ONE*, v. 9: e83744, doi:10.1371/journal.pone.0083744.

decomposition in the soil: III. The influence of nature of plant upon the rapidity of its decomposition, *Soil Science*, v. 26, p. 155–171.

Velbaum, G. E., Sturz, A. V., Dong, Z. M., and Nowak, J., 2007, Managing soil microorganisms to improve productivity of agroecosystems, *Critical Reviews of Plant Science*, v. 23, p. 175–193.

Vhite, P. J., and Broadley, M. R., 2005, Historical variation in the mineral composition of edible horticultural products, *Journal of Horticultural Science and Biotechnology*, v. 80, p. 660–667.

Vhite, P. J., and Brown, P. H., 2010, Plant nutrition for sustainable development and global health, *Annals of Botany*, v. 105, p. 1073–1080.

'ang, J. W., et al., 2011, Whitefly infestation of pepper plants elicits defense responses against bacterial pathogens in leaves and roots and changes the below–ground micro-flora, *Journal of Ecology*, v. 99, p. 46–56.

'azdani, M., and Bahmanyar, M., 2009, Effect of phosphate solubilization microorganisms (PSM) and plant growth promoting rhizobacteria (PGPR) on yield and yield components of corn (*Zea mays* L.), *World Academy of Science, Engineering and Technology*, v. 49, p. 90–92.

第 14 章

3alfour Sartor, R., 2008, Microbial influences in inflammatory bowel diseases, *Gastroenterology*, v. 134, p. 577–594.

3laser, M. J., 2014, *Missing Microbes: How the Overuse of Antibiotics is Fueling our Modern Plagues*, Henry Holt and Company, New York, 273 p.（ブレイザー、マーティン・J『失われてゆく、我々の内なる細菌』）

3ravo, J. A., et al., 2012, Communication between gastrointestinal bacteria and the nervous system, *Current Opinion in Pharmacology*, v. 12, p. 667–672.

:ollins, S. M., Surette, M., and Bercik, P., 2012, The interplay between the intestinal microbiota and the brain, *Nature Reviews Microbiology*, v. 10, p. 735–742.

:ge, M. J., et al., 2011, Exposure to environmental microorganisms and childhood asthma, *The New England Journal of Medicine*, v. 364, p. 701–709.

Ianski, et al., 2012, Environmental biodiversity, human microbiota, and allergy are interrelated, *Proceedings of the National Academy of Sciences*, v. 109, p. 8334–8339.

Isiao, E., et al., 2012, Modeling an autism risk factor in mice leads to permanent immune dysregulation, *Proceedings of the National Academy of Sciences*, v. 109, p. 12,776–12,781.

Isiao, E., et al., 2013, Microbiota modulate behavioral and physiological abnormalities associated with neurodevelopmental disorders, *Cell*, v. 155, p. 1451–1463.

Koeth, R. A., et al., 2013, Intestinal microbiota metabolism of l–carnitine, a nutrient in red meat, promotes atherosclerosis, *Nature Medicine*, v. 19, p. 576–585.

.ee, Y. K., et al., 2011, Proinflammatory T–cell responses to gut microbiota promote experimental autoimmune encephalomyelitis, *Proceedings of the National Academy of Sciences*, v. 108, p. 4615–4622.

Aissaghi, B., 2014, Perturbation of the human microbiome as a contributor to inflammatory bowel disease, *Pathogens*, v. 3, p. 510–527.

)choa–Repáraz, J., et al., 2010, A polysaccharide from the human commensal *Bacteroides fragilis* protects against CNS demyelinating disease, *Mucosal Immunology*, v. 3, p. 487–495.

Sessitsch, A., and Mitter, B., 2014, 21st century agriculture: integration of plant microbiomes for improved crop production and food security, *Microbial Biotechnology*, doi:10.111/1751–7915.12180.

Shreiner, A. B., Kao, J. Y., and Young, V. B., 2015, The gut microbiome in health and in disease, *Current Opinion in Gastroenterology*, v. 31, p. 69–75.

29, p. 582–586.
Ramesh, R., Joshi, A., and Ghanekar, M. P., 2008, *Pseudomonads*: Major antagonist endophytic bacteria to suppress bacterial wilt pathogen, *Ralstonia solanacearum* in th eggplant (*Solanum memongena* L.), *World Journal of Microbiology & Biotechnology*, v. 2 p. 47–55.
Ramírez–Puebla–, S. T., et al., 2013, Gut and root microbiota commonalities, *Applied an Environmental Microbiology*, v. 79, p. 2–9.
Ray, J., Bagyaraj, D. J., and Manjunath, A., 1981, Influence of soil inoculation with versicul –arbuscular mycorrihza and a phosphate–dissolving bacterium on plant growth and ^{32} uptake, *Soil Biology and Biochemistry*, v. 13, p. 105–108.
Rodríguez, H., and Fraga, R., 1999, Phosphate solubilizing bacteria and their role in pla growth promotion, *Biotechnology Advances*, v. 17, p. 319–339.
Ryan, M. H., Derrick, J. W., and Dann, P. R., 2004, Grain mineral concentrations and yield wheat grown under organic and conventional management, *Journal of the Science of Foo and Agriculture*, v. 84, p. 207–216.
Ryan, P. R., Delhaize, E., and Jones, D. L., 2001, Function and mechanism of organic anic exudation from plant roots, *Annual Review of Plant Physiology and Plant Molecul Biology*, v. 52, p. 527–560.
Santi, C., Bogusz, D., and Franche C., 2013, Biological nitrogen fixation in non–legum plants, *Annals of Botany*, v. 111, p. 743–767.
Santos, V. B., et al., 2012, Soil microbial biomass and organic matter fractions durin transition from conventional to organic farming systems, *Geoderma*, v. 170, p. 227–231.
Schrödl, W., et al., 2014, Possible effects of glyphosate on *Mucorales* abundance in the rume of dairy cows in Germany, *Current Microbiology*, v. 69, p. 817–823.
Seghers, D., et al., 2004, Impact of agricultural practices on the *Zea mays* L. endophyt community, *Applied and Environmental Microbiology*, v. 70, p. 1,475–1,482.
Sharma, K. N., and Deb, D. L., 1988, Effect of organic manuring on zinc diffusion in soil varying texture, *Journal of the Indian Society of Soil Science*, v. 36, p. 219–224.
Shehata, A. A., et al., 2013, The effect of glyphosate on potential pathogens and benefici members of poultry microbiota in vitro, *Current Microbiology*, v. 66, p. 350–358.
Tarafdar, J. C., and Claassen, N., 1988, Organic phosphorus compounds as a phosphoru source for higher plants through the activity of phosphatases produced by plant roo and microorganisms, *Biology and Fertility of Soils*, v. 5, p. 308–312.
Thomas, D., 2003, A study on the mineral depletion of the foods available to us as a natio over the period 1940 to 1991, *Nutrition and Health*, v. 17, p. 85–115.
Thomas, D., 2007, The mineral depletion of foods available to us as a nation (1940–2002) A review of the 6th edition of McCance and Widdowson, *Nutrition and Health*, v. 19, p. 2 –55.
Toro, M., Azcón, R., and Barea, J. M., 1997, Improvement of arbuscular mycorrhiz development by inoculation of soil with phosphate–solubilizing rhizobacteria to improv rock phosphate bioavailability (^{32}P) and nutrient cycling, *Applied and Environment Microbiology*, v. 63, p. 4408–4412.
Tu, C., Ristaino, J. B., and Hu. S., 2006, Soil microbial biomass and activity in organic tomat farming systems: Effects of organic inputs and straw mulching, *Soil Biology Biochemistry*, v. 38, p. 247–255.
Tu, C., et al., 2006, Responses of soil microbial biomass and N availability to transitio strategies from conventional to organic farming systems, *Agriculture, Ecosystems an Environment*, v. 113, p. 206–215.
USDA, 2011, *Composition of Foods: Raw, Processes, Prepared*, USDA National Nutrie Database for Standard Reference, Release 24.
Vessey, J. K., 2003, Plant growth promoting rhizobacteria as biofertilizers, *Plant and Soil*, 255, p. 571–586.
Waksman, S. A., and Tenney, F. G., 1928, Composition of natural organic materials and the

Howard, A., 1940 (1945), *An Agricultural Testament*, Oxford University Press, London, New York, and Toronto, 253p.（ハワード、アルバート『農業聖典』）

Jarrell, W. M., and Beverly, R. B., 1981, The dilution effect in plant nutrient studies, *Advances in Agronomy*, v. 34, p. 197–224.

Jones, D. L, Nguyen, C., and Finlay, R. D., 2009, Carbon flow in the rhizosphere: carbon trading at the soil–root interface, *Plant and Soil*, v. 321, p. 5–33.

Jones, D. L., et al., 2013, Nutrient stripping: the global disparity between food security and soil nutrient stocks, *Journal of Applied Ecology*, v. 50, p. 851–862.

Kaempffert, W., 1940, Science in the News, *New York Times*, June 30, 1940, p. 41.

Khan, M. S., Zaidi, A., and Wani, P. A., 2007, Role of phosphate–solubilizing microorganisms in sustainable agriculture – a review, *Agronomy and Sustainable Development*, v. 27, p. 29–43.

Khan, S. A., et al., 2007, The myth of nitrogen fertilization for soil carbon sequestration, *Journal of Environmental Quality*, v. 36, p. 1821–1832.

Kloepper, J. W., Lifshitz, K., Zoblotowicz, R. M., 1989, Free–living bacterial inocula for enhancing crop productivity, *Trends in Biotechnology*, v. 7, p. 39–43.

Knekt, P., et al., 2002, Flavonoid intake and risk of chronic diseases, *American Journal of Clinical Nutrition*, v. 76, p. 560–568.

Krüger, M., Shehata, A. A., Schrödl, W., and Rodloff, A., 2013, Glyphosate suppresses the antagonistic effect of *Enterococcus* spp. on *Clostridium botulinum*, *Anaerobe*, v. 20, p. 74–78.

Kucey, R. M. N., Janzen, H. H., and Leggett, M. E., 1989, Microbially mediated increases in plant–available phosphorus, *Advances in Agronomy*, v. 42, p. 199–228.

Lasat, M. M., 2002, Phytoextraction of toxic metals: a review of biological mechanisms, *Journal of Environmental Quality*, v. 31, p. 109–120.

Lee, B., Lee, S., and Ryu, C. M., 2012, Foliar aphid feeding recruits rhizosphere bacteria and primes plant immunity against pathogenic and non–pathogenic bacteria in pepper, *Annals of Botany*, v. 110, p. 281–290.

López–Guerrero, M. G., et al., 2013, Buffet hypothesis for microbial nutrition at the rhizosphere, *Frontiers in Plant Science*, v. 4, p. 1–4.

Marschner, H., and Dell, B., 1994, Nutrient uptake in mycorrhizal symbiosis, *Plant and Soil*, v. 159, p. 89–102.

Mayer, A. M., 1997, Historical changes in the mineral content of fruits and vegetables, *British Food Journal*, v. 99, p. 207–211.

Mendes, R., et al., 2011, Deciphering the rhizosphere microbiome for disease–suppressive bacteria, *Science*, v. 332, p. 1097–1100.

Miller, D. D., and Welch, R. M., 2013, Food system strategies for preventing micronutrient malnutrition, *Food Policy*, v. 42, p. 115–128.

Mulvaney, R. L., Khan, S. A., and Ellsworth, T. R., 2009, Synthetic nitrogen fertilizers deplete soil nitrogen: A global dilemma for sustainable cereal production, *Journal of Environmental Quality*, v. 38, p. 2295–2314.

Neumann, G., et al., 2006, Relevance of glyphosate transfer to non–target plants via the rhizosphere, *Journal of Plant Diseases and Protection*, v. 20, p. 963–969.

Pachikian, B. D., et al., 2010, Changes in intestinal bifidobacteria levels are associated with the inflammatory response in magnesium–deficient mice, *Journal of Nutrition*, v. 140, p. 590–514.

Peters, R. D., Sturz, A. V., Carter, M. R., and Sanderson, J. B., 2003, Developing disease–suppressive soils through crop rotation and tillage management practices, *Soil & Tillage Research*, v. 72, p. 181–192.

Raaijmakers, J. M., et al., 2009, The rhizosphere: a playground and battlefield for soilborne pathogens and beneficial microorganisms, *Plant and Soil*, v. 321, p. 341–361.

Raghu, K., and MacRae, I. C., 1966, Occurrence of phosphate–dissolving microorganisms in the rhizosphere of rice plants and in submerged soils, *Journal of Applied Bacteriology*, v.

Balfour, E. B., 1943, *The Living Soil: Evidence of the Importance to Human Health of Soi Vitality, with Special Reference to National Planning*, Faber & Faber, London, 246 p.

Beauregard, P. B., et al., 2013, *Bacillus subtilis* biofilm induction by plant polysaccharides *Proceedings of the National Academy of Sciences*, v. 110, p. E1621–E1630.

Belimov, A. A., Kojemiakov, A. P., and Chuvarliyeva, C. V., 1995, Interaction between barle and mixed cultures of nitrogen fixing and phosphate–solubilizing bacteria, *Plant an Soil*, v. 173, p. 29–37.

Berendsen, R. L., Pieterse, C. M. J., and Bakker, P. A. H. M., 2012, The rhizospher microbiome and plant health, *Trends in Plant Science*, v. 17, p. 478–486.

Birkhofer, K., et al., 2008, Long–term organic farming fosters below and aboveground biota Implications for soil quality, biological control and productivity, *Soil Biology & Biochemistry*, v. 40, p. 2297–2308.

Bloemberg, G. V., and Lugtenberg, B. J. J., 2001, Molecular basis of plant growth promotio and biocontrol by rhizobacteria, *Current Opinion in Plant Biology*, v. 4, p. 343–350.

Bøhn, T., et al., 2014, Compositional differences in soybeans on the market: Glyphosat accumulates in Roundup Ready GM soybeans, *Food Chemistry*, v. 153, p. 207–215.

Cordell, D., Rosemarin, A., Schröder, J.J., and Smit, A.L., 2011, Towards global phosphoru security: A systems framework for phosphorus recovery and reuse options, *Chemospher* v. 84, p. 747–758.

Cushnie, T. P. T., and Lamb, A. J., 2005, Antimicrobial activity of flavonoids, *Internationa Journal of Antimicrobial Agents*, v. 26, p. 343–356.

Daldy, Y., 1940, Food production without artificial fertilizers, *Nature*, v. 145, p. 905–906.

Davis, D. R., 2009, Declining fruit and vegetable nutrient composition: What is the evidence?, *HortScience*, v. 44, p. 15–19.

Davis, D., Epp, M., and Riordan H., 2004, Changes in USDA food composition data for 4 garden crops, 1950–1999, *Journal of the American College of Nutrition*, v. 23, p. 669–682

Dennis, P. G., Miller, A. J., and Hirsch, P. R., 2010, Are root exudates more important tha other sources of rhizodeposits in structuring rhizosphere bacterial communities?, *FEM Microbiology Ecology*, v. 72, p. 313–327.

Farrar, J., Hawes, M., Jones, D., and Lindow, S., 2003, How roots control the flux of carbon t the rhizosphere, *Ecology*, v. 84, p. 827–837.

Gaiero, J. R., et al., 2013, Inside the root microbiome: Bacterial root endophytes and plar growth promotion, *American Journal of Botany*, v. 100, p. 1,738–1,750.

Garbaye, J., 1994, Helper bacteria: a new dimension to the mycorrhizal symbiosis, *Ne Phytologist*, v. 128, p. 197–210.

Garvin, D. F., Welch, R. M., and Finley, J. W., 2006, Historical shifts in the seed miner micronutrient concentration of US hard red winter wheat germplasm, *Journal of th Science of Food and Agriculture*, v. 86, p. 2213–2220.

Glick, B. R., 1995, The enhancement of plant growth by free–living bacteria, *Canadia Journal of Microbiology*, v. 41, p. 109–117.

Goldstein, A. H., Rogers, R. D., and Mead, G., 1993, Mining by microbe, *BioTechnology*, v. 1 p. 1250–1254.

Hameeda, B., et al., 2008, Growth promotion of maize by phosphate solubilizing bacteri isolated from composts and macrofauna, *Microbiologial Research*, v. 163, p. 234–242.

Herr, I., and Büchler, M. W., 2010, Dietary constituents of broccoli and other cruciferou vegetables: Implications for prevention and therapy of cancer, *Cancer Treatmen Reviews*, v. 36, p. 377–383.

Hoitink, H., and Boehm, M., 1999, Biocontrol within the context of soil microbial communities: a substrate–dependent phenomenon, *Annual Review of Phytopathology*, v. 37, 427–446.

Hong, H. A., et al., 2009, *Bacillus subtilis* isolated from the human gastrointestinal trac *Research in Microbiology*, v. 160. P. 134–143.

Howard, A., 1939, Medical "testament" on nutrition, *British Medical Journal*, v. 1, p 1106.

Sears, C. L., and Garrett, W. S., 2014, Microbes, microbiota, and colon cancer, *Cell Host & Microbe*, v. 17, p. 317–328.

Shankar, V., et al., Species and genus level resolution analysis of gut microbiota in *Clostridium difficile* patients following fecal microbiota transplantation, *Microbiome*, v. 2:13.

Smith, M. B., Kelly, C., and Alm, E. J., 2014, How to regulate faecal transplants, *Nature*, v. 506, p. 290–291.

Song, Y., et al., 2013, Microbiota dynamics in patients treated with fecal microbiota transplantation for recurrent *Clostridium difficile* infection, *PLoS One*, v. 8: e81330, doi: 10.1371/journal.pone.0081330.

Surawicz, C. M., and Alexander, J., 2011, Treatment of refractory and recurrent *Clostridium difficile* infection, *Nature Reviews Gastroenterology*, v. 8, p. 330–339.

Talbot, H. K., et al., 2011, Effectiveness of season vaccine in preventing confirmed influenza –associated hospitalizations in community dwelling older adults, *Journal of Infectious Disease*, v. 203, p. 500–508.

van Nood, E., et al., 2013, Duodenal infusion of donor feces for recurrent *Clostridium difficile*, *The New England Journal of Medicine*, v. 368, p. 407–415.

Vipperla, K., and O'Keefe, S. J., 2012, The microbiota and its metabolites in colonic mucosal health and cancer risk, *Nutrition in Clinical Practice*, v. 27, p. 624–635.

Wang, J., et al., 2015, Modulation of gut microbiota during probiotic–mediated attenuation of metabolic syndrome in high fat diet–fed mice, *The ISME Journal*, v. 9, p. 1–15.

Wilson, M., 2008, *Bacteriology of Humans: An Ecological Perspective*, Blackwell Publishing, Malden MA, USA, Oxford UK , Victoria, Australia, 351 p.

第 13 章

Ackermann, W., et al., 2014, The influence of glyphosate on the microbiota and production of botulinum neurotoxin during ruminal fermentation, *Current Microbiology*, doi:10.1007/s00284–014–0732–3.

Adesemoye, A. O., Torbert, H. A., and Kloepper, J. W., 2009, Plant growth–promoting rhizobacteria allow reduced application rates of chemical fertilizers, *Microbial Ecology*, v. 58, p. 921–929.

Ahemad, M., and Khan, M. S., 2011, Toxicological effects of selective herbicides on plant growth promoting activities of phosphate solubilizing *Klebsiella* sp. strain PS19, *Current Microbiology*, v. 62, p. 532–538.

Albrecht, W. A., 1938, Loss of soil organic matter and its restoration, in *Soils and Men*, Yearbook of Agriculture, U.S. Department of Agriculture, U.S. Government Printing Office, Washington, D.C., pp. 347–360.

Albrecht, W. A., 1939, Variable levels of biological activity in Sanborn Field after fifty years of treatment, *Soil Science Society of America Proceedings*, v. 3, p. 77–82.

Albrecht, W. A., 1947, Our teeth and our soil, *Annals of Dentistry*, v. 8, no. 4 (December), p. 199–213.

Alloway, B. J., editor, 2008, *Micronutrient Deficiencies in Global Crop Production*, Springer, Heidelberg, 353 p.

Baig, K., et al., 2012, Comparative effectiveness of *Bacillus* spp. possessing either dual or single growth–promoting traits for improving phosphorus uptake, growth and yield of wheat (*Triticum aestivum* L.), *Annals of Microbiology*, v. 62, p. 1109–1119.

Bais, H. P., et al., 2005, Mediation of pathogen resistance by exudation of antimicrobials from roots, *Nature*, v. 434, p. 217–221.

Balemi, T., and Negisho, K., 2012, Management of soil phosphorus and plant adaptation mechanisms to phosphorus stress for sustainable crop production: a review, *Journal of Soil Science and Plant Nutrition*, v. 12, p. 547–561.

hydrates and the epidemic of type 2 diabetes in the United States: an ecologic assess ment, *American Journal of Clinical Nutrition*, v. 79, p. 774–779.

Hill, C., and Sanders, M. E., 2013, Rethinking "probiotics", *Gut Microbes* v. 4, p. 269–270.

Hume, M.E., 2011, Historic perspective: Prebiotics, probiotics, and other alternatives t antibiotics, *Poultry Science*, v. 90, p. 2663–2669.

Kassam, Z., Lee, C. H., Yuan, Y., and Hunt, R. H., 2013, Fecal microbiota transplantation fo *Clostridium difficile* infection: Systematic review and meta-analysis, *The America Journal of Gastorenterology*, v. 108, p. 500–508.

Kelly, C. P., 2013, Fecal microbiota transplantation — An old therapy comes of age, *The Ne England Journal of Medicine*, v. 368, p. 474–475.

Khoruts, A., Dicksved, J., Jansson, J. K., and Sadowsky, M. H., 2010, Changes in th composition of the human fecal microbiome after bacteriotherapy for recurrei *Clostridium difficile*-associated diarrhea, *Journal of Clinical Gastroenterology*, v. 44, 354–360.

Korecka, A., and Arulampalam, V., 2012, The gut microbiome: scourge, sentinel, c spectator?, *Journal of Oral Microbiology*, v. 4: 9367, doi: 10.3402/jom.v4i0.9367.

Kumar, V., et al., 2012, Dietary roles of non-starch polysachharides in human nutrition: review, *Critical Reviews in Food Science and Nutrition*, v. 52, p. 899–935.

Lemon, K. P., Armitage, G. C., Relman, D. A., and Fischbach, M. A., 2012, Microbiota targeted therapies: an ecological perspective, *Science Translational Medicine*, v. 137rv5.

Ling, Z., et al., 2013, The restoration of the vaginal microbiota after treatment for bacteri vaginosis with metronidazole or probiotics, *Microbial Ecology*, v. 65, p. 773–780.

Macfarlane, G. T., and Macfarlane, S., 2011, Fermentation in the human large intestine: i physiologic consequences and the potential contribution of prebiotics, *Journal of Clinic Gastroenterology*, v. 45, p. S120–S127.

MacPhee, R. A., et al., 2010, Probiotic strategies for the treatment and prevention bacterial vaginosis, *Expert Opinion on Pharmacotherapy*, v. 11, p. 2985–2995.

Mastromarino, P., Vitali, B., and Mosca, L., 2013, Bacterial vaginosis: a review on clinic trials with probiotics, *New Microbiologica*, v. 36, p. 229–238.

Mirmonsef, P., et al., 2014, Free glycogen in vaginal fluids is associated with Lactobacillu colonization and low vaginal pH, *PLoS One*, v. 9, e102467.

O'Keefe, S. J., et al., 2009, Products of the colonic microbiota mediate the effects of diet c colon cancer risk, *Journal of Nutrition*, v. 139, p. 2044–2048.

Petrof, E. O., et al., 2013, Stool substitute transplant therapy for the eradiation c *Clostridium difficile* infection: 'RePOOPulating' the gut, *Microbiome*, v. 1:3.

Reid, G., et al., 2003, Oral use of *Lactobacillus rhamnosus* GR-1 and *L. fermentum* RC- significantly alters vaginal flora: randomized, placebo-controlled trial in 64 health women, *FEMS Immunology and Medical Microbiology*, v. 35, p.131–134.

Reid, G., Jass, J., Sebulsky, M. T., and McCormick, J. K., 2003, Potential uses of probiotics clinical practice, *Clinical Microbiology Reviews*, v. 16, p. 658–672.

Ritchie, M. L., and Romanuk, T. N., 2012, A Meta-analysis of probiotic efficacy fo gastrointestinal diseases, *PloS ONE*, v. 7, e34938.

Roberfroid, M., 2007, Prebiotics: the concept revisited, *Journal of Nutrition*, v. 137, p., 830S 837S.

Roberfroid, M., et al., 2010, Prebiotic Effects: metabolic and health benefits, *British Journ of Nutrition*, v. 104, supplement 2, p. S1–S63.

Rohlke, F., Surawicz, C. M., and Stollman, N., 2010, Fecal flora reconstitution for recurre *Clostridium difficile* infection: Results and methodology, *Journal of Clinical Ga troenterology*, v. 44, p. 567–570.

Russell, W. R., et al., 2011, High-protein, reduced-carbohydrate weight-loss diets promo metabolite profiles likely to be detrimental to colonic health, *American Journal Clinical Nutrition*, v. 5, p. 1062–1072.

chronic inflammation underlying metabolic syndrome, *FEMS Microbiology Ecology*, v. 87, p. 357-367.

hang, C., et al., 2012, Structural resilience of the gut microbiota in adult mice under high-fat dietary perturbations, *The ISME Journal*, v. 6, p. 1848-1857.

hang, C., et al., 2010, Interactions between gut microbiota, host genetics, and diet relevant to development of metabolic syndromes in mice, *The ISME Journal*, v. 4, p. 232-241.

hao, L., 2013, The gut microbiota and obesity: from correlation to causality, *Nature*, v. 11, p. 639-647.

oetendal, E. G., et al., 2012, The human small intestinal microbiota is driven by rapid uptake and conversion of simple carbohydrates, *The ISME Journal*, v. 6, p. 1415-1426.

第 12 章

nukam, K. C., et al., 2006, Augmentation of antimicrobial metronidazole therapy of bacterial vaginosis with oral *Lactobacillus rhamnosus* GR-1 and *Lactobacillus reuteri* RC-14: randomized, double-blind, placebo controlled trial, *Microbes and Infection*, v. 8, p. 1450-1454.

nukam, K. C., et al., 2006, Clinical study comparing *Lactobacillus* GR-1 and RC-14 with metronidazole vaginal gel to treat symptomatic bacterial vaginosis, *Microbes and Infection*, v. 8, p. 2772-2776.

tassi, F. and Servin, A.L., 2010, Individual and co-operative roles of lactic acid and hydrogen peroxide in the killing activity of enteric strain Lactobacillus johnsonii NCC933 and vaginal strain Lactobacillus gasseri KS120.1 against enteric, uropathogenic and vaginosis-associated pathogens, *FEMS Microbiology Letters*, v. 304, p. 29-38.

arrett, J. S., 2013, Extending our knowledge of fermentable, short-chain carbohydrates for managing gastrointestinal symptoms, *Nutrition in Clinical Practice* v. 28, p. 300-306.

arrons, R., and Tassone, D., 2008, Use of *Lactobacillus* probiotics for bacterial genitourinary infections in women: a review, *Clinical Therapeutics*, v. 30, p. 453-468.

ermudez-Brito, M., et al., 2012, Probiotic mechanisms of action, *Annals of Nutrition and Metabolism*, v. 61, p. 160-174.

randt, L. J., and Aroniadis, O. C., 2013, An overview of fecal microbiota transplantation: techniques, indications, and outcomes, *Gastrointestinal Endoscopy*, v. 78, p. 240-249.

ernstein, A. M., et al., 2013, Major cereal grain fibers and psyllium in relation to cardiovascular health, *Nutrients*, v. 5, p. 1471-1487.

lemens, R., et al., 2012, Filling America's fiber intake gap: Summary of a roundtable to probe realistic solutions with a focus on grain-based foods, *The Journal of Nutrition*, v. 142, p. 1390S-1401S

avid, L.A., et al., 2014, Diet rapidly and reproducibly alters the human gut microbiome, *Nature*, v. 505, p. 559-563.

elzenne, N., Neyrinck, A. M., and Cani, P. D., 2013, Gut microbiota and metabolic disorders: how prebiotic can work?, *British Journal of Nutrition*, v. 109, p. S81-S85

elzenne, N., Neyrinck, A. M., Bäckhed, F., and Cani, P. D., 2011, Targeting gut microbiota in obesity: effects of prebiotics and probiotics, *Nature Reviews Endocrinology* v. 7, P. 639-646.

iseman, B., Silen, W., Bascom, G. S., et al., 1958, Fecal enema as an adjunct in the treatment of pseudomembranous enterocolitis, *Surgery*, v. 44, p. 854-859.

alagas, M. E., Betsi, G. I., and Athanasiou, S., 2007, Probiotics for the treatment of women with bacterial vaginosis, *Clinical Microbiology and Infection*, v. 13, p. 657-664.

ough, E., Shaikh, H., and Manges, A. R., 2011, Systematic review of intestinal microbiota transplantation (fecal bacteriotherapy) for recurrent *Clostridium difficile infection*, *Clinical Infectious Diseases*, v. 53, p. 994-1002.

ross, L. S., Li, L., Ford, E. S., and Lui, S., 2004, Increased consumption of refined carbo-

inflammatory response, *Advances in Nutrition*, v. 4, p.16–28.
Ley, R. E., et al., 2006, Microbial ecology: human gut microbes associated with obesit *Nature*, v. 444, p. 1022–1023.
Mackenbach, J. P., and Looman, C. W. N., 2013, Life expectancy and national income Europe, 1900–2008: an update of Preston's analysis, *International Journal of Epid miology*, v. 42, p. 1100–1110.
McLaughlin, T., et al., 2014, T–cell profile in adipose tissue is associated with insul resistance and systemic inflammation in humans, *Arteriosclerosis, Thrombosis, ar Vascular Biology*, v. 34, p. 2637–2643.
Metchnikoff, É., 1908, *The Prolongation of Life: Optimistic Studies*, translated by P. Mitchell, The Knickerbocker Press, G. P. Putnam's Sons, New York and London, 343 （メチニコフ、エリー『長寿の研究——楽観論者のエッセイ』平野威馬雄 訳　幸書 2006）
Metchnikoff, O., 1921, *Life of Elie Metchnikoff, 1845–1916*, Houghton Mifflin Compan Boston and New York, 297 p.（メチニコワ、オリガ『メチニコフの生涯（上・下）』 下義信 訳　岩波書店　1939）
Podolsky, S. H., 2012, The art of medicine: Metchnikoff and the microbiome, *The Lancet*, 380, p. 1810–1811.
Podolsky, S., 1998, Cultural divergence: Elie Metchnikoff's *Bacillus bulgaricus* therapy ar his underlying concept of health, *Bulletin of the History of Medicine*, v. 72, p. 1–27.
Ridaura, V. K., et al., 2013, Gut microbiota from twins discordant for obesity modula metabolism in mice, *Science*, v. 341, p. 1079: 1241214, DOI: 10.1126/science.1241214.
Ridlon, J. M., Kang, D. J., and Hylemon, P. B., 2006, Bile salt biotransformations by huma intestinal bacteria, *Journal of Lipid Research*, v. 47, p. 241–259.
Roy, C. C., Kien, C. L., Bouthillier, L., and Levy, E., 2006, Short–chain fatty acids: Ready fo prime time?, *Nutrition in Clinical Practice*, v. 21, p. 351–366.
Scheppach, W., et al., 1992, Effect of butyrate enemas on the colonic mucosa in dist ulcerative colitis, *Gastroenterology*, v. 103, p. 51–56.
Sekirov, I., Russell, S. L., Antunes, L. C. M., and Finlay, B. B., 2010, Gut microbiota in heal and disease, *Physiological Reviews*, v. 90, p. 859–904.
Singh, N., et al., 2014, Activation of Gpr109a, receptor for niacin and the commens metabolite butyrate, suppresses colonic inflammation and carcinogenesis, *Immunity*, 40, p. 128–139.
Smith P. M., et al., 2013, The microbial metabolites, short–chain fatty acids, regulate colon Treg cell homeostasis, *Science*, v. 341 p. 569–573.
Surmi, B. K., and Hasty, A. H., 2008, Macrophage infiltration into adipose tissue: initiatio propagation and remodeling, *Future Lipidology*, v. 3, p. 545–556.
Taubes, T., 2009, Prosperity's Plague, *Science*, v. 325, p. 256–260.
Tilg, H., and Kaser, A., 2011, Gut microbiome, obesity, and metabolic dysfunction, *Th Journal of Clinical Investigation*, v. 121, p. 2126–2132.
Tremaroli, V., and Bäckhed, F., 2012, Functional interactions between the gut microbio and host metabolism, *Nature*, v. 489, p. 242–249.
van Immerseel, F., et al., 2010, Butyric acid–producing anaerobic bacteria as a nove probiotic treatment approach for inflammatory bowel disease, *Journal of Medica Microbiology*, v. 59, p. 141–143.
Vrieze, A., et al., 2012, Transfer of intestinal microbiota from lean donors increases insuli sensitivity in individuals with metabolic syndrome, *Gastroenterology*, v. 143, p. 913–916.
Walker, A. W., and Parkhill, J. 2013, Fighting obesity with bacteria, *Science*, v. 341, p. 1069
Wellen, K. E., and Hotamisligil, G. S., 2005, Inflammation, stress, and diabetes, *Journal o Clinical Investigation*, v. 115, p. 1111–1119.
Wong, J. M., et al., 2006, Colonic health: fermentation and short chain fatty acids, *Journal o Clinical Gastroenterology*, v. 40, p. 235–243.
Xiao, S., et al., 2014, A gut microbiota–targeted dietary intervention for amelioration o

ickhed, F., Manchester, J. K., Semenkovich, C. F., Gordon, J. I., 2007, Mechanisms underlying the resistance to diet-induced obesity in germ-free mice, *Proceedings of the National Academy of Sciences*, v.104, p. 979-984.

rtola, A., et al., 2012, Identification of adipose tissue dendritic cells correlated with obesity-associated insulin-resistance and inducing Th17 responses in mice and patients, *Diabetes*, v. 61, p. 2238-2247.

ılcão, C., Ferreira, S. R. G., Giuffrid, F. M. A., and Ribeiro-Filho, F. F., 2006, The new adipose tissue and adipocytokines, *Current Diabetes Reviews*, v. 2, p. 19-28.

ni, P. D., 2012, Crosstalk between the gut microbiota and the endocannabinoid system: impact on the gut barrier function and the adipose tissue, *Clinical Microbiology and Infection*, v. 4, supplement 4, p. 50-53.

ni, P. D., et al., 2007, Metabolic endotoxemia initiates obesity and insulin resistance, *Diabetes*, v. 56, p. 1761-1772.

ni, P. D., et al., 2008, Changes in gut microbiota control metabolic endotoxemia-induced inflammation in high-fat diet-induced obesity and diabetes in mice, *Diabetes*, v. 57, p. 1470-1481.

ni, P. D., et al., 2007, Selective increases of bifidobacteria in gut microflora improve high-fat-diet-induced diabetes in mice through a mechanism associated with endotoxaemia, *Diabetologia* v. 50, p. 2374-2383.

n Besten, G., et al., 2013, The role of short-chain fatty acids in the interplay between diet, gut microbiota, and host energy metabolism, *Journal of Lipid Research*, v. 54, p. 2325-2340.

Sabatino, A., et al., 2005, Oral butyrate for mildly to moderately active Crohn's disease, *Alimentary Pharmacology & Therapeutics*, v. 22, p. 789-794.

uncan, S. H., et al., 2007, Reduced dietary intake of carbohydrates by obese subjects results in decreased concentrations of butyrate and butyrate-producing bacteria in feces, *Applied and Environmental Microbiology*, v. 73, p. 1073-1078.

uncan, S. H., Louis, P., and Flint, H. J., 2004, Lactate-utilizing bacteria, isolated from human feces, that produce butyrate as a major fermentation product, *Applied Environmental Microbiology*, v. 70, p. 5810-5817.

Kaoutari, et al., 2013, The abundance and variety of carbohydrate-active enzymes in the human gut microbiota, *Nature Reviews Microbiology*, v. 11, p. 497-504.

ei, N., and Zhao, L., 2013, An opportunistic pathogen isolated from the gut of an obese human causes obesity in germfree mice, *The ISME Journal*, v. 7, p. 880-884.

ıkuda, S., et al., 2011, Bifidobacteria can protect from enteropathogenic infection through production of acetate, *Nature*, v. 469, p. 543-547.

ırusawa, Y., et al., 2013, Commensal microbe-derived butyrate induces the differentiation of colonic regulatory T cells, *Nature* v. 504, p. 446-450.

ourko, H., Williamson, D. I., and Tauber, A. I., 2000, *The Evolutionary Biology Papers of Elie Metchnikoff*, Kluwer Academic Publishers, Dordrecht, Boston, and London, 221 p.

arig, J. M., Soergel, K. H., Komorowski, R. A., and Wood, C. M., 1989, Treatment of diversion colitis with short-chain-fatty acid irrigation, *New England Journal of Medicine*, v. 320, p. 23-28.

ullar, M. A. J., Burnett-Hartman, A. N., and Lampe, J. W., 2014, *Gut microbes, diet, and cancer*, in *Advances in Nutrition and Cancer*, edited by V. Zappia et al., Cancer Treatment and Research, v. 159, Springer Verlag, Berlin, Heidelberg, pp. 377-399.

vistendahl, M., 2012, My Microbiome and Me, *Science*, v. 336, p. 1248-1250.

au, A. L, et al., 2011, Human nutrition, the gut microbiome and the immune system, *Nature*, v. 474, p. 327-336.

uo, S.-M., 2013, The interplay between fiber and the intestinal microbiome in the

Hopkins, D. R., 1983, *Princes and Peasants: Smallpox in History*, University of Chicago Pres
Chicago, 380 p.

Rhodes, J., 2013, *The End of Plagues: The Global Battle Against Infectious Disease*, Palgra
Macmillian, New York, 235 p.

Riedel, S., 2005, Edward Jenner and the history of smallpox and vaccination, *Baylor Un
versity Medical Center Proceedings*, v. 18, p 21–25.

Stearns, R. P. 1950, Remarks upon the introduction of inoculation for smallpox in Englan
Bulletin of the History of Medicine, v. 24, p. 103–122.

Williams, G., 2010, *Angel of Death: The Story of Smallpox*, Palgrave Macmillan, New Yor
425 p.

第 10 章

Centers for Disease Control and Prevention (CDC), 2013, *Antibiotic Resistance Threats*
the United States, 2013, U. S. Department of Health and Human Services, 113 p.

Crawford, D. H., 2007, *Deadly Companions: How Microbes Shaped Our History*, Oxfo
University Press, Oxford, 250 p.

De Kruif, P., 1926, *Microbe Hunters*, Harcourt, Brace and Company, New York, 363 p.

Dixon, B., 1994, *Power Unseen: How Microbes Rule the World*, W. H. Freeman & Compan
New York, 237 p.（ディクソン、バーナード『ケネディを大統領にした微生物』）

Fleming, A., 1929, On the antibacterial action of cultures of a penicillium, with speci
reference to their use in isolation of *B. influenzae*, *British Journal of Experiment*
Pathology, v. 10, p. 226–236.

Hagar, T., 2006, *The Demon Under the Microscope: From Battlefield Hospitals to Nazi Lab*
One Doctor's Heroic Search for the World's First Miracle Drug, Harmony Books, Ne
York, 340 p.（ヘイガー、トーマス『サルファ剤、忘れられた奇跡——世界を変えた
チスの薬と医師ゲルハルト・ドーマクの物語』小林力 訳　中央公論新社　2013）

Hopwood, D. A., 2007, *Streptomyces in Nature and Medicine: The Antibiotic Makers*, Oxfor
University Press, Oxford, 250 p.

Jones, D. S., Podolsky, S. H., and Greene, J. A., 2012, The burden of disease and the changin
task of medicine, *The New England Journal of Medicine*, v. 366, p. 2333–2338.

Kean, S., 2010, *The Disappearing Spoon: And Other True Tales of Madness, Love, and th*
History of the World from the Periodic Table of the Elements, Little Brown and Compan
New York, 391 p.（キーン、サム『スプーンと元素周期表』松井信彦 訳　早川書房　2011

Lax, E., 2004, *The Mold in Dr. Florey's Coat: The Story of the Penicillin Miracle*, Henry Ho
and Company, New York, 307 p.

Ling, L. L., et al., 2015, A new antibiotic kills pathogens without detectable resistanc
Nature, doi:10.1038/nature14098.

McKenna, M., 2010, *Superbug: The Fatal Menace of MRSA*, Free Press, New York, 271 p.

Pringle, P., 2012, *Experiment Eleven: Dark Secrets Behind the Discovery of a Wonder Dru*
Walker & Company, New York, 278 p.

Rhodes, J., 2013, *The End of Plagues: The Global Battle Against Infectious Disease*, Palgrav
Macmillian, New York, 235 p.

Ullmann, A., 2007, Pasteur–Koch: Distinctive ways of thinking about infectious disease
Microbe, v. 2, p. 383–387.

Vallery–Radot, R., 1926, *The Life of Pasteur*, Doubleday, Page & Company, Garden City
New York, 484 p.

Williams, G., 2010, *Angel of Death: The Story of Smallpox*, Palgrave Macmillan, New York
425 p.

Zimmer, C., 2008, *Microcosm: E. coli and the New Science of Life*, Pantheon Books, New York
243 p.（ジンマー、カール『大腸菌　進化のカギを握るミクロな生命体』矢野真千子
訳　NHK 出版　2009）

domains, *Nature Reviews Microbiology*, v. 6., p. 789–792.
cFall–Ngai, M., et al., 2013, Animals in a bacterial world, a new imperative for the life sciences, *Proceedings of the National Academy of Sciences*, v. 110, p. 3229–3236.
edzhitov, R., 2007, Recognition of microorganisms and activation of the immune response, *Nature*, v. 449, p. 819–826.
cholson, J. K., et al., 2012, Host–gut microbiota metabolic interactions, *Science*, v. 336, p. 1262–1267.
wls, J. F., 2012, Gut microbial communities in health and disease, *Gut Microbes*, v. 3, p. 277–278.
ok, G. A. W., and Brunet, L. R., 2002, Give us this day our daily germs, *Biologist*, v. 49, p. 145–149.
und, J. L., O'Connell, R. M., and Mazmanian, S. K., 2010, Coodination of tolerogenic immune responses by the commensal microbiota, *Journal of Autoimmunity*, v. 34, p. J220–J225.
und, J. L., and Mazmanian, S. K., 2010, Inducible Foxp3^{+} regulatory T–cell development by a commensal bacterium of the intestinal microbiota, *Proceedings of the National Academy of Sciences*, v. 107, p. 12,204–12,209.
chs, J. S., 2007, *Good Germs, Bad Germs: Health and Survival in a Bacterial World*, Hill and Wang, New York, 290 p.
nith, H. F., et al., 2009, Comparative anatomy and phylogenetic distribution of the mammalian cecal appendix, *Journal of Evolutionary Biology*, v. 22, p. 1984–1999.
einman, R. M., and Cohn, Z. A., 1973, Identification of a novel cell type I peripheral lymphoid organs of mice. I. Morphology, quantification, tissue distribution, *Journal of Experimental Medicine*, v. 137, p. 1142–1162.
auber, A. I., 1994, *The Immune Self: Theory or Metaphor?*, Cambridge University Press, Cambridge, 345 p.
aylor, L. H., Latham, S. M., and Woolhouse, M. E. J., 2001, Risk factors for human disease emergence, *Philosophical Transactions of the Royal Society of London* B, v. 356, p. 983–989.
roy, E. B., and Kasper, D. L., 2010, Beneficial effects of *Bacteroides fragilis* polysaccharides on the immune system, *Frontiers in Bioscience*, v. 15, p. 25–34.
elasquez–Manoff, M., 2012, *An Epidemic of Absence: A New Way of Understanding Allergies and Autoimmune Diseases*, Scribner, New York, 385 p.（ベラスケス＝マノフ、モイセズ『寄生虫なき病』赤根洋子 訳　文藝春秋　2014）
u, H.–J., et al., 2010, Gut–residing segmented filamentous bacteria drive autoimmune arthritis via T helper 17 cells, *Immunity*, v. 32, p. 815–827.
in, Y., et al., 2013, Comparative analysis of the distribution of segmented filamentous bacteria in humans, mice and chickens, *The ISME Journal*, v. 7, p. 615–621.

第9章

lake, J. B., 1952, The Inoculation Controversy in Boston: 1721–1722, *The New England Quarterly*, v. 25, p. 489–506.
rawford, D. H., 2000, *The Invisible Enemy: A Natural History of Viruses*, Oxford University Press, Oxford, 275 p.（クローフォード、ドロシー・H『見えざる敵ウイルス——その自然誌』寺嶋英志 訳　2002）
rawford, D. H., 2007, *Deadly Companions: How Microbes Shaped Our History*, Oxford University Press, Oxford, 250 p.
ixon, B., 1994, *Power Unseen: How Microbes Rule the World*, W. H. Freeman & Company, New York, 237 p.（ディクソン、バーナード『ケネディを大統領にした微生物——微生物にまつわる75の物語』堀越弘毅、浜本哲郎、浜本牧子 訳　シュプリンガー・フェアラーク東京　1995）

Coley, W. B., 1893, The treatment of maglignant tumors by repeated inoculations erysipelas: With a report of ten original cases, *The American Journal of the Medic Sciences*, v. 105, p. 487–511.

Conly, J. M., and Stein, K., The production of menaquinones (vitamin K2) by intestin bacteria and their role in maintaining coagulation homeostasis, *Progress in Food Nutrition Science*, v. 16, p. 307–343.

Dunn, R. R., 2011, *The Wild Life of Our Bodies: Predators, Parasites, and Partners That Sha Who We Are Today*, HarperCollins, New York, 290 p.（ダン、ロブ『わたしたちの体 寄生虫を欲している』野中香方子 訳　飛鳥新社　2013）

Ericsson, A. C., Hagan, C. E., Davis, D, J., and Franklin, C. L., 2014, Segmented filamento bacteria: Commensal microbes with potential effects on research, *Comparative Medicir* v. 64, p. 90–98.

Gaboriau–Routhiau, V., et al., 2009, The key role of segmented filamentous bacteria in t coordinated maturation of gut helper T cell responses, *Immunity*, v. 31, p. 677–689.

Gilbert, S. R., Sapp, J., and Tauber, A. I., 2012, A symbiotic view of life: We have never bee individuals, *The Quarterly Review of Biology*, v. 87, p. 325–341.

Goodman, A. L., and Gordon, J. I., 2010, Our unindicated coconspirators: Human metabolis from a microbial perspective, *Cell Metabolism*, v. 12, p. 111–116.

Hold, G. L., 2014, Western lifestyle: a 'master' manipulator of the intestinal microbiota?, *Gu* v. 63, p. 5–6.

Ivanov, I. I., and Honda, K., 2012, Intestinal commensal microbes as immune modulator *Cell Host & Microbe*, v. 12, p. 496–508.

Ivanov, I., et al., 2009, Induction of intestinal Th17 cells by segmented filamentous bacteri *Cell*, v. 139, p. 485–498.

Jonsson, H., 2013, Segmented filamentous bacteria in human ileostomy samples after high fiber intake, *FEMS Microbiology Letters*, v. 342, p. 24–29.

Konkel, L., 2013, The environment within: Exploring the role of the gut microbiome i health and disease, *Environmental Health Perspectives*, v. 121, p. A276–A281.

Lathrop, S. K., et al., 2011, Peripheral education of the immune system by colonic cor mensal microbiota, *Nature*, v. 478, p. 250–254.

LeBlanc, J. G., et al., 2013, Bacteria as vitamin suppliers to their host: a gut microbio perspective, *Current Opinion in Biotechnology*, v. 24, p. 160–168.

Lee, S. M., et al., 2013, Bacterial colonization factors control specificity and stability of tl gut microbiota, *Nature*, v. 501, p. 426–429.

Lee, Y. K., and Mazmanian, S. K., 2010, Has the microbiota played a critical role in th evolution of the adaptive immune system? *Science*, v. 330, p. 1,768–1,773.

Levine, D. B., 2008, The hospital for the ruptured and crippled: William Bradley Cole Third Surgeon–in–Chief 1925–1933, *HSS Journal*, v. 4, p. 1–9.

Lieberman, D. E., 2013, *The Story of the Human Body: Evolution, Health, and Diseas* Pantheon Books, New York, 460 p.（リーバーマン、ダニエル・E『人体 600 万年史— 科学が明かす進化・健康・疾病（上・下）』塩原通緒 訳　早川書房　2015）

Maynard, C. L., Elson, C. O., Hatton, R. D., and Weaver, C. T., 2012, Reciprocal interaction of the intestinal microbiota and immune system, *Nature*, v. 489, p. 231–241.

Mazmanian, S. K., and Kasper, D. L., 2006, The love–hate relationship between bacteri polysaccharides and the host immune system, *Nature Reviews Immunology*, v. 6, p. 849 858.

Mazmanian, S. K., Liu, C. H., Tzianabos, A. O., and Kasper, D. L., 2005, An immunc modulatory molecule of symbiotic bacteria directs maturation of the host immun system, *Cell*, v. 122, p. 107–118.

Mazmanian, S. K., Round, J. L., and Kasper, D. L., 2008, A microbial symbiosis facto prevents intestinal inflammatory disease, *Nature*, v. 453, p. 620–625.

McFall–Ngai, M., 2007, Care for the community, *Nature*, v. 445, p. 153.

McFall–Ngai, M., 2008, Are biologists in 'future shock'? Symbiosis integrates biology acros

oropharyngeal cancers, *Journal of Clinical Oncology*, v. 31, p. 4550–4559.
ostello, E. K., et al., 2012, The application of ecological theory toward an understanding of the human microbiome, *Science*, v. 336, p. 1255–1262.
kurdia, I., et al., 2014, Multiple evidence strands suggest that there may be as few as 19 000 human protein–coding genes, *Human Molecular Genetics*, v. 23, p. 5866–5878.
ordon, J. I., 2012, Honor thy gut symbionts redux, *Science*, v. 336, p. 1251–1253.
aiser, H. J., and Turnbaugh, P. J., 2012, Is it time for a metagenomic basis of therapeutics?, *Science*, v. 336, p. 1253–1255.
ooper, L. V., Littman, D. R., and Macpherson A. J., 2012, Interactions between the microbiota and the immune system, *Science*, v. 336, p. 1268–1273.
ternational Human Genome Sequencing Consortium, 2004, Finishing the euchromatic sequence of the human genome, *Nature*, v. 431, p. 931–945.
ozupone, C. A., et al., 2012, Diversity, stability and resilence of the human gut microbiota, *Nature*, v. 489, p. 220–230.
aynard, C. L., Elson, C. O., Hatton, R. D., and Weaver, C. T., 2012, Reciprocal interactions of the intestinal microbiota and immune system, Nature, v. 489, p. 231–241.
esri, E. A., Feitelson, M. A., Munger, K., 2014, Human viral oncogenesis: A cancer hallmarks analysis, *Cell Host & Microbe*, v. 15, p. 266–282.
in, J., et al., 2010, A human gut microbial gene catalogue established by metagenomic sequencing, *Nature*, v. 464, p. 59–65.
elman, D. A., 2012, Learning about who we are, *Nature*, v. 486, p. 194–195.
amqvist, T., and Dalianis, T., 2010, Oropharyngeal cancer epidemic and human papillomavirus, *Emerging Infectious Diseases*, v. 16, p. 1671–1677.
he Human Microbiome Project Consortium, 2012, Structure, function and diversity of the healthy human microbiome, *Nature*, v. 486, p. 207–214.
he Human Microbiome Project Consortium, 2012, A framework for human microbiome research, *Nature*, v. 486, p. 215–221.
ervan–Schreiber, D., 2009, *Anticancer: A New Way of Life*, Viking, New York, 272 p.（シュレベール、ダヴィド・S『がんに効く生活――克服した医師の自分でできる統合医療』渡邊昌 監訳　山本和子 訳　日本放送出版協会　2009）
remaroli, V., and Bäckhed, F., 2012, Functional interactions between the gut microbiota and host metabolism, *Nature*, v. 489, p. 242–249.
idal, A. C., et al., 2014, HPV genotypes and cervical intraepithelial neoplasia a multiethnic cohort in the southeastern United States, *Journal of Vaccines and Vaccination*, v. 5, 224. doi:10.4172/2157–7560.1000224.

第 8 章

tarashi, K., et al., 2011, Induction of colonic regulatory T cells by indigenous *Clostridium* species, *Science*, v. 331, p. 337–341.
tarashi, K., et al., 2013, T_{reg} induction by a rationally selected mixture of Clostridia strains from the human microbiota, *Nature*, v. 500, p. 232–236.
laser, M. J., 2006, Who are we? Indigenous microbes and the ecology of human diseases, *EMBO Reports*, v. 7, p. 956–960.
laser, M. J., 2014, *Missing Microbes: How the Overuse of Antibiotics is Fueling our Modern Plagues*, Henry Holt and Company, New York, 273 p.（ブレイザー、マーティン・J『失われてゆく、我々の内なる細菌』山本太郎 訳　みすず書房　2015）
ho, I., and Blaser, M. J., 2012, The human microbiome: at the interface of health and disease, *Nature Reviews Genetics*, v. 13, p. 260–270.
lark, W., 2008, *In Defense of Self*, Oxford University Press, New York, 265 p.
oley, P. D., and Kursar, T. A., 2014, On tropical forests and their pests, *Science*, v. 343, p. 35–36.

Makoi, J. H. Jr., and Ndakidemia, P. A., 2007, Biological, ecological and agronomi significance of plant phenolic compounds in rhizosphere of the symbiotic legume *African Journal of Biotechnology*, v. 6, p. 1,358–1,368.

Martin, F., et al., 2001, Developmental cross talking in the ectomycorrhizal symbiosis signals and communication genes, *New Phytologist*, v. 151, p. 145–154.

Marx, J., 2004, The roots of plant–microbe collaborations, *Science*, v. 304, p. 234–236.

Masaoka, Y., et al., 1993, Dissolution of ferric phosphates by alfalfa (*Medicago sativa* L.) roo exudates, *Plant and Soil*, v. 155, p. 75–78.

Miltner, A., Bomback, P., Schmidt–Brücken, and Kästner, M., 2012, SOM genesis: microbi biomass as a significant source, *Biochemistry*, v. 111, 41–55.

Newman, E. I., 1985, The rhizosphere: carbon sources and microbial populations, In *Eco logical Interactions in Soil*. A. H. Fitter, editor, Oxford, Blackwell Scientific Publications p. 107–121.

Perin, L., et al., 2006, Diazotrophic *Burkholderia* species associated with field–grown maiz and sugarcane. *Applied and Environmental Microbiology*, v. 72, p. 3103–3110.

Pühler, A., et al., 2004, What can bacterial genome research teach us about bacteria–plan interactions? *Current Opinion in Plant Biology*, v. 7, p. 137–147.

Retallack, G. J., 1985, Fossil soils as grounds for interpreting the advent of large plants an animals on land, *Philosophical Transactions of the Royal Society of London*, v. B 309, p. 10 –142.

Retallack, G. J., and Feakes, C. R., 1987, Trace fossil evidence for Late Ordovician animal on land, *Science*, v. 235, p. 61–63.

Rillig M. C., and Mummey, D. L., 2006, Mycorrhizas and soil structure, *New Phytologist*, v 171, p. 41–53.

Rodriguez, H., and Fraga, R., 1999, Phosphate solubilizing bacteria and their role in plan growth promotion, *Biotechnology Advances*, v. 17, p. 319–339.

Rudrappa, T., Biedrzycki, M. L. and Bais, H. P., 2008, Causes and consequences of plant associated biofilms, *FEMS Microbiology Ecology*, v. 64, p. 153–166.

Rudrappa, T., Czymmek, K., Paré, P. W., and Bais, H. P., 2008, Root–secreted malic aci recruits beneficial soil bacteria, *Plant Physiology*, v. 148, p. 1,547–1,556.

Schurig, C., et al., 2013, Microbial cell–envelope fragments and the formation of soil organi matter: a case study from a glacier forefield, *Biogeochemistry*, v. 113, p. 595–612.

Turner, T. R., James, E. K., and Poole, P. S., 2013, The plant microbiome, *Genome Biology*, v 14: 209.

Vacheron, J., et al., 2013, Plant growth–promoting rhizobacteria and root system func tioning, *Frontiers in Plant Science*, v. 4, doi: 10.3389/fpls.2013.00356.

第 7 章

Akagi, K., et al., 2014, Genome–wide analysis of HPV integration in human cancers reveals recurrent, focal genomic instability, *Genome Research*, v. 24, 185–199.

American Academy of Microbiology, 2014, *Human Microbiome FAQ*, American Society for Microbiology, Washington, D. C., 16 p.

Bakhtiar, S. M., et al., 2013, Implications of the human microbiome in inflammatory bowe diseases, *FEMS Microbiology Letters*, v. 342, p. 10–17.

Balter, M., 2012, Taking stock of the human microbiome and disease, *Science*, v. 336, p. 124(–1247.

Bianconi, E., et al., 2013, An estimation of the number of cells in the human body, *Annals o Human Biology*, v. 40, p. 463–471.

Chaturvedi, A. K., et al., 2011, Human Papillomavirus and rising oropharyngeal cance incidence in the United States, *Journal of Clinical Oncology*, v. 29, p. 4294–4301.

Chaturvedi, A. K., et al., 2013, Worldwide trends in incidence rates for oral cavity and in plant nutrition, *Plant and Soil*, v. 329, p. 1–25.

hristensen, M., 1989, A view of fungal ecology, *Mycologia*, v. 81, p. 1–19.

lark, F. E., 1949, Soil microorganisms and plant roots, *Advances in Agronomy*, v. 1, p. 241–288.

akora, F. D., and Phillips, D. A., 2002, Root exudates as mediators of mineral acquisition in low-nutrient environments, *Plant and Soil*, v. 245, p 35–47.

ennis, P. G., Miller, A. J., and Hirsch, P. R., 2010, Are root exudates more important than other sources of rhizodeposits in structuring rhizosphere bacterial communities? *FEMS Microbiology Ecology*, v. 72, p. 313–327.

oty, S. L., et al., 2009, Diazotrophic endophytes of native black cottonwood and willow, *Symbiosis*, v. 47, p. 23–33.

yall, S. D., Brown, M. T., and Johnson, P. J., 2004, Ancient invasions: From endosymbionts to organelles, *Science*, v. 304, p. 253–257.

arrar, J., Hawes, M., Jones, D., and Lindow, S., 2003, How roots control the flux of carbon to the rhizosphere, *Ecology*, v. 84, p. 827–837.

oster, R. C., 1986, The ultrastructure of the rhizoplane and rhizosphere, *Annual Review of Phytopathology*, v. 24, p. 211–234.

aiero, J. R., et al., 2013, Inside the root microbiome: Bacterial root endophytes and plant growth promotion, *American Journal of Botany*, v. 100, p. 1,738–1,750.

arcia-Garrido, J. M., and Ocampo, J. A., 2002, Regulation of the plant defense response in arbuscular mycorrihzal symbiosis, *Journal of Experimental Botany*, v. 53, p. 1377–1386.

aichar, F. Z., et al., 2008, Plant host habitat and root exudates shape soil bacterial community structure, *The ISME Journal*, v. 2, p. 1221–1230.

ardoim, P. R., van Overbeek, L. S., and van Elsas, J. D., 2008, Properties of bacterial endophytes and their proposed role in plant growth, *Trends In Microbiology*, v. 16, p. 463–471.

artann, A., Rothballer, M., and Schmid, M., 2008, Lorenz Hiltner, a pioneer in rhizosphere microbial ecology and soil bacteriology research, *Plant and Soil*, v. 312, p. 7–14.

assan, S., and Mathesius, U., 2012, The role of flavonoids in root-rhizosphere signaling: opportunities and challenges for improving plant-microbe interactions, *Journal of Experimental Botany*, v. 63, p. 3,429–3,444.

eckman, D. S., et al., 2001, Moleduclar evidence for the early colonization of land by fungi and plants, *Science*, v. 293, p. 1129–1133.

insinger, P., 1998, How do plant roots acquire mineral nutrients? Chemical processes involved in the rhizosphere, *Advances in Agronomy*, v. 64, p. 225–265.

ochuli, P. A., and Feist-Burkhardt, S., 2013, Angiosperm-like possen and *Afropollis* from the Middle Triassic (Anisian) of the Germanic Basin (Northern Switzerland), *Frontiers in Plant Science*, v. 4:344, doi: 10.3389/fpls.2013.00344.

ngraham, J. L., 2010, *March of the Microbes: Sighting the Unseen*, Harvard University Press, Cambridge and London, 326 p.

imenez-Salgado, T., et al., 1997, *Coffea Arabica* L., a new host plant for *Acetobacter diazotrophicus*, and isolation of other nitrogen-fixing Acetobacteria, *Applied and Environmental Microbiology*, v. 63, p. 3676–3683.

ohnson, J. F., Allan, D. L., Vance, C. P., Weiblen, G., 1996, Root carbon dioxide fixation by phosphorus-deficient *Lupinus albus* — contribution to organic acid exudation by proteoid roots, *Plant Physiology*, v. 111, p. 19–30.

ones, D. L., and Darrah, P. R., 1995, Influx and efflux of organic-acids across the soil-root interface of Zea mays L. and its implications in rhizosphere C flow, *Plant and Soil*, v. 173, p. 103–109.

López-Guerrero, M. G., et al., 2013, Buffet hypothesis for microbial nutrition at the rhizosphere, *Frontiers in Plant Science*, v. 4, p. 1–4.

Maillet, F., et al., 2011, Fungal lipochitooligosaccharide symbiotic signals in arbuscular mycorrhiza, *Nature*, v. 469, p. 58–64.

translocate nitrogen directly from insects to plants, *Science*, v. 336, p. 1576–1577.

Heckman, J., 2006, A history of organic farming: Transitions from Sir Albert Howard's *Wa in the Soil* to USDA National Organic Program, *Renewable Agriculture and Food System* v. 21, p. 143–150.

Hershey, D., 2003, Misconceptions about Helmont's willow experiment, *Plant Scienc Bulletin*, v. 49, p. 78–84.

Howard, A., 1940 (1945), *An Agricultural Testament*, Oxford University Press, London, Ne York, and Toronto, 253p.（ハワード、アルバート『農業聖典』保田茂 監訳　日本有機農業研究会　2003）

Howard, A., 1946, *The War in the Soil*, Organic Gardening, The Rodale Press, Emmaus, PA 96p.

Johnston, A. E., and Mattingly, G. E. G., 1976, Experiments on the continuous growth c arable crops at Rothamsted and Woburn experimental stations: Effects of treatments o crop yields and soil analyses and recent modifications in purpose and design, *Annals c Agronomy*, v. 27, p. 927–956.

Kassinger, R. 2014, *A Garden of Marvels: How We Discovered that Flowers Have Sex, Leave Eat Air, and Other Secrets of Plants*, William Morrow, New York, 416 p.

Montgomery, D. R., 2007, *Dirt: The Erosion of Civilizations*, University of California Press Berkeley, 285 p.（モントゴメリー、デイビッド・R『土の文明史』片岡夏実 訳　築地書館　2010）

Mortford, S., Houlton, B. Z., and Dahlgren, R. A., 2011, Increased forest nitrogen and carbo storage from nitrogen-rich bedrock, *Nature*, v. 477, p. 78–81.

Pagel, W., 1982, *Joan Baptista Van Helmont: Reformer of Science and Medicine*, Cambridge University Press, Cambridge, 232 p.

第 6 章

Akiyama, K., Matsuzaki, K., Hayashi, H., 2005, Plant sesquiterpenes induce hyphal branching in arbuscular mycorrhizal fungi, *Nature*, v. 435, p. 824–827.

Bais, H. P., et al., 2006, The role of root exudates in rhizosphere interactions with plants an other organisms, *Annual Review of Plant Biology*, v. 57, p. 233–266.

Behrensmeyer, A. K., et al., 1992, *Terrestrial Ecosystems through Time: Evolutionar Paleoecology of Terrestrial Plants and Animals*, University of Chicago Press, Chicago an London, 568 p.

Berendsen, R. L., Pieterse, C. M. J., and Bakker, P. A. H. M., 2012, The rhizosphere micro biome and plant health, *Trends in Plant Science*, v. 17, p. 478–486.

Berg, G., and Smalla, K., 2009, Plant species and soil type cooperatively shape the structure and function of microbial communities in the rhizosphere, *FEMS Microbiology Ecology*, v 68, p. 1–13.

Bonkowski, M., Villenave, C., and Griffiths, B., 2009, Rhizosphere fauna: the functional an structural diversity of intimate interactions of soil fauna with plant roots, *Plant and Soil* v. 321, p. 213–233.

Boyce, C. K., et al., 2007, Devonian landscape heterogeneity recorded by a giant fungus *Geology*, v. 35, p. 399–402.

Brigham, L. A., Michaels, P. J., and Flores, H.E., 1999, Cell-specific production and anti microbial activity of napthoquinones in roots of *Lithospermum erythrorhizon*, *Plan Physiology*, v. 119, p. 417–428.

Broeckling, C. D., et al., 2008, Root exudates regulate soil fungal community compositior and diversity, *Applied Environmental Microbiology*, v. 74, p. 738–744.

Bulgarelli, D., et al., 2013, Structure and functions of the bacterial microbiota of plants *Annual Review of Plant Biology*, v. 64, p. 807–838.

Cesco, S., et al., 2010, Release of plant-borne flavonoids into the rhizosphere and their role and conceptual significance of the first tree of life, *Proceedings of the National Academy of Sciences*, v. 109, p. 1011–1018.

Woese, C. R., 2004, A new biology for a new century, *Microbiology and Molecular Biology Reviews*, v. 68, p. 173–186.

Woese, C. R., and Fox, G. E., 1977, Phylogenetic structure of the prokaryotic domain: The primary kingdoms, *Proceedings of the National Academy of Sciences*, v. 74, p. 5088–5090.

Woese, C. R., Kandler, O., and Wheelis, M. L., 1990, Towards a natural system of organisms: proposal for the domains Archaea, Bacteria, and Eucarya, *Proceedings of the National Academy of Sciences*, v. 87, p. 4576–4579.

第 4 章

Brock, D. A., Douglas, T. E., Queller, D. C., and Strassmann, J. E., 2011, Primitive agriculture in a social amoeba, *Nature*, v. 469, p. 393–396.

Chapela, I. H., Rehner, S. A., Schulta, T. R., and Meuller, U G., 1994, Evolutionary history of the symbiosis between fungus–growing ants and their fungi, *Science*, v. 266, p. 1691–1694.

Dolan, M. F., and Margulis, 2011. *L. Hans Ris 1914–2002, A Biographical Memoir*. National Academy of Sciences, Washington, D. C.

Domazet–Loso, T., and Tautz, D., 2008, An ancient evolutionary origin of genes associated with human genetic diseases, *Molecular Biology and Evolution*, v. 25, p. 2699–2707.

Farrell, B. D., et al., 2001, The evolution of agriculture in beetles (Curculionidae: Scolytinae and Platypodinae), *Evolution*, v. 55, p. 2011–2027.

Hom, E. F. Y., and Murray, A. W., 2014, Niche engineering demonstrates a latent capacity for fungal–algal mutualism, *Science*, v. 345, p. 94–98.

Margulis (Sagan), L., 1967, On the origin of mitosing cells, *Journal of Theoretical Biology*, v. 14, p. 225–274.

Margulis, L., 1998, *Symbiotic Planet*, Basic Books, New York, 147 p.（マーギュリス、リン『共生生命体の 30 億年』中村桂子 訳　草思社　2000）

Margulis, L., and Sagan, D., 1986, *Microcosmos: Four Billion Years of Evolution from Our Microbial Ancestors*, Summit Books, New York, 301p.（マーギュリス、リン & セーガン、ドリオン『ミクロコスモス――生命と進化』田宮信雄 訳　東京化学同人　1989）

Mueller, U. G., et al., 2001, The origin of the attine ant–fungus mutualism, *The Quarterly Review of Biology*, v. 76, p. 169–197.

O'Connor, R. M., et al., 2014, Gill bacteria enable a novel digestive strategy in a wood–feeding mollusk, *Proceedings of the National Academy of Sciences*, v. 111, p. E5096–E5104.

Pennisi, E., 2014, Modern symbionts inside cells mimic organelle evolution, *Science*, v. 346, p. 532–533.

Scott, J. J., et al., 2008, Bacterial protection of beetle–fungus mutualism, *Science*, v. 322, p. 63.

Shih, P. M., and Matzke, N. J., 2013, Primary endosymbiosis events date to later Proterozoic with cross–calibrated dating of duplicated ATPase proteins, *Proceedings of the National Academy of Sciences*, v. 110, p. 12,355–12,360.

Yoon, C. K., 2009, *Naming Nature: The Clash Between Instinct and Science*, W. W. Norton & Company, New York and London, 341p.（ヨーン、キャロル・キサク『自然を名づける――なぜ生物分類では直感と科学が衝突するのか』三中信宏、野中香方子 訳　NTT 出版　2013）

第 5 章

Behie, S. W., Zilisco, P. M., and Bidochka, M. J., 2012, Endophytic insect–parasitic fungi

spot in the dark ocean, *The ISME Journal*, v. 7, p. 2349–2360.
McCarthy, M. D., et al., 2011, Chemosynthetic origin of ^{14}C–depleted dissolved organi matter in a ridge–flank hydrothermal system, *Nature Geoscience*, v. 4, p. 32–36.
Orsi, W. D., Edgcomb, V. P., Christman, G. D., and Biddle, J. F., 2013, Gene expression in th deep biosphere, *Nature*, v. 499, p. 205–208.
Overballe–Petersen, S., et al., 2013, Bacterial natural transformation by highly fragmente and damaged DNA, *Proceedings of the National Academy of Sciences*, v. 110, p. 19,860 19,865.
Planavsky, N. J., et al., 2014, Low Mid–Proterozoic atmospheric oxygen levels and th delayed rise of animals, *Science*, v. 346, p. 635–638.
Reyes, L., et al., 2013, Periodontal bacterial invasion and infection: contribution to ath erosclerotic pathology, *Journal of Periodontology*, v. 84 (4 Suppl.), p. S30–S50.
Sattler, B., Puxbaum, H., and Psenner, R., 2001, Bacterial growth in supercooled clou droplets, *Geophysical Research Letters*, v. 28, p. 239–242.
Schönknecht, G., et al., 2013, Gene transfer from bacteria and archaea facilitated evolutio of an extremophilic eukaryote, *Science*, v. 339, p. 1207–1210.
Smith, D. J., 2011, Microbial survival in the stratosphere and implications for globa dispersal, *Aerobiologia*, v. 27, p. 319–332.
Smith, D. J., et al., 2013, Intercontinental dispersal of bacteria and archaea in transpacifi winds, *Applied and Environmental Microbiology*, v. 79, p. 1134–1139.
Walter, M. R., Buick, R., and Dunlop, J. S. R., Stromatolites 3,400–3,500 Myr old from th North Pole area, Western Australia, *Nature*, v. 284, p. 443–445.
Wecht, K. J., et al., 2014, Mapping of North American methane emissions with high spatia resolution by inversion of SCIAMACHY satellite data, *Journal of Geophysical Research Atmospheres*, v. 119, p. 7741–7756.
Whitman, W. B., Coleman, D. C., and Wiebe, W. J., 1998, Prokaryotes: The unseen majority *Proceedings of the National Academy of Sciences*, v. 95, p. 6578–6583.

第３章

De Kruif, P., 1926, *Microbe Hunters*, Harcourt, Brace and Company, New York, 363 p.
Dobel, C., 1958, *Antony van Leeuwenhoek and His 'Little Animals': Being Some Account of th Father of Protozoology & Bacteriology and His Multifarious Discoveries in Thes Disciplines*, Russell & Russell, Inc., New York, 435 p.（ドーベル、クリフォード『レーベンフックの手紙』天児和暢 訳　九州大学出版会　2004）
Ford, B. J., 1991, *The Leeuwenhoek Legacy*, Biopress and Farrand Press, Bristol and London 185 p.
Gilbert, J. A., van der Lelie, D., and Zarraonaindia, I., 2014, Microbial *terroir* for wine grapes *Proceedings of the National Academy of Sciences*, v. 111, p. 5–6.
Gold, L., 2013, The kingdoms of Carl Woese, *Proceedings of the National Academy of Sciences* v. 110, p. 3206–3207.
Gould, S. J., 2002, *The Structure of Evolutionary Theory*, The Belknap Press of Harvard University Press, Cambridge and London, 1433 p.
Ingraham, J. L., 2010, *March of the Microbes: Sighting the Unseen*, Harvard University Press Cambridge and London, 326 p.
Kolter, R., and Maloy, S., editors, 2012, *Microbes and Evolution: The World That Darwin Never Saw*, ASM Press, Washington, DC, 299 p.
Mojzsis, S. J., et al., 1996, Evidence for life on Earth before 3,800 million years ago, *Nature* v. 384, p. 55–59.
Nair, P., 2012, Woese and Fox: Life, rearranged, *Proceedings of the National Academy of Sciences*, v. 109, p. 1019–1021.
Pace, N. R., Sapp, J., and Goldenfeld, N., 2012, Phyologeny and beyond: Scientific, historical

参考文献

（和訳のあるものはカッコで示した）

はじめに

Maynard, C. L., Elson, C. O., Hatton, R. D., and Weaver, C. T., 2012, Reciprocal interactions of the intestinal microbiota and immune system, *Nature*, v. 489, p. 231–241.

第2章

Ben–Barak, I., 2009, *The Invisible Kingdom: From the Tips of Our Fingers, to the Tops of Our Trash, Inside the Curious World of Microbes*, Basic Books, New York, 204 p.

Bonneville, S., et al., 2009, Plant–driven fungal weathering: Early stags of mineral alteration at the nanometer scale, *Geology*, v. 37, p. 615–618.

Brodie, E. L., et al., 2007, Urban aerosols harbor diverse and dynamic bacterial populations, *Proceedings of the National Academy of Sciences*, v. 104, p. 299–304.

Burrows, S. M., Elbert, W., Lawrence, M. G., and Pöschl, U., 2009, Bacteria in the global atmosphere — Part 1: Review and synthesis of literature data for different ecosystems. *Atmospheric Chemistry and Physics*, v. 9, p. 9263–9280.

Christner, B. C., et al., 2014, A microbial ecosystem beneath the West Antarctic ice sheet, *Nature*, v. 512, p. 310–313.

Fahlgren, C., Hagström, A., Nilsson, D., and Zweifel, U. L., 2010, Annual variations in the diversity, viability, an origin of airborne bacteria, *Applied and Environmental Microbiology*, v. 76, p. 3015–3025.

Fierer, N., et al., 2012, Cross–biome metagenomic analyses of soil microbial communities and their functional attributes, *Proceedings of the National Academy of Sciences*, v. 109, p. 21,390–21, 395.

Gazzè, S. A., et al., 2012, Nanoscale channels on ectomycorrhizal–colonized chlorite: Evidence for plant–driven fungal dissolution, *Journal of Geophysical Research: Biogeosciences*, v. 117, G00N09, doi:10.1029/2013JG002016.

Holloway, J. M., and Dahlgren, R. A., 2002, Nitrogen in rock: Occurrences and biogeochemical implications, *Global Biogeochemical Cycles*, v. 16, 1118, doi:10.1029/2002GB001862.

Ingraham, J. L., 2010, *March of the Microbes: Sighting the Unseen*, The Belknap Press of Harvard University Press, Cambridge and London, 326 p.

Khelaifia, S., and Drancourt, M., 2012, Susceptibility of archaea to antimicrobial agents: applications to clinical microbiology, *Clinical Microbiology and Infection*, v. 18, p. 841–848.

Kolter, R., and Maloy, S., editors, 2012, *Microbes and Evolution: The World That Darwin Never Saw*, ASM Press, Washington, DC, 299 p.

Lanter, B. B., Sauer, K., and Davies, D. G., 2014, Bacterial present in carotid arterial plaques are found as biofilm deposits which may contribute to enhanced risk of plaque rupture, *mBio*, v. 3: e01206–14.

Lepot, K., Benzerara, K., Brown, G. E., and Philippot, P., 2008, Microbially influenced formation of 2,724–million–year–old stromatolites, *Nature Geoscience*, v. 1, p. 118–121.

Lyons, T. W., Reinhard, C. T., and Planavsky, N. J., 2014, The rise of oxygen in Earth's early ocean and atmosphere, *Nature*, v. 506, p. 307–315.

Mattes, T. E., et al., 2013, Sulfur oxidizers dominate carbon fixation at a biogeochemical hot

水化物でない部分を分解する酵素を持っていない。木材の構成要素であるリグニンは、繊維質の非炭水化物部分の一例だ。炭水化物でできていないので、リグニンには私たちの腸内細菌相が発酵させられるものが何もない。明らかに、この用語に関する混乱の一部は、炭水化物の部分と非炭水化物部分の両方が、すべての植物性食品に見られることから発生している。「繊維」という用語を私たちは、植物由来の複合糖質からできていて、腸内微生物相が発酵させて短鎖脂肪酸を生み出す部分という意味で使っている。しかし読者の主治医や配偶者が、もっと繊維を摂りなさいとせっつくとしたら、それはたぶん別の理由からだ。非炭水化物系の部分は、便が形を作るため、またもっとも肝心なのはスムーズに動くために必要な重さとかさを与えるのだ。

2. 私たちのように、自分が実際にどれだけの繊維を摂取しているか、わからない人もいるだろう。ちなみに中くらいのリンゴには約 4 g の、半カップの黒インゲンマメにはほぼ 8 g の繊維が含まれている。

3. 発酵性の食用の多糖は植物界だけに見られるものではない。海草、藻類、菌類、一部の動物の組織にも含まれる。ラクターゼという酵素を持たない人では、チーズ、牛乳など乳製品中の乳糖を腸内細菌相が発酵させる（このとき気分が悪くなることがある）。しかしこの酵素がある人では、乳製品を自分で分解し、腸内細菌相には何も残さない。肉にはごくわずかな発酵性糖質が含まれている。動物の筋肉組織には糖質が貯蔵されているからだ。もう一つ例を挙げれば、母乳は発酵性糖質の宝庫で、小児の腸内マイクロバイオームを定着させ、良好な栄養状態に保つのを助ける。

4. プロバイオティクスを膣に入れるのは割合単純だ。適切な細菌を含むカプセルかジェルを挿入するだけだ。または腸を経由して消化管の末端へ届けてもいい。そこから直腸を出て会陰づたいに膣まで一足飛びだ。研究者は両方の経路を試し、ラクトバチルスが必要な場所へ届けるために、どちらも同じくらい効果的であることを突き止めた。

5. 便移植の効果よりはるかに意見が分かれるのが、その規制方法だ。アメリカの食品医薬品局は便由来の物質を医薬品として扱うことにしている。この分類では実験と臨床試験に何年もかかるのが普通だ。一方で研究者は、移植便をヒト組織として扱うことを求めている。この場合、医師の監督下において、より早く幅広い採用が可能になる。この論争が過熱しているのは、自宅便移植の安全性と、それが流行するのではないかという懸念からだ。

6. 平均的なアメリカ人のオリーブオイル消費量は年間 1 リットル未満だ。家庭の戸棚にある瓶はたいてい半リットルのものだ。クレタ島民並に摂ろうと思ったら、週に 1 本以上空にする必要がある。

第 13 章

1. 綿花くずは、綿の処理過程で出た残り物のことで、殻、種子、その他の植物残滓からできている。

2. 発酵性糖質を食べないと、腸内細菌の中には敵に回って腸の粘膜被覆を食べ荒らすものがいる。これは重大な問題を引き起こしかねない。

第 8 章

1. 一般的な自己免疫疾患の罹患率の変化に関するより詳しい議論は、Velasquez-Manoff（2012）および Blaser（2014）参照。

2.「サイトカイン」という語は「細胞」を意味する cyto と「動き」という意味の kinos に由来する。この分子はさまざまな機能を持ち、しばしば免疫細胞の働きを引き起こしたり抑制したりする。たとえば、ケモカインというサイトカインの一種は、免疫細胞を傷や感染のある場所に引き寄せる。

3.「共生（commensal）」はマイクロバイオーム研究で一般に使われる用語だが、あまり的確とはいえない。生態学で commensal な関係といえば、一方が利益を得て、もう一方には利益も害も発生しないもの（片利共生）を意味する。「状況的共生者」とでも呼ぶのが、この日和見主義者を表現するのにふさわしいだろうが、そのような用語は公式にはない。

4. 今のところ、セグメント細菌がヒト体内で常時広く存在するかどうかには、諸説ある。それは 3 歳までの幼児の小腸下部で多く見られ、その後は数が減っていくことがわかっている。

第 9 章

1. Stearns, 1950, 115.

第 10 章

1. うまくいけば、このような病原体の抵抗を弱める方法があるかもしれない。本書を書き終えたころ、『ネイチャー』誌のオンライン版に掲載されたある研究が、それまで培養できなかった土壌細菌に由来する、テイクソバクチンという新しい抗生物質の発見を報告していた。研究者は斬新な手法を使って、テイクソバクチンを生産する細菌が天然に棲息する土壌の環境を模倣した成長室でコロニーを成長させた。テイクソバクチンは、多くの細菌種が細胞壁を作るのに使う脂肪分子の生産を阻害する。この分子は細菌が形を保つための基礎であるため、研究の著者は、細菌がテイクソバクチンへの耐性をつけるまでには数十年かそれ以上かかるだろうと考えている。この新薬が効果的に殺す病原体には、結核菌、メシチリン耐性黄色ブドウ球菌（MRSA）、炭疽菌、クロストリジウム・ディフィシルがある。この画期的発見により、自然の薬局にある土壌細菌の力が明らかになった。しかし、テイクソバクチンのような新しい抗生物質が商業生産に乗ったとしたら、私たちのマイクロバイオームの将来にどのような意味を持つだろうか？　それはもちろん、使い方による。

第 11 章

1. マウスと人間は明らかに違うという点以外に、マウスの餌自体の性質も疑う必要がある。そこで疑ってみた。たとえば、マウスは草食だ。餌に含まれる脂肪は、野生のマウスが食べているような種子から取ったものなのか、それとも動物性脂肪なのか？　そして動物性、たとえばウシの脂肪だとすれば、そのウシは何を食べていたのか。穀物か、それとも牧草か？　こうした疑問は、今後の探究にゆだねよう。

2. 忘れてはならないのは、肥満のマウスは痩せている仲間の糞に加えて、低脂肪で繊維が豊富な食物を食べて初めて痩せたことだ。肥満のマウスが高脂肪・低繊維の食事を摂っているときには、やせ微生物相はマウスの体内でうまくコロニーを作ることができず、マウスは肥満したままだった。

第 12 章

1.「食物繊維」は、いくつかの異なる意味を持つため、紛らわしい用語だ。通常は植物性食品の消化できない部分を指し、その中には炭水化物の分子も非炭水化物の分子もある。私たちの腸内微生物相は繊維の炭水化物部分を苦もなく発酵させることができる。しかし腸内の微生物も人間も、炭

リス『共生生命体の30億年』中村桂子訳、草思社 p. 46

2. Margulis, 1998, 37.　マーギュリス、p. 61

3. しかし厳密にいえば、ジアルジアのような一部の原生生物は、ミトコンドリアを失っているが、マイトソームという残存構造を維持している。

4. 2014年、本書執筆中に、ハーバード大学の二人の微生物学者が行なった実験で、コナミドリムシ（*Chlamydomonas reinhardtii*）と酵母（*Saccharomyces cerevisiae*、古代よりの醸造家の人気者）のあいだに共生関係を創りあげることに成功した。酵母はブドウ糖を代謝して二酸化炭素を作り、それを使って藻は光合成を行なった。反対に、藻は窒素を代謝してアンモニアを作り、それを酵母は窒素源として利用した。

第5章

1. 非常に乾燥した土地を除けば、地面を段ボールで覆うと、除草剤を使ったり掘り起こしたりせずに植物（特にイネ科の雑草とタンポポの蔓延）を駆除することができる。駆除しようとしている植物が特に強靱な根を持つもの（たとえばアサガオ）や、とにかく頑固なもの（たとえばスギナやツタ）でないかぎり、この方法はとても効果がある。自分の庭で試したみたい向きに、いくつかヒントを挙げる。

(a) 塗料やインクを使っていない段ボールを使う（または邪魔な部分を囲むようにカミソリの刃を滑らせて、剝いでしまう）。接着剤、ステッカー、ラベル、テープ、ホチキス針を完全に取り除く。

(b) 段ボールをきちんと並べ、二枚が接するところでは、重なり合う部分を作る。

(c) 段ボールの上に8〜10 cmほどの厚さにウッドチップをかぶせる。できれば成育期のあいだ、段ボールをそのままにしておく。それからウッドチップをどけ、段ボールに切れ目を入れて植え付けをする。

2. Howard, 1940, 161.　アルバート・ハワード『農業聖典』保田茂訳、日本有機農業研究会、p. 200

3. Howard, 1940, 189.　ハワード、p. 236

4. Howard, 1940, 220.　ハワード、p. 273

5. Howard, 1940, 51.　ハワード、p. 64

6. Howard, 1940, 61, 166.　ハワード、p. 77, 207,

7. Howard, 1946, 57.

第6章

1. ある元素の同位体は、持っている陽子の数は同じだが、中性子の数が違い、したがって原子の質量が違う。炭素13（^{13}C）は比較的珍しい安定した炭素の同位体であり、生きている生物にバックグラウンドより高い濃度で取り込まれていれば、天然のトレーサーとして利用できる。

2. 別の種類のシロアリは、腸内の共生細菌に依存している。この種のシロアリは木をかじっても、消化することができない。腸内の微生物がかわりに消化してやるのだ。これを発見した科学者は、抗生物質でシロアリの腸内細菌を殺し、経過を観察した。シロアリはせっせと木を食っていたが、数日のうちに死に始めた。腸内微生物がいないので、木材のセルロースから代謝エネルギーを得られなかったからだ。シロアリは満腹になるまで食べながら餓死したのだ。

第7章

1. 2013年、アメリカ微生物学会（ASM）は、微生物細胞とヒト細胞の比率に関する基本情報を見直し、よく引用されるヒト細胞1個につき細菌細胞10個という数字を、国立保健研究所のウェブサイトにあるヒト細胞1個につき細菌細胞3個に改訂した。またASMは、人間のマイクロバイオームには細菌1個につき5個ものウィルスがおり、細菌の数は菌類を10対1でしのぐことも報告している。

原註

序

1. Maynard et al., 2012, 233.

第 1 章

1. 土壌スープやその他のコンポストティーの効果は科学界において議論されている。もちろん、あらゆる自然のシステムのように、庭もさまざまだ。土壌、植物、昆虫、微気候、その他の要素は場所によって違ってくる。さらに、コンポストティーの与え方や、1 年のうち、1 日のうちで与える時期も人それぞれだ。

第 2 章

1. 菌類が一般に微生物とされているというと奇妙な感じがするが、それには理由がある。菌類は単細胞なのだ。その細胞は一つひとつが完全に分かれ、仕切られているわけではない。菌類の細胞の規模では、かなりの大きさの導管が 2 個の細胞が接するところに存在し、液体、タンパク質、さらには細胞核までが細胞間を自由に行き来できる。

2. 完全に正確というわけではないのだが、これ以後は「抗生物質」という言葉を一般的な用法に従って、細菌を殺す薬という意味で使う。ただし厳密にいえば、細菌を殺す薬は抗菌剤であり、菌類を殺すものは抗真菌剤である。同様に、ウィルスを退治する薬は抗ウィルス剤と呼ばれる。

3. 草食動物を倒したオオカミが最初にかぶりつくのが第一胃であることに、愛犬家は興味を持つかもしれない。メタン生成古細菌が第一胃で嫌気性発酵をするとき生成されるビタミン B_{12} を、オオカミは求めているらしい。あるいは強い臭いが好きなだけかもしれないが。人間にとって第一胃の臭いは耐えがたいものだが、イヌは大好きだ。めざといペットフードメーカーは第一胃の細菌を加えて、餌がよりイヌの食欲をそそるようにしている。

第 3 章

1. DNA の二重らせん構造は、ぐるぐるとねじったはしごのようなものだ。四つの塩基分子——アデニン、チミン、シトシン、グアニン——のペアがはしごの「段」になる。「はしご」の縦方向に連なる 4 つの塩基分子の順序が遺伝子の違いを作る。

2.「遺伝暗号」とは、DNA の中で隣接する特定の三つの塩基分子と、それが指定するアミノ酸（さらにそれがつながってタンパク質を作る）との対応を意味する。

3. 本書の編集が最終段階にあったころ、ウプサラ大学の研究者がある発見を報告し、それをメディアは原核生物と真核生物のミッシングリンクと位置づけて報道していた。北極海中央海嶺から採取した深海堆積物の中に、科学者たちは、真核生物の特徴を共有する古細菌の遺伝学的証拠を見つけたのだ。この新発見の古細菌、ロキアーキオータ門は、最初の真核生物を生み出した太古の古細菌類の生きた標本だと、この研究者らは述べている。

4. 現在知られている 100 門を超える細菌のうち、簡単に培養できるのは 1/4 にすぎないと推定されている。

第 4 章

1. Margulis, 1998, 26-27. リン・マーギュ

フィトケミカル

植物が作りだす物質で、微生物との情報伝達を含め、防御と健康にかかわる幅広い機能を持つ。

複合糖質

植物性食品に豊富に含まれる長鎖糖分子。

腐植

土壌に見られる色の濃い炭素が豊富な有機物で、腐朽した動植物の遺骸からできていて、それ以上分解されないもの。

［マ行、ヤ行、ワ行］

マイクロバイオーム

宿主に定住する微生物の遺伝子の総体。ある宿主の特定の微生物相、つまり微生物個体群も指す。

マクロファージ

語源はギリシャ語の「大食家」。自然免疫細胞の一種で、抗原を提示し、病原体や細胞残屑を食べる。

無機化

微生物が土壌や有機物中の不溶性の化合物を可溶性に変えて、植物が吸収・利用できる形にするプロセス。

無菌マウス

体内外が無菌状態になるように育てられたマウス。

リン酸塩（PO_4^{3-}）

植物が吸収できるリン（P）の可溶型の一つ。

リンパ節

リンパ管上にある免疫細胞の特殊化された部位で、大きさは数ミリから数センチメートルにわたる。リンパ節は全身に散らばっていて、B 細胞、T 細胞、その他の免疫細胞がここで集合し、情報交換を行ない活性化される。

ワクチン

病原微生物を無害な形にしたもの。獲得免疫系を刺激して、その微生物に次に暴露したとき反応を起こさせることで、免疫を与える。ワクチンは一般に弱めたり殺したりした微生物や、それに特有の表面タンパク質から作られる。

もある。

樹状細胞

自然免疫の一種で、T細胞に抗原を提示する。樹状細胞は主に皮膚、腸、呼吸器系のように、宿主の細胞が外界と境界を接するところに見られる。炎症性と抗炎症性両方の反応を助ける。

硝酸塩（NO_3^-）

植物が吸収できる窒素（N）の可溶型の一つ。もう一つはアンモニウム（NH_4^+）。

真核生物

細胞が核を持ち、その中に遺伝物質が収められている生物（原生生物、植物、菌類、動物）。

シンビオジェネシス

属する種の異なる2種類以上の生物が共生関係を形成した結果として、新しい生命体の起源となること。独立生活する種類の異なる微生物が、物理的に融合して多細胞生物になったことには強力な証拠がある。

繊維

植物性食品の、人間が消化できない部分一般を表わす言葉。繊維は主に複合糖質からできているが、炭水化物でないもの（たとえばリグニン）も含まれている。大腸内の細菌は繊維中の複合糖質を発酵させるが、炭水化物でない部分は消化されずに通過する。

線形動物

砂粒より小さいミミズに似た顕微鏡サイズの多様な生物。細菌や原生生物を食べ、窒素が豊富な微生物肥料を作りだす。

［タ行］

代謝産物

生物の代謝の副産物としてできる分子や化合物。動植物と共生する多くの微生物が作る代謝産物は、宿主の正常な成育と長期的な健康に不可欠である。

多糖類

複合糖質を参照。

多量栄養素

動植物の組織や臓器を作るために比較的多量に必要とされる元素やミネラル。炭素や窒素は多量栄養素である。

単純糖質

ブドウ糖、ショ糖（砂糖）、果糖（果物に多く含まれる）のような短鎖糖分子。長鎖糖分子と比べ、小腸で吸収されやすい。

腸内菌共生バランス失調

生物と共生する微生物個体群の不均衡または混乱。たいてい健康の悪化を伴う。

［ナ行、ハ行］

内毒素

ある種の細菌の外膜を構成する成分で、自然免疫細胞はこれを探知する。循環系に内毒素が多すぎると、慢性的炎症を引き起こす。

培養菌

実験室で殖やした細菌。

発酵

食物をエネルギーとして利用できるようにするための、酸素を必要としない経路。糖の発酵は副産物として酸またはアルコールを生成する。地球に酸素が豊富な大気が存在するようになる前、古細菌のような最初期の生命体は多くが発酵微生物だった。

微生物相

ある生態系または宿主に定住する微生物集団。

氷礫土

不ぞろいな氷河堆積物、典型的には粘土、砂、小石、丸石の混合物が押し固められたもの。

微量栄養素

栄養学では、自然に存在するミネラル（元素）で、食品中に含まれ、必要量は極めて少ないが動植物の健康に重要なものを指す用語。微量栄養素は酵素の作用を助ける。マンガンや亜鉛は微量栄養素の一種である。

菌根菌

植物と共生関係を作る菌類。菌類は栄養を土壌や岩から集め、菌糸を通じて植物の根に運び、植物が光合成によって作る糖質と交換する。

菌糸

地下に果てしなく成長する菌類の根のような部分。集合体を菌糸体と呼ぶ。

グアノ

鳥やコウモリの排泄物。窒素とリンに富み、優秀な肥料になる。南アメリカ沖の島では、19 世紀に行なわれたグアノ鉱床の採掘により、商業ベースの供給は枯渇した。

ゲノム

微生物であれ、ヒトであれ、植物であれ、ある生物が持つ遺伝物質の総体。

原核生物

細胞核を持たない単細胞生物。細菌と古細菌は原核生物である。

嫌気性

酸素がない状態で起きること。酸素なしで進む化学反応（たとえば発酵）や酸素のない生息環境に棲む生物（たとえば古細菌の多く）を指す。

原生生物

非常に数が多く多様な真核微生物のグループで、原生生物界を構成する。藻類、アメーバ、粘菌は原生生物の一種である。原生生物の多くは、以前は原生動物と呼ばれていた。

抗原

分子サンプル、特に微生物のもの。獲得免疫細胞（B 細胞と T 細胞）を、その最終発達段階へと活性化させるのを助ける。

光合成

植物が二酸化炭素と水を複合糖質に変換するプロセス。かつては独立生活をしていた細菌を起源とする細胞器官である葉緑体が主体となって行なう。

抗生物質

微生物に対抗するあらゆる化学物質のことだが、一般的には細菌を殺すためのものを指す。

酵素

反応の速度を上げる触媒の役割をするタンパク質。土壌やヒトの腸内の細菌は多彩な酵素を作ってさまざまな有機物を分解する。

抗体

B 細胞が作りだすタンパク質で、抗原を認識して結びつくことで、その抗原を持つ微生物（自己免疫の場合はヒトの細胞）に標識をつけ、他の免疫細胞が破壊できるようにする。B 細胞はさまざまな抗原に対して抗体を作る。

古細菌

単細胞生物で、細菌とは明確に区別される大きな構造的特徴を持つ。

［サ行］

細菌論

特定の微生物が特定の疾病の原因になるという考え方で、19 世紀の先駆的細菌学者ロベルト・コッホが提唱したとされる。

サイトカイン

ギリシャ語で「細胞」を意味する「cyto」と「動き」を意味する「kino」を語源とする。サイトカインは免疫に幅広い機能を持つシグナリング分子で、一般に炎症性あるいは抗炎症性の効果を持つものとして分類される。

自己免疫

生物が自分自身の細胞に対して起こす免疫反応。

自然免疫

脊椎動物にも無脊椎動物にも見られる免疫で、以前に暴露したことがないさまざまな微生物に対して、特定の免疫細胞が認識・反応する。樹状細胞とマクロファージは自然免疫細胞の一種である。

宿主

他の生物のすみかとなっている生物。一般に宿主は 2 種の生物の大きいほうである。小さいほうの生物は共生生物として有益であることもあれば、寄生生物である場

キーワード解説

16S rRNA

16S リボソーム RNA の略。リボソームを作る必要があるすべての生物に共通する遺伝子。

B 細胞

獲得免疫系細胞の一種。抗体の産生に特殊化している。

GALT

腸管関連リンパ組織と呼ばれる、消化管を取り巻く免疫組織および細胞。人体内にある免疫系の大多数は GALT である。

NPK

窒素（N）、リン（P）、カリウム（K）の略。化学肥料の三大要素。

T 細胞

獲得免疫細胞の一種で、一般に樹状細胞が運ぶ抗原によって活性化される。T 細胞のうち、キラーT 細胞は腫瘍細胞や感染した細胞を殺す。制御性 T 細胞（Tregs）は炎症を鎮め、Th17 細胞は炎症を促進する。

［ア行］

亜硝酸塩（NO_2^-）

植物が吸収できない形の窒素（N）。土壌微生物の中には亜硝酸塩を硝酸塩に変換できるものがいる。

アミノ酸

タンパク質を構成する有機分子。20 種類の基本的なアミノ酸があり、そこからすべてのタンパク質が作られる。

アンモニウム（NH_4^+）

植物が吸収できる窒素（N）の可溶型の一つ。もう一つは硝酸塩（NO_3^-）。

遺伝子の水平移動

遺伝子が生物のあいだで無性的に移動すること。

インターロイキン

サイトカイン（免疫細胞が分泌するシグナリング分子）の一種。インターロイキン 6 とインターロイキン 17 は、炎症を促進するサイトカインに属し、一方インターロイキン 10 は炎症を鎮める。

炎症

外傷、病原体、その他の要因に対する免疫系の反応。炎症は免疫細胞の活動を促進し、血流を変化させ、サイトカインを循環させる。炎症には急性のものと慢性のもの、有益なものと有害なものがある。

［カ行］

獲得免疫

ほとんどすべての脊椎動物に見られる形の終生免疫。一度特定の微生物に暴露されると、獲得免疫細胞（B 細胞と T 細胞）が記憶を形成し、以後は認識することができる。

共生

属する種の異なる二つ以上の生物が結ぶ、物理的に近く、相互に利益がある関係。

共生生物

生態学では、宿主の体内または体表に害を及ぼすことなく棲んでいる生物。マイクロバイオームにおいては、一部の共生生物は他の要因、たとえば環境条件や微生物群集などが変化すると病原性を持つことがある。

著者紹介

デイビッド・モントゴメリー（David R. Montgomery）

ワシントン大学地形学教授。地形の発達、および地質学的プロセスが生態系と人間社会に及ぼす影響の研究で、国際的に認められた地質学者である。天才賞と呼ばれるマッカーサーフェローに2008年に選ばれる。

ポピュラーサイエンス関連でKing of Fish: The Thousand−year Run of Salmon（未訳2003年)、『土の文明史――ローマ帝国、マヤ文明を滅ぼし、米国、中国を衰退させる土の話』（築地書館　2010年)、『岩は嘘をつかない――地質学が読み解くノアの洪水と地球の歴史』（白揚社　2015年）の3冊の著作がある。

また、ダム撤去を追った『ダムネーション』（2014年）などのドキュメンタリー映画ほか、テレビ、ラジオ番組にも出演している。執筆と研究以外の時間は、バンド「ビッグ・ダート」でギターを担当する。

アン・ビクレー（Anne Biklé）

流域再生、環境計画、公衆衛生などに幅広く関心を持つ生物学者。公衆衛生と都市環境および自然環境について魅力的に語る一方、環境スチュワードシップや都市の住環境向上事業に取り組むさまざまな住民団体、非営利団体と共同している。本書は初の著書になる。余暇は庭で土と植物をいじって過ごす。

モントゴメリーとビクレー夫妻は、盲導犬になれなかった黒いラブラドールレトリーバー、ロキと共にワシントン州シアトル在住。

訳者紹介

片岡夏実（かたおか・なつみ）

1964年神奈川県生まれ。主な訳書に、本書と3部作を成すデイビッド・モントゴメリー『土の文明史』、『土・牛・微生物』の他、トーマス・D・シーリー『ミツバチの会議』、デイビッド・ウォルトナー＝テーブズ『人類と感染症、共存の世紀』、『排泄物と文明』、スティーブン・R・パルンビ＋アンソニー・R・パルンビ『海の極限生物』（以上、築地書館)、ジュリアン・クリブ『90億人の食糧問題』、セス・フレッチャー『瓶詰めのエネルギー』（以上、シーエムシー出版）など。

土と内臓

微生物がつくる世界

2016 年 11 月 18 日　初版発行
2023 年 3 月 15 日　17刷発行

著者　デイビッド・モントゴメリー ＋ アン・ビクレー
訳者　片岡夏実
発行者　土井二郎
発行所　築地書館株式会社
東京都中央区築地 7-4-4-201　〒 104-0045
TEL 03-3542-3731　FAX 03-3541-5799
http://www.tsukiji-shokan.co.jp/
振替 00110-5-19057
印刷・製本　シナノ印刷株式会社
装丁　吉野愛

© 2016 Printed in Japan
ISBN 978-4-8067-1524-5

・本書の複写、複製、上映、譲渡、公衆送信（送信可能化を含む）の各権利は築地書館株式会社が管理の委託を受けています。
・JCOPY 〈(社) 出版者著作権管理機構 委託出版物〉
本書の無断複製は著作権法上での例外を除き禁じられています。複製される場合は、そのつど事前に、(社)出版者著作権管理機構（電話 03-5244-5088、FAX 03-5244-5089、e-mail : info@jcopy.or.jp）の許諾を得てください。

● 築地書館の本 ●

「土」3部作第1作

土の文明史

ローマ帝国、マヤ文明を滅ぼし、

米国、中国を衰退させる土の話

デイビッド・モントゴメリー【著】片岡夏実【訳】

2,800円＋税

土が文明の寿命を決定する！

文明が衰退する原因は気候変動か、戦争か、疫病か？

古代文明から20世紀のアメリカまで、土から歴史を見ることで社会に大変動を引き起こす土と人類の関係を解き明かす。

『土の文明史』『土と内臓』『土・牛・微生物』の「土」3部作の第1作。

● 築地書館の本 ●

「土」3部作完結編

土・牛・微生物
文明の衰退を食い止める土の話

デイビッド・モントゴメリー【著】片岡夏実【訳】
2,700円＋税

足元の土と微生物をどのように扱えば、世界中の農業が持続可能で、農民が富み、地球温暖化対策になるのか。

不耕起栽培や輪作・混作、有畜農業、日本のボカシまで、世界各地の先進的な取り組みを取材。世界から飢饉をなくせる、輝かしい未来を語る。

● 築地書館の本 ●

生物界をつくった微生物

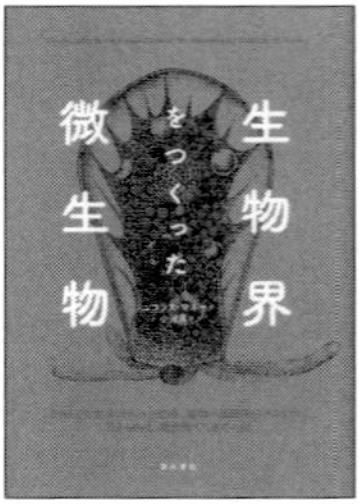

ニコラス・マネー【著】小川真【訳】
2,400 円＋税

DNA の大部分はウィルス由来。植物の葉緑体はバクテリア。生きものは、微生物でできている！
著者のニコラス・マネーは、地球上の生物に対する考え方を、ひっくり返さなければならないと説く。単細胞の原核生物や藻類、菌類、バクテリア、古細菌、ウイルスなど、その際立った働きを紹介しながら、我々を驚くべき生物の世界へ導く。

豆農家の大革命

アメリカ有機農業の奇跡

リズ・カーライル【著】三木直子【訳】
2,700 円＋税

農薬・除草剤の利用や作付けで与えられる国の補助金に依存し、超保守的な風土の中で農業が行われるモンタナ州。 大量の化学薬品に支えられた大規模農業は、土壌と農家を疲弊させていた。

畑を生き返らせたのは、小さなレンズ豆だった。

化学薬品と国家に頼る工業型の現代農業に異を唱えた農民たちの闘いを描く。

● 築地書館の本 ●

人に話したくなる
土壌微生物の世界

食と健康から洞窟、温泉、宇宙まで

染谷孝【著】

1,800 円＋税

植物を育てたり病気を引き起こしたり、巨大洞窟を作ったり光のない海底で暮らしていたり。身近にいるのに意外と知らない土の中の微生物。

その働きや研究史、病原性から利用法まで、この一冊ですべてがわかる。家庭でできる、ダンボールを使った生ゴミ堆肥の作り方も掲載。

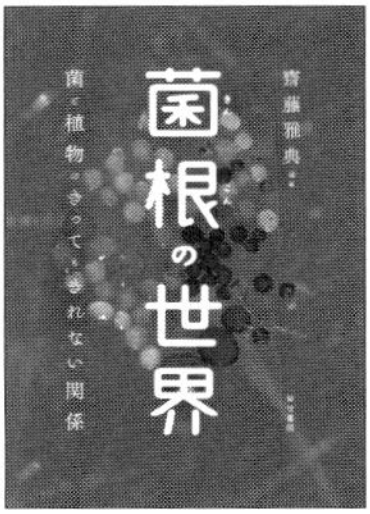

菌根の世界

菌と植物のきってもきれない関係

齋藤雅典【編著】

2,400 円＋税

植物は菌根菌なしでは生きられない。

内生菌根・外生菌根・ラン菌根など、それぞれの菌根の特徴、観察手法、最新の研究成果、菌根菌の農林業、荒廃地の植生回復への利用をまじえ、日本を代表する菌根研究者 7 名が多様な菌根の世界を総合的に解説する。

● 築地書館の本 ●

コケの自然誌

ロビン・ウォール・キマラー【著】
三木直子【訳】
2,400円＋税

極小の世界で生きるコケの驚くべき生態が詳細に描かれる。シッポゴケの個性的な繁殖方法、ジャゴケとゼンマイゴケの縄張り争い、湿原に広がるミズゴケのじゅうたん——眼を凝らさなければ見えてこない、コケと森と人間の物語。

米国自然史博物館のジョン・バロウズ賞受賞！

ネイチャーライティングの傑作、待望の邦訳。

ミクロの森

1㎡の原生林が語る生命・進化・地球

D・G. ハスケル【著】
三木直子【訳】
2,800円＋税

アメリカ・テネシー州の原生林の中。

草花、樹木、菌類、カタツムリ、鳥、コヨーテ、風、雪、嵐、地震……

生き物たちが織り成す小さな自然から見えてくる遺伝、進化、生態系、地球、そして森の真実。原生林の１㎡の地面から、深遠なる自然へと誘なう。